职业教育食品类专业教材

食品安全检测

张 磊 王 薇 **主编**

中国轻工业出版社

图书在版编目（CIP）数据

食品安全检测 / 张磊，王薇主编. —北京：中国轻工业出版社，2024.10
ISBN 978-7-5184-4382-6

Ⅰ.①食… Ⅱ.①张… ②王… Ⅲ.①食品安全—食品检验—职业教育—教材 Ⅳ.①TS207

中国国家版本馆CIP数据核字（2023）第036014号

责任编辑：张　靓　　责任终审：张乃柬　　设计制作：锋尚设计
文字编辑：王　婕　　责任校对：吴大朋　　责任监印：张　可

出版发行：中国轻工业出版社（北京鲁谷东街5号，邮编：100040）
印　　刷：天津裕同印刷有限公司
经　　销：各地新华书店
版　　次：2024年10月第1版第1次印刷
开　　本：787×1092　1/16　印张：14.75
字　　数：323千字
书　　号：ISBN 978-7-5184-4382-6　定价：56.00元
邮购电话：010-85119873
发行电话：010-85119832　010-85119912
网　　址：http://www.chlip.com.cn
Email：club@chlip.com.cn

221533J3X101ZBW

本书编写人员

主　编　张　磊　王　薇

副主编　张根岭

参　编　刘　娅　刘　蕊　张　祥　马彬彬
　　　　孙婷婷　杨　艳　王冬梅　李艳红
　　　　蔺　瑞　李　岩　张彩霞　吴　昊

前言

“食品安全检测”是食品安全与检测技术专业的核心课程，涉及食品安全、食品检测和食品科学等学科。本教材由多年从事食品安全检测教学的骨干教师会同企业专家，在充分调研企业岗位要求的基础上，结合学校教学需求进行编写。

本教材根据食品检验岗位真实的工作任务设置学习情境，以典型性、实践性、职业性、先进性为原则选取工作任务，并结合相关理论知识，使之成为学习任务，同时融入职业素质内容，使学生在掌握理论知识和专业技能的同时，逐步形成个人职业素养。本教材以食品检验岗位能力需要为主线，融入最新国家标准、新技术、新工艺、新方法及课程思政内容，通过扫码看课件、课前测试及微课等环节，调动学生学习积极性。学生通过完成不同的任务，掌握食品安全检测的工作技能，实现职业能力的提高。依据食品检测岗位实际工作需求，本教材将该课程构建为四个模块：食品添加剂和非食用物质的检测、食品非法添加物的检测、食品中农药残留的检测、食品中兽药残留的检测，使学生掌握食品安全检测基本理论知识和食品安全检测岗位应用性知识的同时，学会食品检测的基本操作规范和技能，能独立完成食品检测和报告，具备食品安全责任意识、安全防护意识和严谨求实、客观公正、爱岗敬业的职业素质。本教材可作为食品类及其相关专业的教材或教学参考书，还可供从事食品安全检验和食品生产等领域的专业人员参阅。

本教材在编写过程中参阅了大量的书籍和文献，同时得到了中国肉类食品综合研究中心、北京二元食品股份有限公司、北京义利食品有限公司、北京一轻产品质量检测有限公司、北京一轻食品集团有限公司、中国食品发酵工业研究院等单位的大力支持。教材编写过程中杨晶、韩静、赵栩楠、于超为本教材的编写做了大量工作。在此表示诚挚的感谢。

由于时间和编者水平有限，书中不妥之处在所难免，恳请读者批评指正。

目录

模块一 食品添加剂和非食用物质的检测

任务一　肉制品中亚硝酸盐的检测

学习目标

知识目标

1. 阐明亚硝酸盐的护色机制，说出亚硝酸盐使用注意事项和应用范围。
2. 掌握肉制品中亚硝酸盐的检测方法。
3. 解释肉制品中亚硝酸盐的检测原理。
4. 说明紫外–可见分光光度计的结构、功能及工作原理。

技能目标

1. 能根据国家标准制订肉制品中亚硝酸盐的检测方案。
2. 能规范使用和维护紫外–可见分光光度计。
3. 能准确制作符合或高于企业标准的亚硝酸盐标准工作曲线。
4. 能准确计算肉制品中亚硝酸盐含量，学会判断肉制品品质。

素养目标

1. 通过分析亚硝酸盐中毒案例，归纳食品人应具备的品质，增强食品安全、诚信和法治意识。
2. 通过对亚硝酸盐作用与危害的学习，正确评价食品添加剂，培养辩证思维能力。
3. 严格遵守8S管理规范，及时整理工位，养成良好的劳动习惯。

任务描述

亚硝酸盐，主要以亚硝酸钠在食品生产中作为食品添加剂使用，用作发色剂和防腐剂，允许用于肉及肉制品的生产加工中，其作用是使肉与肉制品呈现良好的色泽。近年来，亚硝酸盐引起的食物中毒、食用亚硝酸钠的安全风险等问题备受关注，对其含量检测也尤为重要。本任务依据GB 5009.33—2016《食品安全国家标准　食品中亚硝酸盐与硝酸盐的测定》第二法——分光光度法进行检测。如图1–1和图1–2所示，我们将按照以下环节完成学习任务。

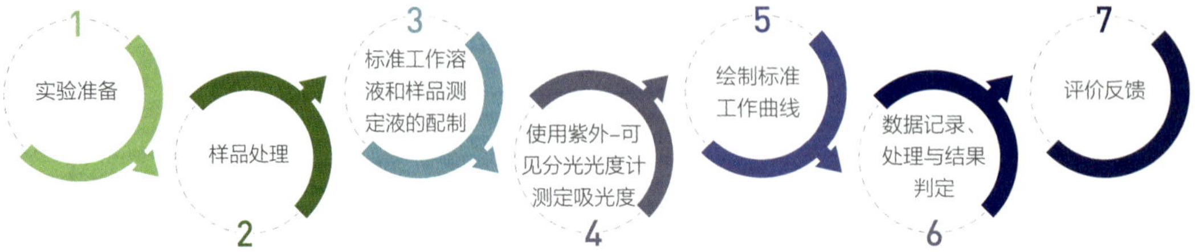

图1-1 “肉制品中亚硝酸盐的检测”实施环节

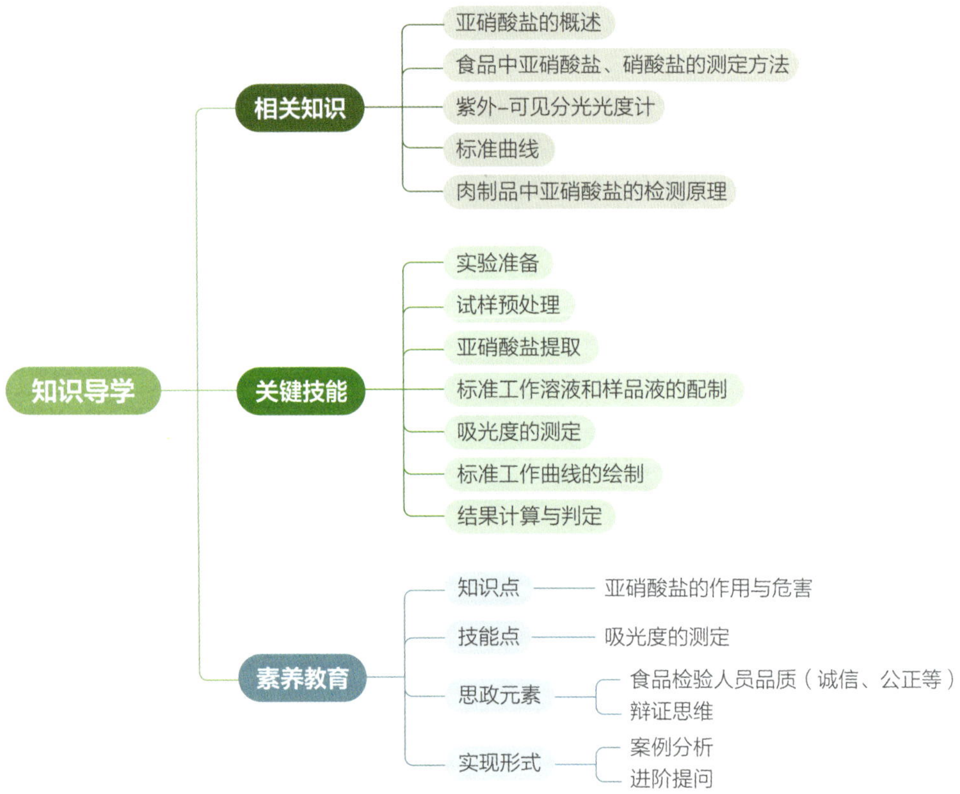

图1-2 “肉制品中亚硝酸盐的检测”知识思维导图

■ 任务要求

1. 独立完成肉制品中亚硝酸盐含量的检测任务。
2. 根据检测结果判断肉制品中亚硝酸盐含量是否符合国家标准要求。

知识链接

肉制品中亚硝酸盐的检测课件

肉制品中亚硝酸盐的检测微课

一、资源链接

通过网络资源获取GB 5009.33—2016《食品安全国家标准　食品中亚硝酸盐与硝酸盐的测定》、GB 2760—2024《食品安全国家标准　食品添加剂使用标准》及GB/T 12810—2021《实验室玻璃仪器　玻璃量器的容量校准和使用方法》、GB/T 602—2002《化学试剂　杂质测定用标准溶液的制备》、GB/T 603—2023《化学试剂　试验方法中所用制剂及制品的制备》、GB 8170—2008《数值修约规则与极限数值的表示和判定》等相关资料。

二、相关知识

（一）亚硝酸盐的概述

亚硝酸盐是一类无机化合物的总称，主要指亚硝酸钠（$NaNO_2$）。亚硝酸钠为白色至淡黄色粉末或颗粒，味微咸，易溶于水。

亚硝酸盐属于食品护色剂，主要作用有发色、抑菌和产生风味。护色剂又称呈色剂或发色剂，是食品加工中为使肉与肉制品呈现良好的色泽而适当加入的化学物质。

亚硝酸盐是食品添加剂中急性毒性最强的物质之一。大剂量的亚硝酸盐进入人体内会造成中毒，摄入亚硝酸盐后会产生头晕、乏力、心悸、恶心、呕吐、腹痛、腹泻等症状，严重者出现意识丧失、昏迷、呼吸衰竭，甚至死亡。

GB 2760—2024《食品安全国家标准　食品添加剂使用标准》对护色剂的使用标准规定，亚硝酸盐可应用于腌腊肉制品类，酱卤肉制品类，熏、烧、烤肉类，油炸肉类等，其最大使用量为0.15g/kg。

思政园地

食品检验人员品质

《食品检验工作规范》强调：检验机构及其检验人员应当遵循客观独立、公平公正、诚实信用原则，独立于食品检验工作所涉及的利益相关方，并通过识别诚信要素、实施针对性监控、建立保障制度等措施确保不受任何来自内外部的不正当的商业、财务和其他方面的压力和影响，保证检验工作的独立性、公正性和诚信。

近年来，国内外已报道的测定亚硝酸盐的方法很多，有分光光度法、离子色谱法、顶空法、化学发光法、荧光光度法、动力学光度法、高效液相色谱法，还有共振光散射法、气相色谱–质谱联用法（GC–MS）、气相色谱法、毛细管离子电泳法和流动注射–毛细管电泳直接紫外法等。分光光度法操作简便、快速、干扰少，有良好的选择性，显色反应产物的稳定性高，是一种较为理想的测定食品中亚硝酸盐的方法。

（二）食品中亚硝酸盐、硝酸盐的测定方法

根据GB 5009.33—2016中的相关要求，食品中亚硝酸盐、硝酸盐的测定方法主要包括离子色谱法、分光光度法等。

紫外–可见分光光度法是根据物质分子对波长为200～760nm这一范围的电磁波的吸收特性所建立起来的一种定性、定量和结构分析方法。该法操作简单、准确度高、重现性好。波长长（频率小）的光线能量小，波长短（频率大）的光线能量大，分光光度测量是关于物质分子对不同波长和特定波长处的辐射吸收程度的测量。光波谱区及能量跃迁示意图如图1-3所示。

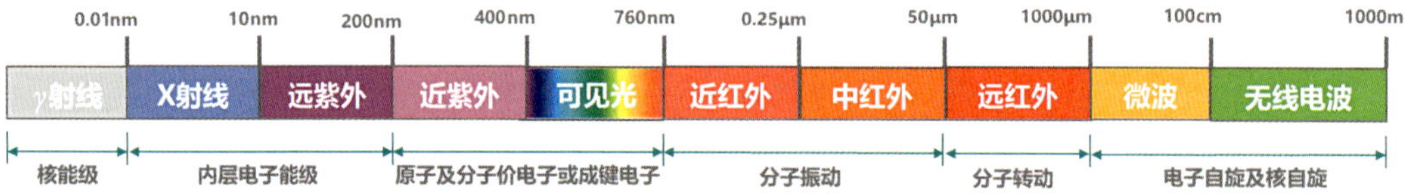

图1–3　光波谱区及能量跃迁示意图

紫外–可见吸收光谱是分子内电子跃迁的结果，不同的化合物由于分子结构不同，电子跃迁的类型就不同，所以紫外–可见吸收光谱会具有不同特征的吸收峰，其吸收峰的波长和强度与分子中价电子的类型有关。

所用仪器类型则有单波长单光束直读式分光光度计、单波长双光束自动记录式分光光度计和双波长双光束分光光度计。

（三）紫外–可见分光光度计

1. 分光光度计基本部件

分光光度计是由五个基本部分组成，即光源、单色器、吸收池、检测器及信号显示系统，见图1–4。

（1）光源　光源是指一种可以发射出供溶液或吸收物质选择性吸收的光。光源应在一定光谱区域内发射出连续光谱，并有足够的强度和良好的稳定性，在整个光谱区域内光的强度不应随波长有明显的变化。常用的光源有两类：钨灯丝和氢灯。钨灯丝用于可见光区，适宜使用的范围是360～1000nm；氢灯用于紫外光区，适宜使用的范围是

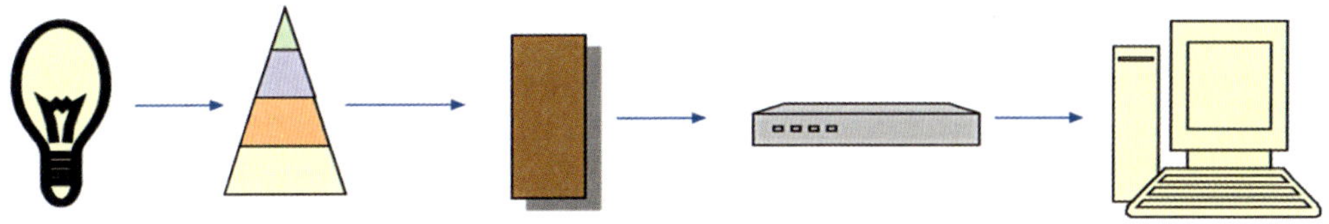

图1-4　紫外-可见分光光度计的组成结构示意图

150～360nm。

（2）单色器（分光系统）　单色器是指能将来自光源的复色光按波长长短顺序色散为单色光，并能任意调节波长的装置。单色器的主要组成为入射狭缝、出射狭缝、色散元件和准直镜等部分。经棱镜或光栅色散成一系列由单色光带组成的光谱，逐个从单色器的出口狭缝射出。

（3）吸收池（样品池）　吸收池又称比色皿或比色杯，按材料可分为玻璃吸收池和石英吸收池，前者不能用于紫外区。吸收池的种类很多，其光径在0.1～10cm，其中以1cm光径吸收池最为常用。

（4）检测器　检测器又称接收器，透过试液的光用光电管来接受。由单色器的出口狭缝射出的单色光束被旋转折光器分成两束按一定频率交替投射到样品池和参比池上，如果样品池中样品吸收了部分光辐射能，则透过样品池和参比池的两光束不再平衡。光信号经光电倍增管及电子元件组成的检验器和放大器进行检验、比较和放大。放大后的电信号由显示记录系统输出吸光度、波长等数据或给出吸收曲线。

（5）信号显示系统　常用的信号显示装置有直读检流计、电位调节指零装置、自动记录和数字显示装置等。

2. 分光光度计使用时的注意事项

（1）仪器使用温度为15～35℃，相对湿度不大于80%。

（2）开机前打开仪器样品室盖，观察确认样品室无挡光物后再打开电源。

（3）待测液制备好后应尽快测量，避免有色物质分解，影响测量结果。

（4）测得的吸光度最好控制在0.2～0.8，超过1.0时要适当稀释。

（5）开关试样室盖时动作要轻缓。

（6）不要在仪器上方倾倒测试样品，以免样品污染仪器表面，损坏仪器。

（7）吸收池在盛装样品前，应用所盛装样品冲洗两次，测量结束后吸收池应用蒸馏水清洗干净后倒置晾干。若吸收池内有颜色挂壁，可用无水乙醇浸泡清洗。

（8）向吸收池中加样时，若样品流到吸收池外壁时，应以滤纸沾干、镜头纸擦净后测量，切忌用滤纸擦拭，以免吸收池出现划痕。

（9）测定紫外波长时，需选用石英吸收池。

（10）测量过程中不可打开测量室的窗门，否则会影响测量结果的准确性。

（四）标准曲线

标准曲线是指通过测定一系列已知含量标准物质的理化性质，得到性质和组分含量关系的数值曲线（如利用不同种类物质对不同波长光的吸收特性检测吸光度）。标准曲线通常用一元线性方程表示：$y=ax+b$。式中，x为标准溶液的浓度，y为物质某性质的仪器响应值。在食品检测的仪器分析方法中，经常需要通过绘制标准曲线得到曲线方程，然后根据待测样品的仪器响应值利用曲线方程进行定量分析。

在分析检测中，标准曲线制作的质量直接影响样品测定结果的准确度。标准曲线的质量可用表示方程线性关系的决定系数R^2来表示，决定系数R^2越接近1，说明线性关系越好。一般仪器灵敏度越高，曲线的线性关系越容易接近1，在通常的检测中，为减小误差，要求线性决定系数$R^2 \geqslant 0.999$。

此外，需要注意的是，用来绘制标准曲线的标准物质，它的含量范围应包括试样中被测物质的含量。

（五）肉制品中亚硝酸盐的检测原理

试样经沉淀蛋白质、除去脂肪后，在弱酸条件下，亚硝酸盐与对氨基苯磺酸重氮化后，再与盐酸萘乙二胺偶合形成紫红色染料，外标法测得亚硝酸盐含量。

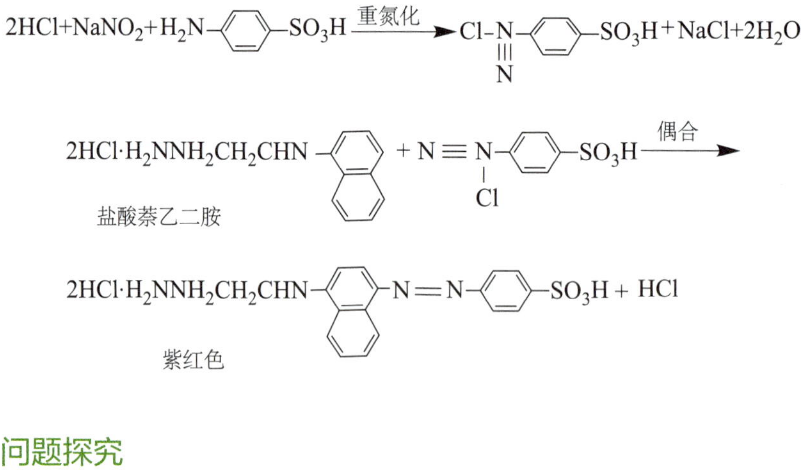

三、问题探究

亚硝酸盐的护色机制是什么？

肉类腌制时加入亚硝酸盐和硝酸盐，硝酸盐在硝酸盐还原菌的作用下可转变为亚硝酸盐。亚硝酸盐在酸性条件下（pH5.5～6.5）可被细菌分解为亚硝酸，进而转变为一氧化氮。

一氧化氮能取代肌红蛋白分子中铁的配位体，形成鲜红的亚硝基肌红蛋白，还能直接与高铁肌红蛋白反应，使之还原为亚硝基肌红蛋白。亚硝基肌红蛋白不稳定，必须经过加热或烟熏，在盐的作用下令其蛋白质部分变性，转变为亚硝基亚铁血色原色素，才能变为比较稳定的红色，如图1-5所示。

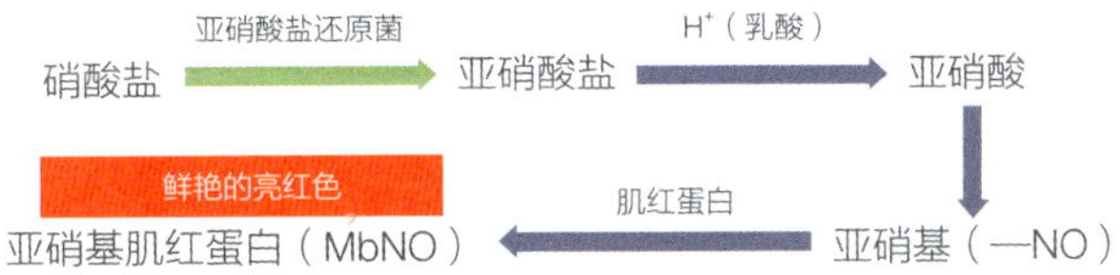

图1-5　亚硝酸盐护色示意图

四、预习与讨论

1. 阅读学习相关资源，归纳肉制品中亚硝酸盐检测的相关知识。
2. 绘制操作流程小报并初拟实验方案。
3. 完成老师发布的预习小测验等相关预习任务，手机扫码完成课前测试。

肉制品中亚硝酸盐的检测课前测试

任务实施

提示

在整个任务实施过程中遵守实验室用水、用电安全操作指南及实验室各项规章制度和玻璃器皿的安全使用规范。

一、实验准备

1. 仪器和设备

配图	仪器与设备	说明
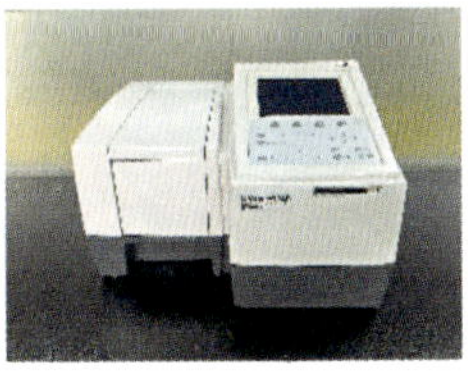	紫外-可见分光光度计	（1）擦拭仪器避免使用过湿抹布或液体滴入，导致故障； （2）每月检查基线平直度，如发现异常，需要校正仪器基线（±0.01ABS）； （3）每月检查波长准确度（校验波长656.1nm和486nm，差值±1.0）； （4）实验室环境湿度控制在45%～80%，温度控制在15～35℃
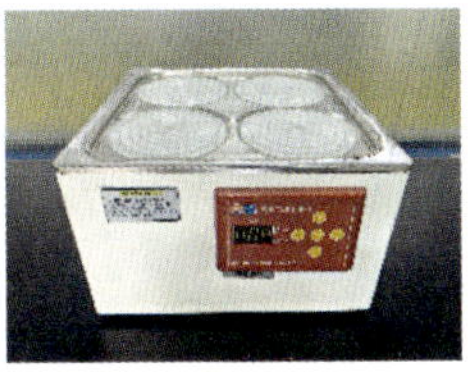	恒温水浴锅	（1）注水时不可将水流入控制箱内，以防发生触电，使用后箱内水应及时放净，并擦拭干净，保持清洁以利延长使用寿命； （2）水箱应放在固定的平台上，仪器所接电源电压应为220V，电源插座应采用三孔插座，并必须安装地线； （3）最好用纯净水，以避免产生水垢； （4）加水之前切勿接通电源，而且在使用过程中，水位必须高于隔板，切勿无水或水位低于隔板加热，否则会损坏加热管

配图	仪器与设备	说明
	分析天平	（1）千分之一天平； （2）称量完毕后，及时取出被称物品，并保持天平清洁
	拍打式均质器	（1）均质器可以用水和含表面活性剂的清洁剂清洁外表面，难以清洁的油污可以用异丙醇清洁； （2）仪器运转期间，不能触摸转动部件，注意安全
	锥形瓶、量筒、容量瓶	（1）洗涤玻璃仪器应符合要求，否则对分析结果的准确度和精确度均有影响； （2）量筒必须放平，视线要跟量筒内液体的凹液面的最低处保持水平； （3）容量瓶使用时，溶液应降至室温再进行定容
	具塞刻度比色管	（1）比色管不是试管，不能加热，且比色管管壁较薄，要轻拿轻放； （2）同一比色实验中要使用同样规格的比色管； （3）清洗比色管时不能用硬毛刷刷洗，以免磨伤管壁影响透光度
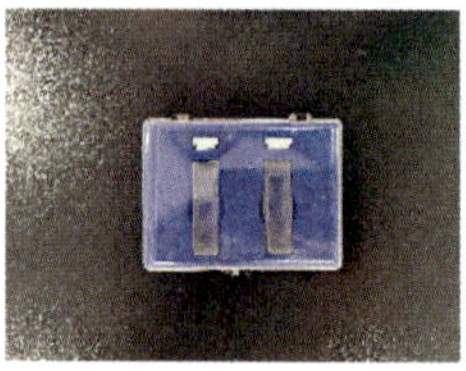	石英吸收池	（1）手指应接触吸收池两侧磨砂面，不应接触光学透光面； （2）吸收池不可用火焰、电炉、干燥箱烘烤

2. 检测样品（以火腿肠为例）

配图	样品	说明
	市售火腿肠	—

二、实施操作

1. 试剂配制

本实验所用试剂主要有：亚铁氰化钾、乙酸锌、硼酸钠、对氨基苯磺酸、盐酸萘乙二胺、亚硝酸钠、20%盐酸，水为一级水。

注意：本着节约环保的原则，计算实验试剂用量后，进行溶液配制。

试剂名称	配制方法	操作说明
亚铁氰化钾溶液（106g/L）	称取106.0g亚铁氰化钾，用水溶解，并稀释至1000mL	—
乙酸锌溶液（220g/L）	称取220.0g乙酸锌，先加30mL冰乙酸溶解，用水稀释至1000mL	—
饱和硼砂溶液（50g/L）	称取5.0g硼酸钠，溶于100mL热水中，冷却后备用	—
对氨基苯磺酸溶液（4g/L）	称取0.4g对氨基苯磺酸，溶于100mL 20%盐酸中，混匀，置棕色瓶中	现用现配，避光保存
盐酸萘乙二胺溶液（2g/L）	称取0.2g盐酸萘乙二胺，溶于100mL水中，混匀，置棕色瓶中	现用现配，避光保存
亚硝酸钠标准溶液（200μg/mL）	准确称取0.1000g干燥恒重的亚硝酸钠，加水溶解，移入500mL容量瓶中，加水稀释至刻度，混匀	—
亚硝酸钠标准使用液（5.0μg/mL）	吸取2.50mL亚硝酸钠标准溶液，置于100mL容量瓶中，加水稀释至刻度	现用现配

2. 试样预处理

配图	操作步骤	操作说明
	用四分法取适量或取全部试样，用食物粉碎机制成匀浆，备用	按照火腿肠和蒸馏水质量比1：1进行处理

3. 提取

配图	操作步骤	操作说明
	称取10g（精确至0.001g）匀浆试样	因预处理过程火腿肠与水质量比为1：1，故按照加水量折算后应称取10g匀浆试样
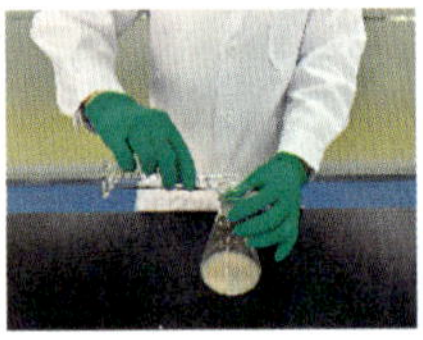	置于250mL具塞锥形瓶中，加12.5mL 50g/L饱和硼砂溶液，加入70℃左右的水约150mL，混匀	—
	于沸水浴中加热15min，取出置于冷水浴中冷却，并放置至室温	注意控制水浴时间
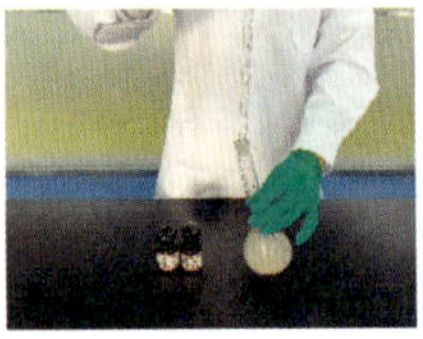	定量转移上述提取液至200mL容量瓶中，加入5mL 106g/L亚铁氰化钾溶液，摇匀，再加入5mL 220g/L乙酸锌溶液	此步骤目的是沉淀蛋白质
	加水至刻度，摇匀，放置30min，除去上层脂肪，上清液用滤纸过滤，弃去初滤液30mL，滤液备用	—

4. 标准工作溶液和样品液的配制

配图	操作步骤	操作说明
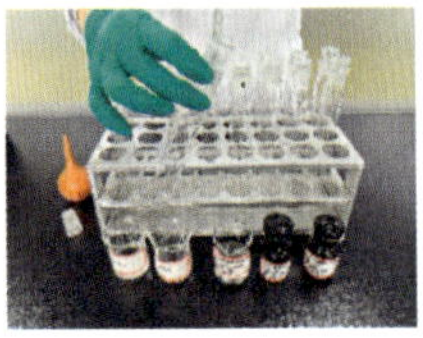	吸取40.0mL上述滤液于50mL带塞比色管中，另吸取0mL，0.20mL，0.40mL，0.60mL，0.80mL，1.00mL，1.50mL，2.00mL，2.50mL亚硝酸钠标准使用液（相当于0μg，1.0μg，2.0μg，3.0μg，4.0μg，5.0μg，7.5μg，10.0μg，12.5μg亚硝酸钠），分别置于50mL带塞比色管中	（1）注意移液管专管专用，不能混用； （2）建议一种溶液移完后再移取下一种； （3）具塞刻度比色管数量较多，建议编号

配图	操作步骤	操作说明
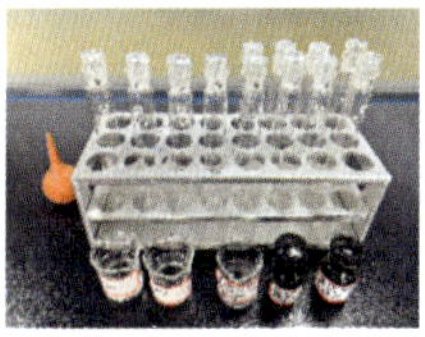	于标准管与试样管中分别加入2mL 4g/L对氨基苯磺酸溶液，混匀，静置3～5min	注意要有足够的静置时间，使其反应完全
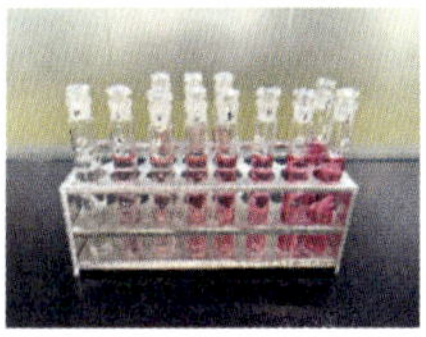	各加入1mL 2g/L盐酸萘乙二胺溶液，加水至刻度，混匀，静置15min；同时做试剂空白	注意要有足够的静置时间，使其反应完全

5. 测定吸光度

配图	操作步骤	操作说明
	打开电源，使仪器完成自检，并预热30min	(1) 注意移液管专管专用，不能混用； (2) 建议一种溶液移完后再移取下一种； (3) 具塞刻度比色管数量较多，建议编号
	按数字“1”键，使控制面板进入光度值界面	注意要有足够的静置时间，使其反应完全
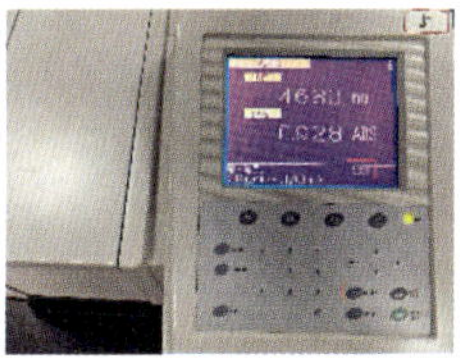	按“GOTOWL”键，使控制面板进入波长调节波长界面，输入波长538nm，按“ENTER”键确认，此时，测定波长调至538nm	—
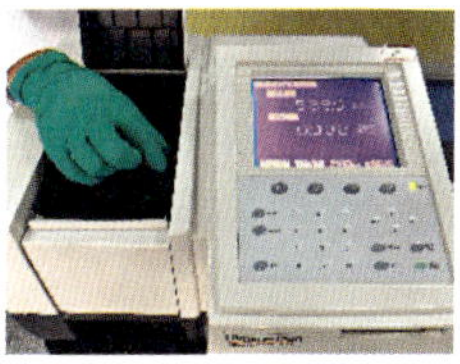	将空白溶液装入吸收池后，轻轻打开样品室并将其放入，按“AUTO ZERO”调零	—

配图	操作步骤	操作说明
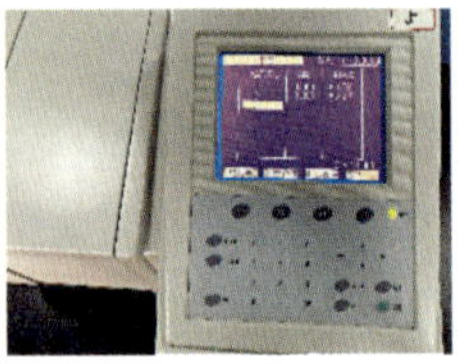	依次将标准工作溶液和样品液放入样品室测定吸光度并记录	测定完成后，将吸收池取出，并用乙醇浸泡后清洗，装盒；按照8S相关标准，整理现场和处理废弃物，并做好仪器使用记录

6. 绘制标准工作曲线

<table>
<tr><th>配图</th><th>操作步骤</th><th>操作说明</th></tr>
<tr><td>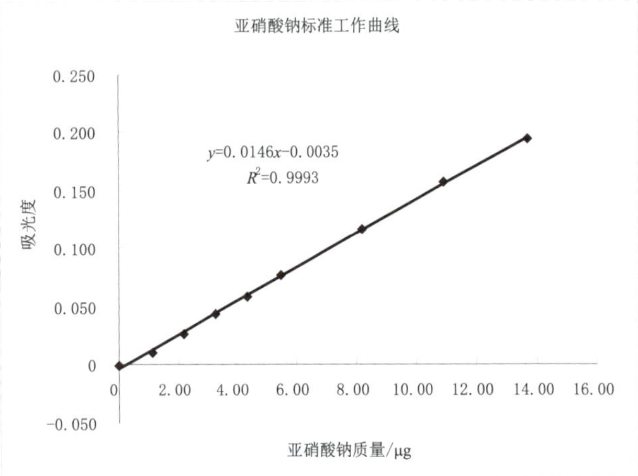
</td><td>根据吸光度及相对应的亚硝酸钠浓度用Excel绘制标准工作曲线，建立回归方程</td><td>曲线方程可由Office办公软件Excel求得</td></tr>
</table>

7. 数据记录及处理

“肉制品中亚硝酸盐的检测”检测记录表

检验样品		检测项目	
检测依据		检验方法	
主要仪器名称		仪器型号	
仪器编号		检验日期	
最大吸收波长			

绘制标准曲线

试剂管号	0	1	2	3	4	5	6	7	8
亚硝酸钠标准溶液/mL	0.00	0.20	0.40	0.60	0.80	1.00	1.50	2.00	2.50

续表

亚硝酸钠质量/μg	0.0	1.0	2.0	3.0	4.0	5.0	7.5	10.0	12.5
吸光度									
标准曲线方程				R^2值					

样品测定

试管编号	样Ⅰ	样Ⅱ	样Ⅲ
试样质量/g			
测定用样液体积/mL			
试样处理液总体积/mL			
吸光度			
测定用样液中亚硝酸钠的质量/μg			
试样中亚硝酸钠的含量/（mg/kg）			
试样中亚硝酸钠的平均含量/（mg/kg）			
精密度/%			
检验结果			

亚硝酸盐（以亚硝酸钠计）的含量按下式计算：

$$X_1 = \frac{m_1 \times 1000}{m_2 \times \frac{V_1}{V_0} \times 1000}$$

式中　X_1——试样中亚硝酸钠的含量，mg/kg；

m_1——测定用样液中亚硝酸钠的质量，μg；

1000——转换系数；

m_2——试样质量，g；

V_1——测定用样液体积，mL；

V_0——试样处理液总体积，mL。

以重复性条件下获得的两次独立测定结果的算术平均值表示，结果保留两位有效数字。

精密度：在重复性条件下获得的两次独立测定结果的绝对差值不得超过算术平均值的10%。

检验人员		复核人员	

评价反馈

“肉制品中亚硝酸盐的检测”考核评价表

评价方式	考核项目	评价项目		评价要求	评价分数
自我评价10%	实验准备	1. 能正确计算试剂使用量		正确计算试剂（2分）	
		2. 能与小组其他成员协作正确配制实验试剂		正确配制试剂（2分）	
	学习成果	课程目标完成情况		能基本完成课程目标（6分）	
学生互评20%	检测原理	能用检测原理解释试验结果		口述检测原理（3分）	
	操作技能	1.能按照操作规范进行亚硝酸盐的检测	仪器准备	操作正确（1分）	
			试剂准备	操作正确（2分）	
			样品制备	操作正确（1分）	
			亚硝酸盐的提取	操作正确（1分）	
			标准工作溶液与样品液配制	操作正确（3分）	
			参数条件设置	操作正确（1分）	
			吸光度测定	操作正确（2分）	
			制作标准曲线	操作正确（2分）	
		2. 能对检验数据进行记录、处理，对结果进行判断		记录原始数据（1分）	
				书写计算过程（1分）	
				结果保留两位有效数字（1分）	
				能判断试样是否合格（1分）	
教师评价70%	课前 方法能力	课前学习（5分）		课前能独立通过网络学习资源库获取肉制品中亚硝酸盐的检测方法，并结合微课归纳检测要点	
	课中 知识素质	相关知识（10分）		1. 能写出本次实验检测依据及方法（2分）	
				2. 能写出食品中亚硝酸盐的检测原理（2分）	
				3. 能说出样品处理的操作顺序（2分）	
				4. 能写出紫外-可见分光光度计的检测操作（2分）	
				5. 能写出操作过程中的注意事项（2分）	

续表

评价方式	考核项目		评价项目		评价要求	评价分数
教师评价70%	课中	实操能力	实验操作（50分）	1. 能写出工作流程（5分）		
				2. 能通过观看微课，完成检测肉制品中亚硝酸盐的流程图（5分）		
				3. 能按照操作规范进行肉制品中亚硝酸盐的检测（20分）	实验相关器材准备（2分）	
					实验试剂配制（2分）	
					样品处理（2分）	
					标准溶液的制备（4分）	
					吸光度的测定（6分）	
					标准工作曲线的绘制（4分）	
				4. 能对检验结果进行记录（10分）	记录原始数据（5分）	
					书写计算过程（5分）	
				5. 能正确判断试样是否合格（5分）		
				6. 结果记录真实，字迹工整，报告规范（5分）		
	课后	方法能力	任务拓展（5分）	完成牛乳中亚硝酸盐的检测的方案设计，或录制检测视频并上交		
总分						

学习心得

拓展训练

- 完成牛乳中亚硝酸钠的检测的方案设计，绘制相关操作流程或录制检测视频。（提示：利用互联网、国家标准、微课等。）

巩固反馈

1. 利用故障树分析法总结造成决定系数不达标的原因及解决策略。

2. 简述标准曲线法及其在食品检测中的应用。

3. 与老师和同学进行交流讨论，总结肉制品中亚硝酸盐检测的技术要点。

任务二　白酒中甲醇的检测

学习目标

知识目标

1. 能说出气相色谱法检测白酒中甲醇含量的原理及意义。
2. 能根据检测流程说出气相色谱法检测白酒中甲醇含量的操作要点。
3. 能说出气相色谱法测定白酒中甲醇含量的定量定性方法。
4. 了解色谱法的常用术语，能说出色谱法分类。

技能目标

1. 能正确进行样品的预处理操作。
2. 能够熟练进行气相色谱仪参数的设定及数据分析。
3. 能准确进行数据记录与处理，并正确评价白酒中甲醇含量是否符合标准。
4. 能熟练进行气相色谱仪的开机和关机操作。

素养目标

1. 通过学习气相色谱仪的操作，严格按照操作规范进行操作，形成严谨的工作作风，领会工匠精神。
2. 明确溶剂回收在生产和环境保护中的重要意义，增强环保意识。
3. 能严格按照实验现场8S管理规范进行实验室的整理和清扫，确保气相色谱仪的清洁，并且实验中注意气相色谱仪的安全使用及维护。
4. 实验过程中注重与教师和组员的有效沟通，以及问题的及时反馈，培养沟通能力、协作交往能力和统筹安排能力。

任务描述

甲醇的外观、气味和乙醇相似，是无色有酒精气味易挥发的液体。白酒中的甲醇主要来源于原料中果胶质的受热分解以及果胶在果胶酶作用下的分解。甲醇具有很大毒性，对人体的中枢神经有抑制作用，尤其是对视网膜神经系统具有毒性。据此，在白酒生产过程中应严格控制甲醇的含量。食品检验人员根据GB 5009.266—2016《食品安全国家标准　食品中甲醇的测定》等标准，使用气相色谱法对白酒中甲醇含量进行检测。如图1-6和图1-7所示，我们将按照以下环节完成学习任务。

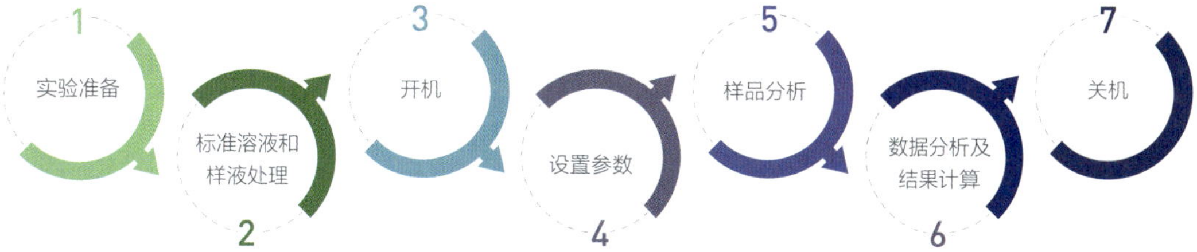

图1-6　“白酒中甲醇的检测”实施环节

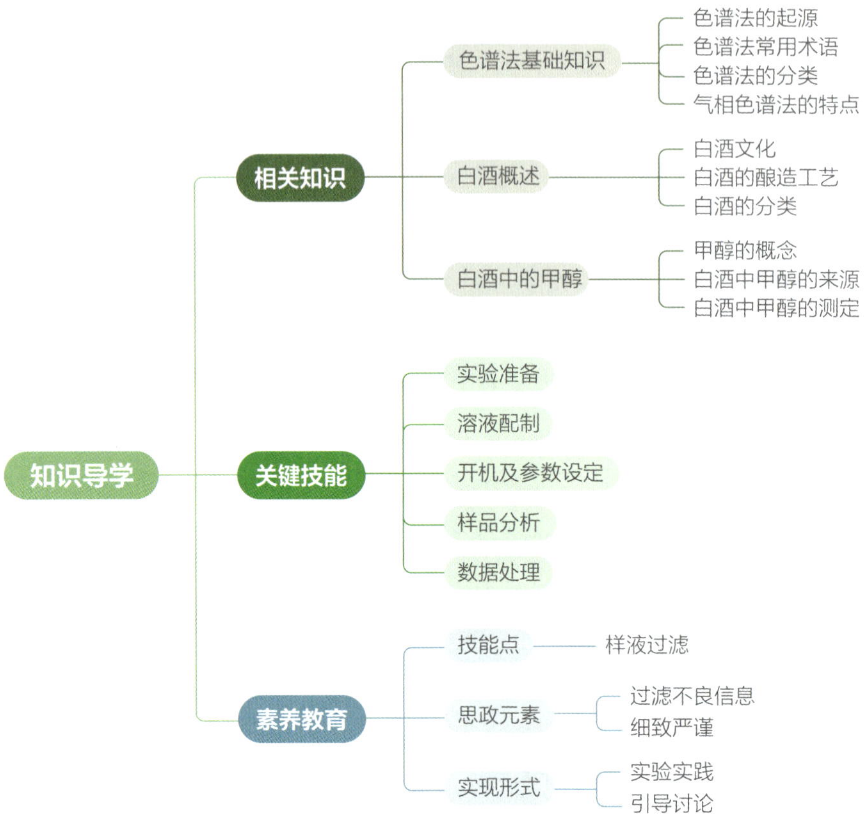

图1-7 “白酒中甲醇的检测”知识思维导图

任务要求

1. 独立完成白酒中甲醇的检测任务。
2. 学会判断白酒中甲醇含量是否符合标准。

白酒中甲醇的检测课件

白酒中甲醇的检测微课

知识链接

一、资源链接

通过网络资源获取GB 5009.266—2016《食品安全国家标准　食品中甲醇的测定》、GB/T 12810—2021《实验室玻璃仪器　玻璃量器的容量校准和使用方法》、GB/T 602—2002《化学试剂　杂质测定用标准溶液的制备》、GB/T 603—2023《化学试剂　试验方法中所用制剂及制品的制备》、GB/T 8170—2008《数值修约规则与极限数值的表示和判定》等相关资料。

二、相关知识

（一）色谱法基础知识

1. 色谱法的起源

色谱法是1906年由俄国植物学家米哈伊尔·茨维特（Mikhail Tswett）创立的。他在研究植物叶片的组成时，用碳酸钙作吸附剂，从植物绿叶的石油醚萃取物中分离得到黄色、绿色和灰黄色彼此分离的六个色带。其方法是：将干燥的碳酸钙粉末装到一根细长的玻璃管中，然后把植物绿叶的石油醚萃取液倒至管中的碳酸钙上，萃取液中的色素就吸附在管内上部的碳酸钙上，再用纯净的石油醚洗脱被吸附的色素，于是在管内的碳酸钙上形成三种颜色的六个色带。茨维特把这样形成的色带叫做“色谱”，把玻璃管叫做“色谱柱”，碳酸钙叫做“固定相”，纯净的石油醚叫做“流动相”，如图1–8所示。

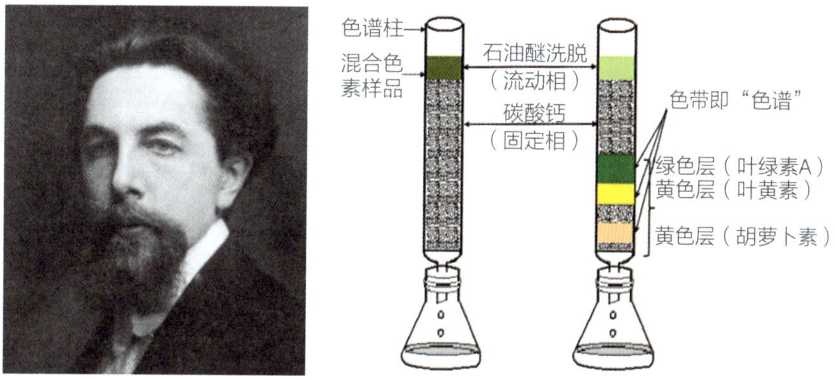

图1–8　米哈伊尔·茨维特和植物叶色素的分离实验

拓展知识

米哈伊尔·茨维特与色谱法

为什么植物是绿色的？一枚科学的种子扎根在了少年的心中，少年立志成为生物学家，探索大自然的秘密，他就是米哈伊尔·茨维特。米哈伊尔·茨维特从大学开始从事叶绿体内色素的相关研究，后辗转到日内瓦大学任教，遭遇偏见与压制，但这都没有使米哈伊尔·茨维特放弃研究。1901 年，米哈伊尔·茨维特将吸附技术应用于探索叶绿素的研究，2 年后他设计出著名的植物色谱分离实验，并发明了色谱法。但是他的新方法没有得到科学界重视，主要原因是德国著名化学家威尔斯泰特对色谱法的排斥和不信任。终于在 25 年后，色谱法大放异彩，成功分离出非常多前所未见的提纯物质，拓宽了有机化学的研究领域。我们也要学习米哈伊尔·茨维特坚持始终、永不放弃的精神。

2. 色谱法常用术语

（1）色谱法（Chromatography） 色谱法又称色层法或层析法，是一种物理化学分析方法，它利用不同溶质（样品）与固定相和流动相之间的作用力（分配、吸附、离子交换等）的差别，当两相做相对移动时，各溶质在两相间进行多次平衡，使各溶质相互分离。

（2）固定相（Stationary Phase） 固定相是指在色谱分离中固定不动、对样品产生保留的一相。

（3）流动相（Mobile Phase） 流动相是指与固定相处于平衡状态、带动样品向前移动的另一相。

（4）气相色谱法（Gas Chromatography，GC） 以气体为流动相的色谱分析法称为气相色谱法。

3. 色谱法的分类

色谱法有很多种类型，从不同的角度色谱法可以有不同的分类。通常可以将色谱按照分离规模、流动相和固定相的形态、分离载体以及色谱的分离原理等几个方面进行分类。

（1）按照色谱分离规模分类 按照色谱分离规模，色谱法可分为分析型和制备型。分析型色谱主要用于样品中组分的定性和定量分析，制备型色谱主要用于样品中目标组分的分离和纯化。根据制备样品量的大小，制备型色谱又分为实验室制备型色谱、中试制备型色谱、生产制备型色谱等。

（2）按照流动相和固定相的形态分类

①按照流动相的形态可以将色谱法分为气相色谱法和液相色谱法，其中气相色谱法是以气体作为流动相的色谱分析方法，常用的载气有氮气、氦气、氢气等；液相色谱法是以液体溶剂作为流动相的色谱分析方法。此外，还有以超临界流体作为流动相，称为超临界流体色谱。

②按照固定相的形态，色谱法分为吸附色谱法和分配色谱法。吸附色谱法的固定相为固态，通常为吸附剂；分配色谱法的固定相为液态，常称为固定液。色谱法按流动相和固定相的形态分类见表1-1。

表1-1 按流动相和固定相形态分类

流动相	色谱总称	固定相	色谱名称
气体	气相色谱	固体	气-固色谱
		液体	气-液色谱
液体	液相色谱	固体	液-固色谱
		液体	液-液色谱

（3）按照分离载体分类　根据分离载体的不同，色谱法可以分为柱色谱和平面色谱。以不锈钢柱、玻璃柱及毛细管柱为固定相载体的称为柱色谱，常见的柱色谱主要有柱层析、气相色谱、液相色谱和毛细管电泳色谱等。以玻璃板或者滤纸为载体的色谱称为平面色谱，如薄层色谱和纸色谱等。

（4）按照色谱的分离原理分类　根据分离原理不同，色谱法可以分为分配色谱、吸附色谱、离子交换色谱和尺寸排阻色谱等。被分离组分与固定相之间分子作用不同，色谱分离机制则不同。

①分配色谱：分配色谱的分离原理是基于组分在固定相和流动相之间的分配系数不同，在一定色谱条件下，样品中的各组分在固定相和流动相间的分配系数不同，导致具有不同的保留时间，从而使各组分得到分离。分配色谱又可分为液-液分配色谱和气-液分配色谱。

②吸附色谱：吸附色谱的分离原理是利用固定相对样品中各组分吸附性能的差别进行分离。被固定相吸附作用弱的组分，先流出色谱柱，反之则后流出色谱柱。吸附色谱根据流动相的不同又分为液-固吸附色谱和气-固吸附色谱。

在液相色谱中，当固定相的极性大于流动相时，称为正相色谱。当固定相的极性小于流动相时，称为反相色谱。正相色谱采用极性固定相（如带有二醇基、氨基和氰基的固定相及硅胶、三氧化二铝等）、非极性流动相的分离方法，因为正相色谱以吸附效应作为分离的基础，所以也称为液-固吸附色谱。反相色谱是指利用非极性的反相介质为固定相，极性有机溶剂的水溶液为流动相，根据组分极性的差异来进行分离的方法。

③离子交换色谱：离子交换色谱主要用于无机和有机离子的分离。离子的交换分离与所用固定相的离子类型有关。

④尺寸排阻色谱：尺寸排阻色谱的分离是基于样品各组分的分子大小差异，又称为凝胶色谱法、分子排阻色谱法、体积排阻色谱法等，是液相色谱的一种。分子体积较大的组分因不能进入固定相结构孔隙，很快随流动相流出，保留时间短；分子体积较小的组分则可以进入孔隙结构内而不易洗脱出来，因此保留时间较长。尺寸排阻色谱常用于分离生物化学物质和聚合物等大分子物质，也可作为一种样品制备的方法，去除样品基质中的大分子，如食品中的纤维素、色素、蛋白质等。

4. 气相色谱法的特点

气相色谱法（GC）是以气体为流动相的分析方法。气体黏度小，传递速率高，渗透性强，有利于快速高效的分离。气相色谱的流动相为气体，其固定相是固体吸附剂的，称为气-固色谱（GSC）；若固定相是涂在惰性载体上的液体，则称为气-液色谱（GLC）。常用的气相色谱流动相有N_2、H_2、He等气体。气相色谱法优点如下所述。

（1）分离效能高　能在较短的时间内同时分析和测定极为复杂的混合物。

（2）灵敏度高　可以分析10^{-13}～10^{-11}g的物质，非常适合于微量和痕量物质的分析。

（3）分析速度快　一般只需几分钟到几十分钟便可以完成一个分析周期。

（4）选择性高　能分析性质极为相近的烃类异构体及沸点十分接近的复杂混合物，如顺反异构、同位素等。

（5）应用范围广　气相色谱法适用于易挥发的有机物和无机物。据统计，只要是在450℃以下能汽化且不分解的样品，均可采用气相色谱法进行分析，能用气相色谱法直接分析的有机物约占全部有机物的20%。

气相色谱法的不足之处：首先不能直接给出定性结果，不能用来直接分析未知物，必须用已知纯物质进行对照；其次，当分析无机物和高沸点有机物比较困难时，需要采用其他色谱分析方法来完成。

（二）白酒概述

1. 白酒文化

我国的白酒是闻名世界的蒸馏酒，其独特的酿造工艺是千百年来我国劳动人民生产经验的总结和智慧的结晶。其技艺精湛，产品的色、香、味备受各界人士的青睐，有着广阔的国内和国际市场，在国民经济中占有十分重要的地位。酒曲是我国酿酒技术的重大发明，也是世界上最早的一种复合酶制剂。

酒文化是中华民族饮食文化的一个重要组成部分，它的历史几乎是与人类文化史一同开始的。酒不仅仅是一种饮品，它还具有精神文化价值。作为一种精神文化，它体现在社会政治生活、文学艺术乃至人生态度、审美情趣等诸多方面。

2. 白酒的酿造工艺

白酒是以粮谷为主要原料，以大曲、小曲或麸曲及酒母等为糖化发酵剂，经蒸煮、糖化、发酵、蒸馏而制成的蒸馏酒。含有淀粉和糖类的原料均可酿制白酒，但不同的原料酿制出的白酒风味各不相同。粮食类的高粱、玉米、大麦，薯类的甘薯、木薯，含糖原料甘蔗及甜菜的渣、废糖蜜等均可制酒。我国传统的白酒酿造工艺为固态发酵法，在发酵时需添加一些辅料，以调整淀粉浓度，保持酒醅的松软度，保持浆水。常用的辅料有稻壳、谷糠、玉米芯、高粱壳、花生皮等。

除了原料和辅料之外，还需要有酒曲。以淀粉为原料生产白酒时，淀粉需要经过多种淀粉酶的水解，生成可以进行发酵的糖，这样才能为酵母所利用，这一过程称为糖化，所用的糖化剂称为曲。曲以含淀粉为主的原料做培养基，培养多种霉菌，积累大量淀粉酶，是一种粗制的酶制剂。目前常用的糖化曲有大曲、小曲和麸曲，麸曲白酒在生产中所占比重较大。此外，糖被酵母菌分泌的酒化酶作用，转化为酒精等物质，称为酒精发酵，这一过程所用的发酵剂称为酒母。酒母是以含糖物质为培养基，将酵母菌经过相当纯粹的扩大培养所得的酵母菌增殖培养液。

3. 白酒的分类

白酒的种类繁多，分类方法也不完全相同，常见的分类方法有以下几种。

（1）按白酒香型分类　酱香型白酒、浓香型白酒、清香型白酒、米香型白酒、其他香型酒。

（2）按白酒用曲种类分类　大曲酒、小曲酒、麸曲酒。

（3）按白酒原料分类　粮谷酒、薯干酒、代粮酒。

（4）按生产方法分类　固态法白酒、半固态法白酒、液态法白酒。

（5）按酒精度高低分类　高度白酒、低度白酒。

（三）白酒中的甲醇

1. 甲醇的概念

甲醇是结构最简单的饱和一元醇，又称“木醇”或“木精”，相对分子质量为32.04。甲醇是无色有酒精气味易挥发的液体，一般用于制造甲醛和农药等，也用作有机物的萃取剂和酒精的变性剂等。通常由一氧化碳与氢气反应制得。

甲醇对人体有强烈毒性，在人体新陈代谢中会氧化成比甲醇毒性更强的甲醛和甲酸，因此，国家对食用或药用的酒精及酒精饮料中的甲醇含量严加控制，这也就要求食品质量检验人员在白酒的生产与检测中必须严格控制甲醇的含量。

2. 白酒中甲醇的来源

白酒中甲醇的主要来源有两种，一是原料中果胶质受热分解产生的甲醇；二是由于糖化酶中的果胶酶将果胶分解产生的甲醇。果胶质在酸、醇和加热的条件下，水解生产甲氧基，甲氧基还原生成甲醇。目前造成市售白酒中甲醇超标的原因主要是不法商人使用工业酒精进行恶意勾兑，另外酿造方法不当也会造成甲醇的超标。因此，应该对白酒中的甲醇含量进行严格的检测。

3. 白酒中甲醇的测定

在酿造白酒的过程中，不可避免地有甲醇产生。根据相关国家标准，食用酒精中甲醇含量应低于0.1g/L（优级）或0.6g/L（普通级）。白酒中甲醇的测定通常采用气相色谱法进行检测，主要是利用不同组分在流动相和固定相间分配系数的差异，各组分在两相中经过多次分配而被分离。在相同的操作条件下，分别将等量的试样和含甲醇的标准样品进行色谱分析，由保留时间可以确定试样中是否含有甲醇，并通过外标法进行定量。

三、问题探究

白酒中甲醇的主要来源有哪些？

（1）原料中果胶质受热分解产生的甲醇。

（2）由于糖化酶中的果胶酶将果胶分解产生的甲醇。

（3）不法商人使用工业酒精的恶意勾兑。

四、预习与讨论

1. 阅读学习相关资源，归纳食品中甲醇的测定相关知识。
2. 绘制操作流程小报并初拟实验方案。
3. 完成老师发布的预习小测验等相关预习任务，手机扫码完成课前测试。

白酒中甲醇的检测课前测试

任务实施

提示

在整个任务实施过程中遵守实验室用水、用电安全操作指南及实验室各项规章制度和玻璃器皿的安全使用规范。

一、实验准备

1. 仪器和设备

配图	仪器与设备	说明
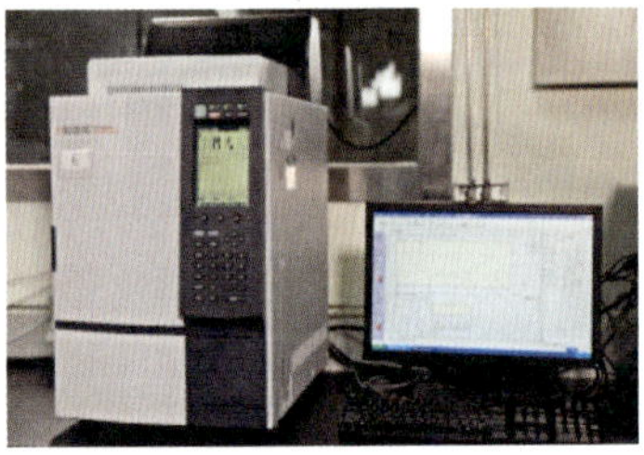	气相色谱仪	型号：岛津GC-2014C（配FID检测器）
	分析天平：精确至0.0001g	称量完毕后，及时取出被称物品，并保持天平清洁

配图	仪器与设备	说明
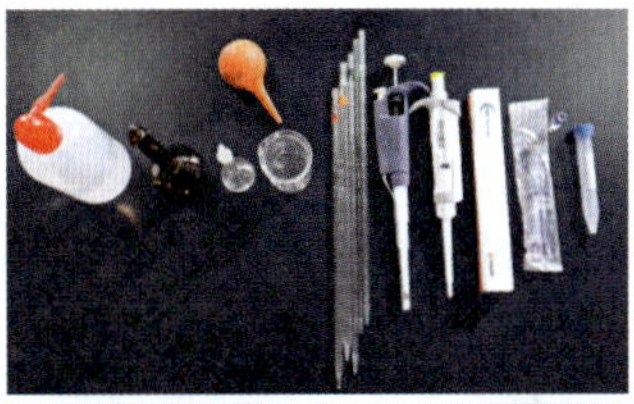 	容量瓶、吸量管、洗耳球、离心管（试管）、烧杯、移液枪、进样针（气相）、注射器、0.22μm有机相滤膜等	—

2. 检测样品

配图	样品	说明
	市售白酒	—

二、实施操作

1. 试剂及配制

本实验所用试剂主要有：无水乙醇、甲醇标准品、叔戊醇标准品，水为一级水，无水乙醇为色谱纯。

注意：本着节约环保的原则，计算实验试剂用量后，进行溶液配制。

试剂名称	配制方法	操作说明
40%乙醇溶液（体积分数） 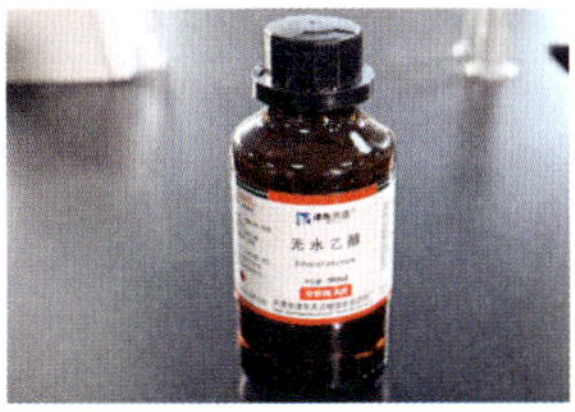	量取40mL无水乙醇，用水定容至100mL，混匀	保存条件：0～4℃低温冰箱密封保存

试剂名称	配制方法	操作说明
甲醇标准储备液（500mg/L） 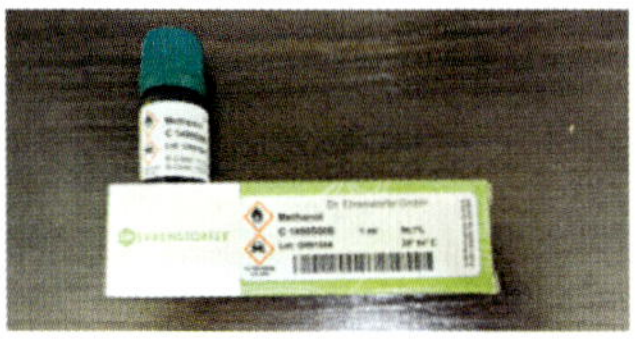	准确称取0.5g（精确至0.001g）甲醇至100mL容量瓶中，用乙醇溶液定容至刻度，混匀，0~4℃低温冰箱密封保存	甲醇标准品：纯度99.7%。保存条件：0~4℃低温冰箱密封保存
叔戊醇标准溶液（20000mg/L）  	准确称取2.0g（精确至0.001g）叔戊醇至100mL容量瓶中，用乙醇溶液定容至100mL，混匀，0~4℃低温冰箱密封保存	叔戊醇标准品：纯度99.8%。现配现用
甲醇系列标准工作液 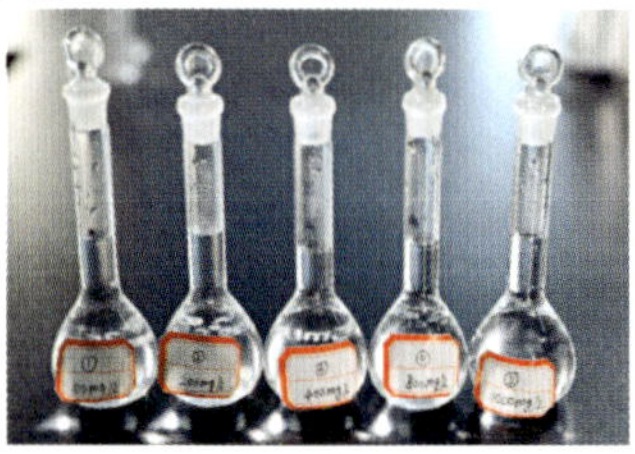	分别吸取0.5mL，1.0mL，2.0mL，4.0mL，5.0mL甲醇标准储备液，于5个25mL容量瓶中，用乙醇溶液定容至刻度，依次配制成甲醇含量为100mg/L，200mg/L，400mg/L，800mg/L，1000mg/L系列标准溶液	现配现用

2. 标准工作液和样品溶液处理

配图	操作步骤	操作说明
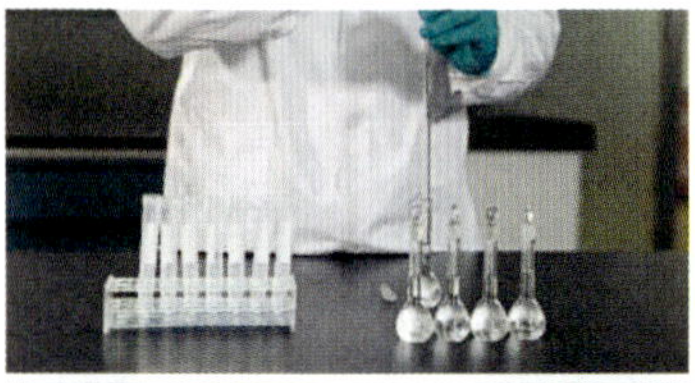 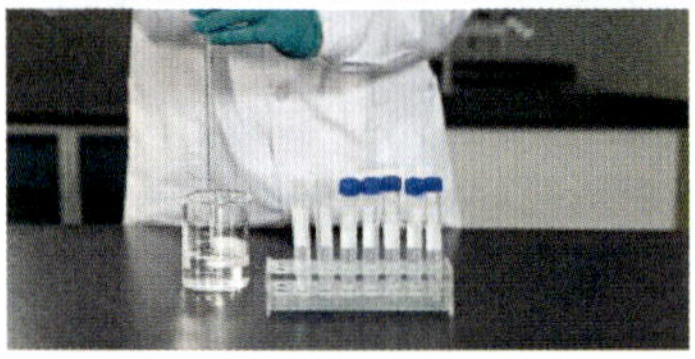	分别吸取10mL甲醇系列标准工作液于5个离心管（或试管）中并编号，后分别吸取白酒样品10mL于2个离心管（或试管）中；同时做试剂空白	—
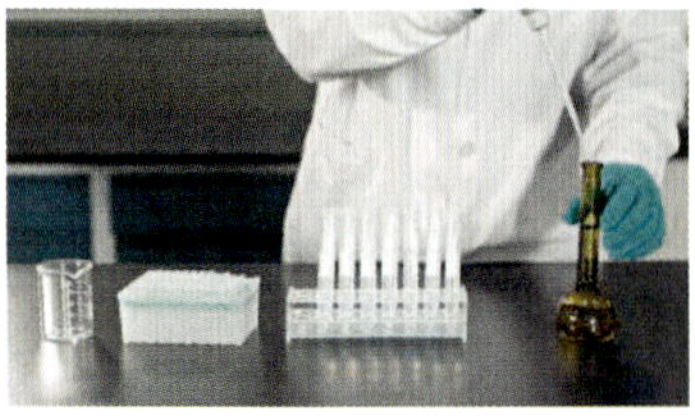	在每个试管中分别加入0.10mL叔戊醇（内标物）标准溶液，混匀备用	—

配图	操作步骤	操作说明
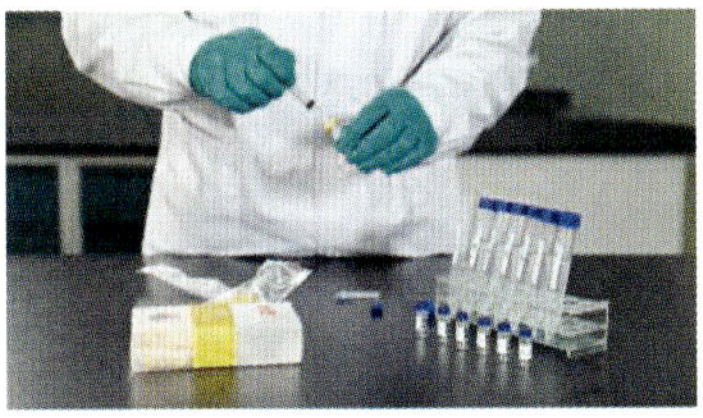	用注射器吸取离心管中的甲醇系列标准工作液、样品溶液和空白溶液，依次用0.22μm有机相滤膜过滤到进样瓶中备用	现配现用

思政园地

过滤不良信息

食品由许多成分组成，在进行定性定量分析前必须除去干扰物质才能准确地完成检测。同样，身处当前信息大爆炸时代，作为新一代四有青年的同学们，在使用移动互联网时应该过滤网上不良信息，去其糟粕而取其精华，滤去干扰而取其所需，方能有利于个人成长。

3. 仪器开机

配图	操作步骤	操作说明
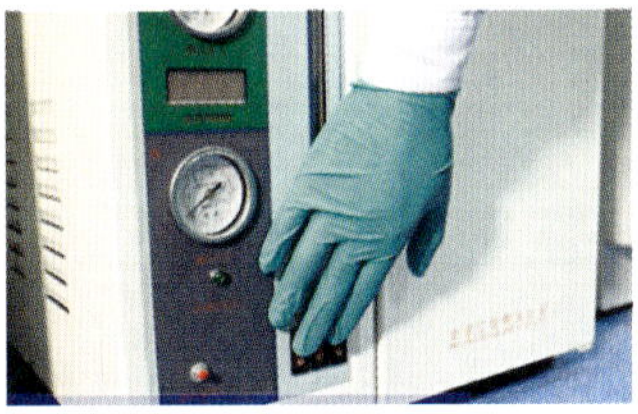	打开氮氢空发生器，产气约15min	15min后观察发生器上的压力表是否达到0.3～0.5MPa
	等压力升至0.3～0.5MPa后，打开气相色谱仪电源开关，待GC进入自检	—
	自检完成后开启计算机，进入Windows系统后，双击打开电脑桌面的GCsolution工作站软件	—

配图	操作步骤	操作说明
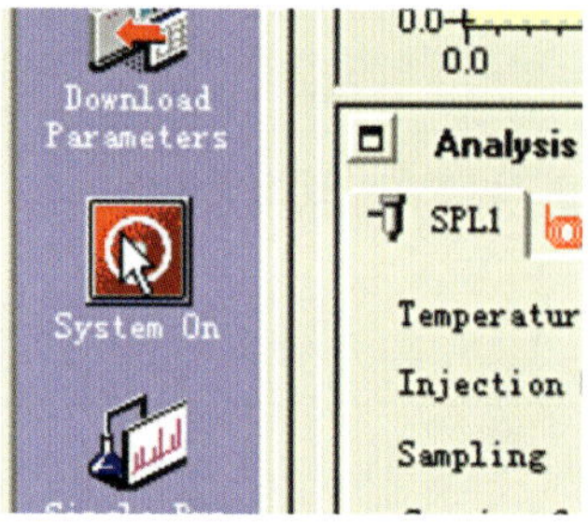	点击“System On”按钮	System On：开启系统

4．参数设定

<table>
<tr><th>配图</th><th>操作步骤</th><th>操作说明</th></tr>
<tr><td>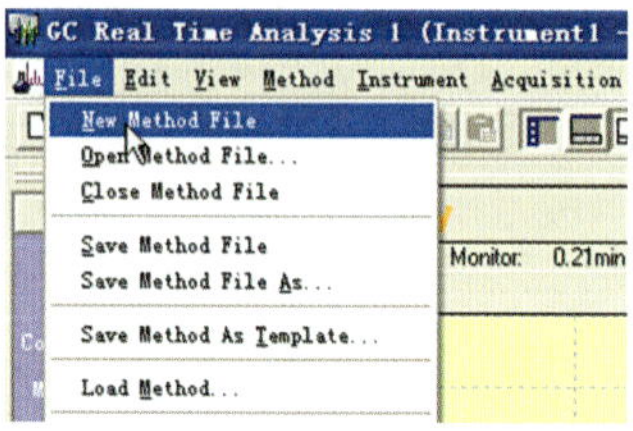</td><td>新建方法文件</td><td>—</td></tr>
<tr><td>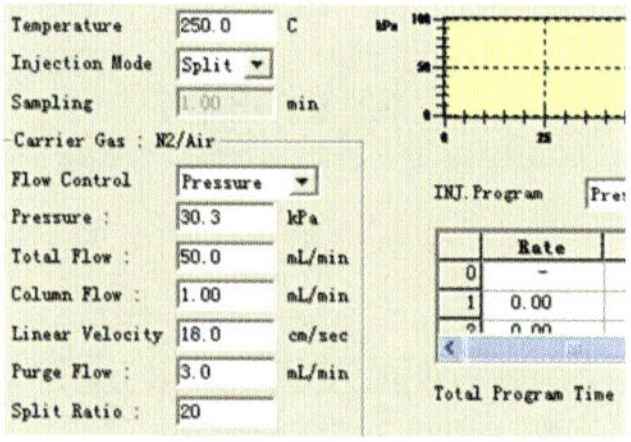</td><td>进样口：根据国家标准进行参数设定，进样口温度为250℃，柱流量为1.0mL/min，分流进样，分流比为20</td><td>以分流比20为例，则进入色谱柱的样品为1/21</td></tr>
<tr><td>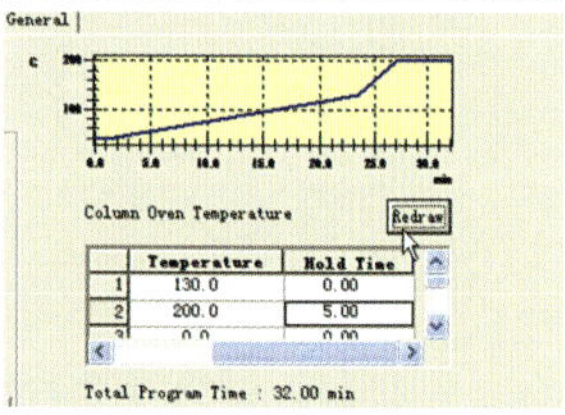<table><tr><th>Rate</th><th>Temperature</th><th>Hold Time</th></tr><tr><td>--</td><td>40</td><td>1</td></tr><tr><td>4</td><td>130</td><td>0</td></tr><tr><td>20</td><td>200</td><td>5</td></tr><tr><td></td><td></td><td></td></tr></table></td><td>设置色谱柱温度：初温40℃，保持1min，以4℃/min升至130℃，以20℃/min升至200℃，保持5min，设置完成后点击“Redraw”</td><td>Redraw：重绘。
注：程序升温程序可以根据出峰情况进行调整</td></tr>
<tr><td>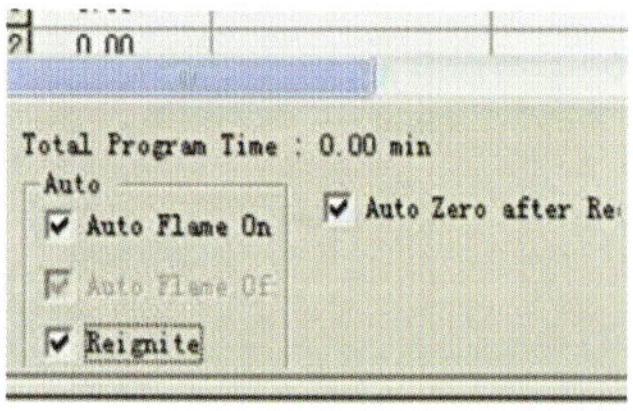</td><td>常规设置：勾选“Auto Flame On”“Reignite”“Auto Zero after Ready”</td><td>Auto Flame On：自动点火。
Reignite：再点火。
Auto Zero after Ready：准备就绪时自动调零</td></tr>
</table>

配图	操作步骤	操作说明
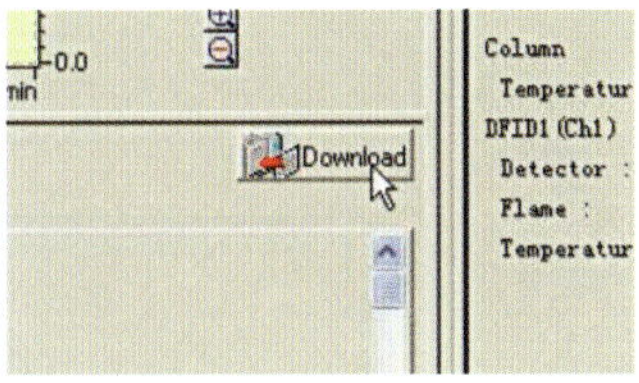	参数设置完成后点击“Download”，将方法另存为，并命名	Download：下载

5. 样品分析

配图	操作步骤	操作说明
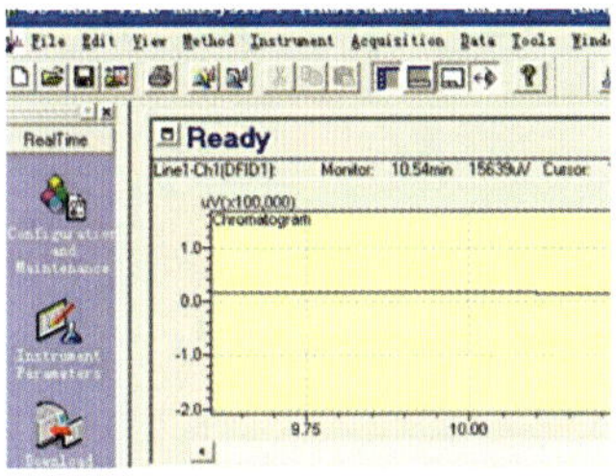	观察工作站，等待仪器显示“Ready”	Ready：就绪
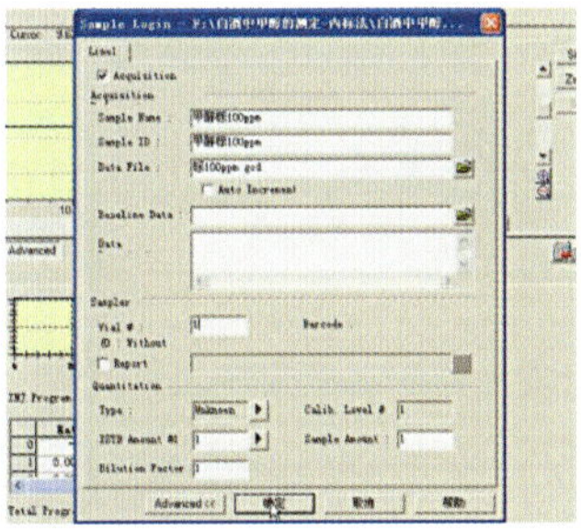	待基线平稳后，点击“Single Run”，再点击“Sample Login”。在对话框中输入样品信息，包括样品名称、数据文件名称及保存路径，进样量1μL，样品信息输入完成后，点击“确定”键	Single Run：单次分析。 Sample Login：样品信息。 注：数据文件的名称应尽量和样品编号对应
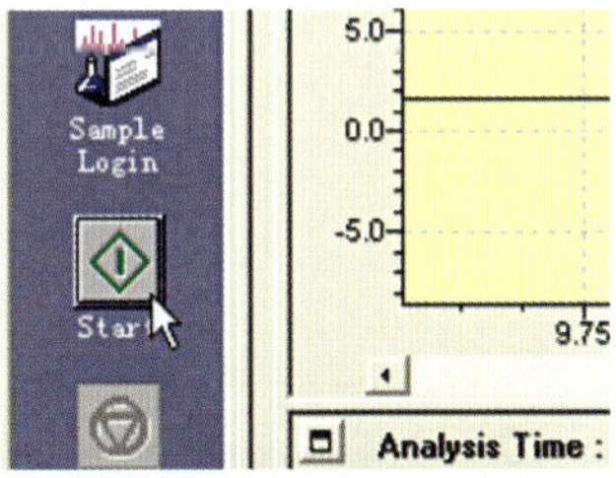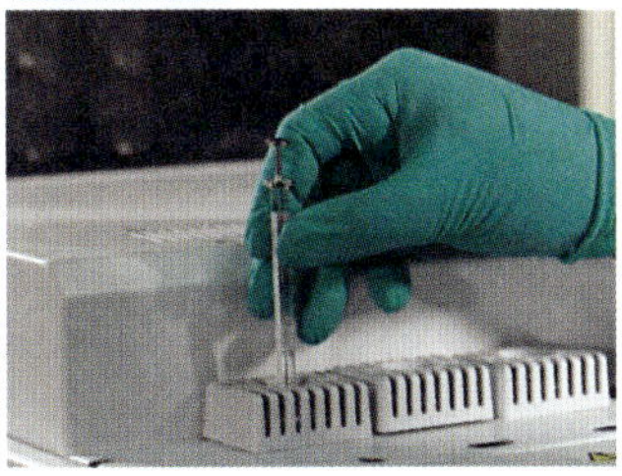	点击屏幕上“Start”键，此时仪器上显示准备就绪。用进样针从进样瓶中吸取1μL处理液，从进样口缓慢插入进样针，吐液，点击仪器上的“Start”键，此时工作台开始记录信号，显示“Acquire”	Acquire：采集

配图	操作步骤	操作说明
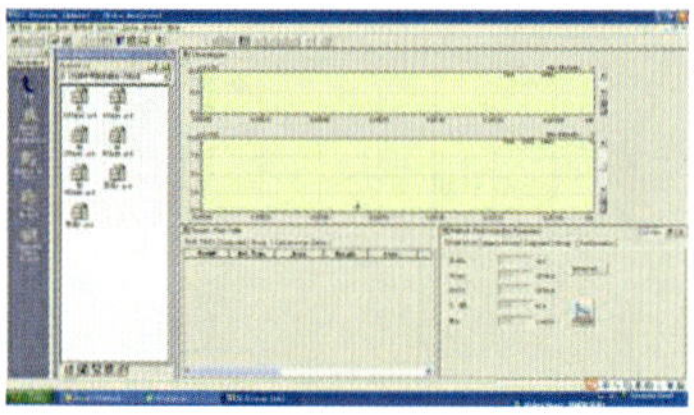	待完成检测后，等待再次显示“Ready”后，可进行下一个样液的测定，依次完成测定即可	—

6. 再解析

配图	操作步骤	操作说明
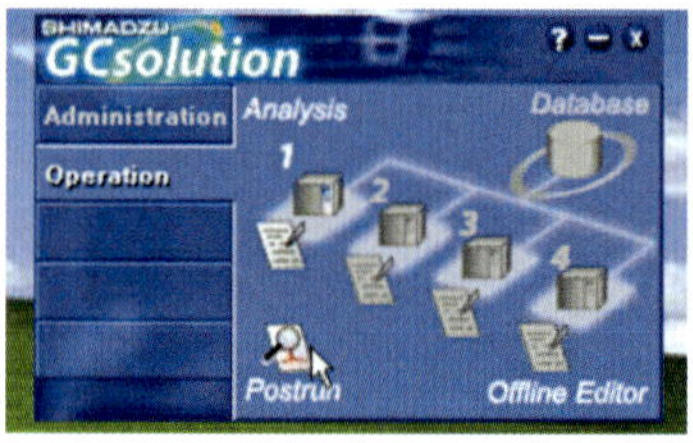	双击打开“GCsolution”，进入再解析，点击“Postrum”	Postrum：再解析
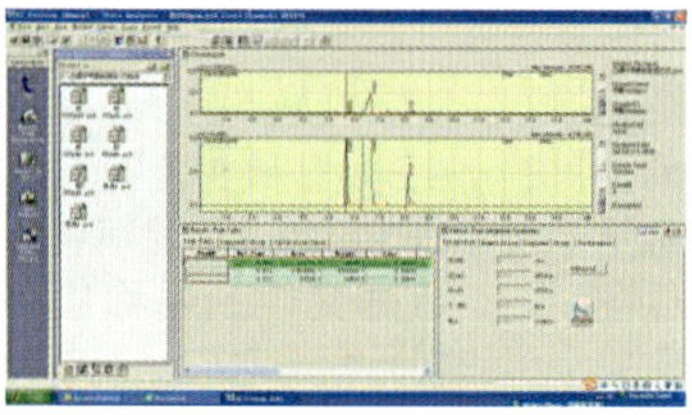 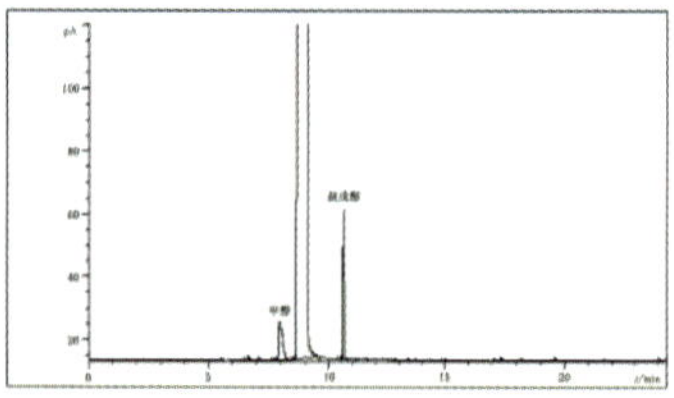 甲醇及内标叔戊醇标准的气相色谱图	打开任意一个标准色谱图与国家标准对比，以左侧色谱图为例，甲醇的保留时间为5.661min左右，叔戊醇保留时间为8.121min	—
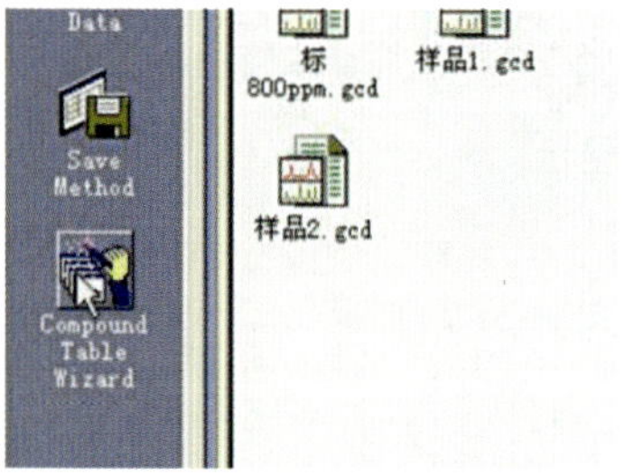	点击“Compound Table Wizard”，并点击“下一步”	Compound Table Wizard：组分表向导

配图	操作步骤	操作说明
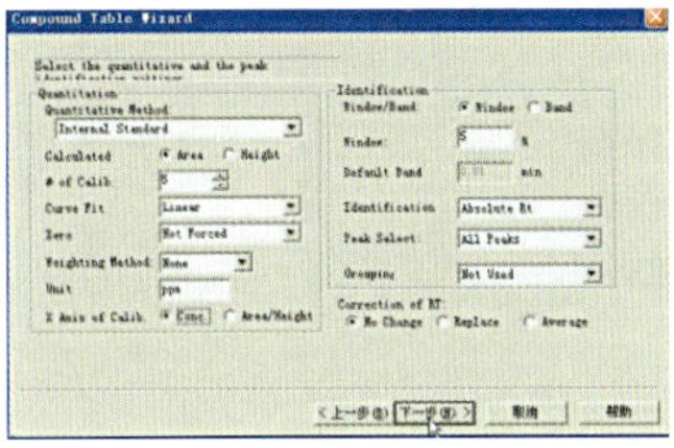	在对话框中选择定量方法为“Internal Standard”，标准曲线级别数为5，浓度单位为mg/L，校准曲线的X轴为“Conc.”。 设置完成后，点击“下一步”	Internal Standard：内标法。 “Conc.”：浓度
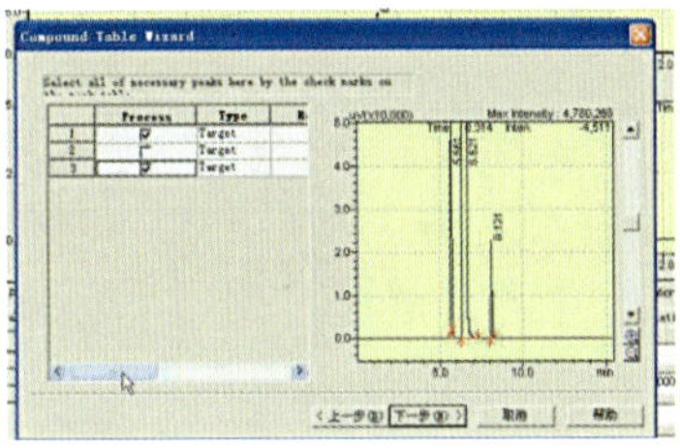	选中甲醇和叔戊醇对应的峰，点击“下一步”	—
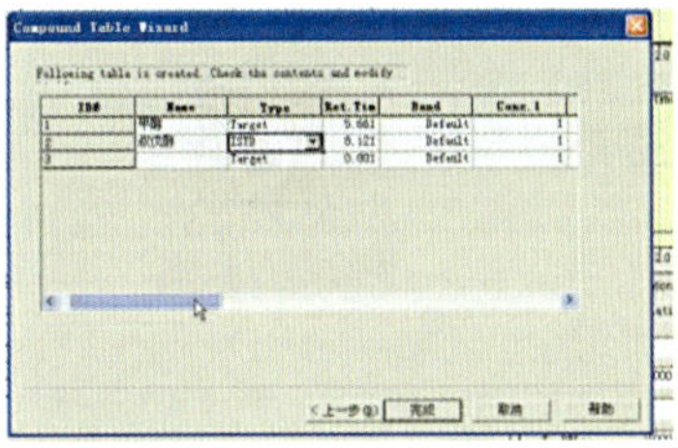	在组分表中输入组分名称甲醇，类型为“Target”，叔戊醇，类型为“ISTD”，并输入对应的浓度，点击“完成”	Target：目标 ISTD：内标
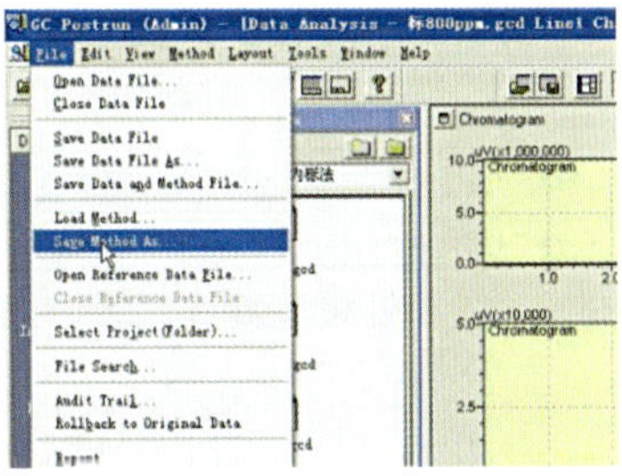	将甲醇标准曲线方法文件另存至数据文件所在文件夹中，命名（例如可命名为“甲醇标准曲线方法-内标法”）后保存	再解析方法文件尽量保存至数据文件所在文件中，以便后续数据处理
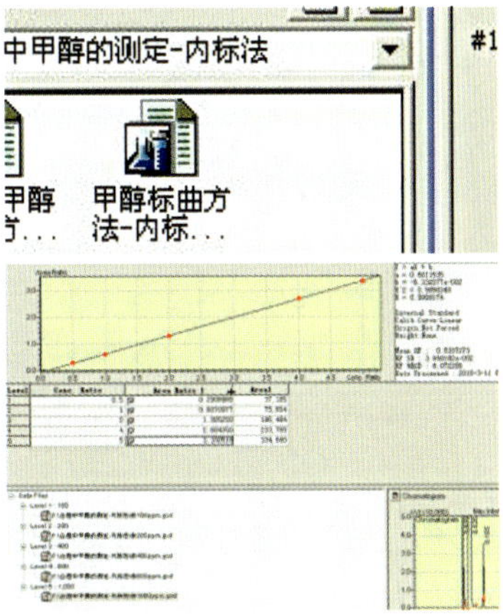	双击打开“甲醇标准曲线方法”文件，并将标准数据文件拖入对应的位置，并点击保存，将标准数据文件拖入对应的位置，并保存	—

配图	操作步骤	操作说明
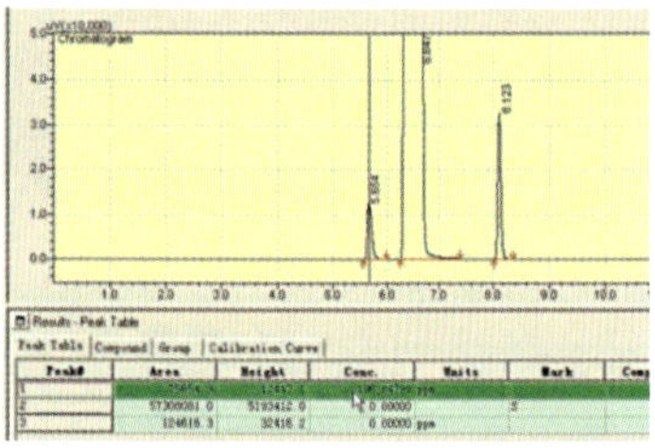	双击打开样品数据文件，将甲醇标准曲线方法文件拖入色谱峰区域，可计算得出样品中甲醇的含量	—

7. 关机

配图	操作步骤	操作说明
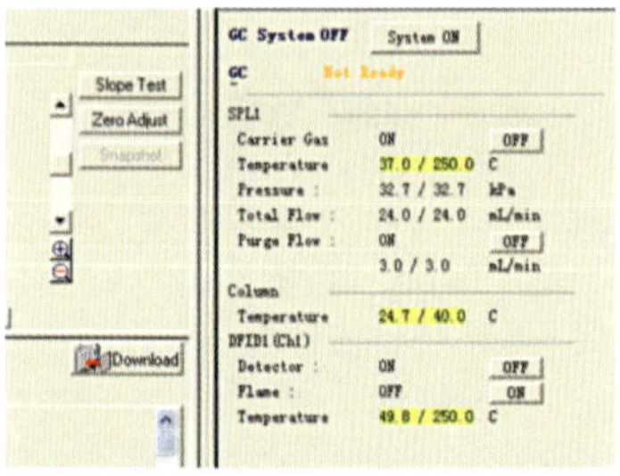	检测完毕后，关闭系统，将柱温箱降至50℃以下，待检测器温度降至100℃以下	注：关闭系统如下图 
	关闭气相色谱仪开关、载气（氮氢空发生器）、工作站、主机，切断电源	按照8S相关标准，整理现场和处理废弃物，并做好仪器使用记录

8. 数据记录及处理

“白酒中甲醇的检测”检测记录表

检验样品			检测方法			
仪器名称			检测项目			
仪器编号			检测依据			
仪器条件	进样方式					
	进样口温度					
	升温程序					
	检测器温度					
	进样量					
绘制标准曲线						
标准溶液浓度/（mg/L）						
峰面积						
标准物质线性回归方程			R^2值			
样品测定						
	样Ⅰ		样Ⅱ		样Ⅲ	
样品质量/g						
试样中甲醇的含量/（g/L）						
试样中甲醇的平均含量/（g/L）						
精密度/%						
检验结果						

试样中甲醇含量（测定结果需要按100%酒精度折算时）按下式计算：

$$X=\frac{\rho}{C\times1000}$$

式中　X——试样中甲醇的含量，g/L；

ρ——从标准曲线得到的试样溶液中甲醇的浓度，mg/L；

C——试样的酒精度；

1000——换算系数。

计算结果保留三位有效数字。

在重复性测定条件下获得的两次独立测定结果的绝对差值不超过其算术平均值的10%。

注：试样的酒精度按照GB 5009.225—2023《食品安全国家标准　酒和食用酒精中乙醇浓度的测定》测定。

检验人员：		复核人员	

评价反馈

“白酒中甲醇的检测”考核评价表

评价方式	考核项目	评价项目		评价要求	评价分数
自我评价10%	实验准备	1. 能正确计算试剂使用量		正确计算试剂（2分）	
		2. 能与小组其他成员协作正确配制实验试剂		正确配制试剂（2分）	
	学习成果	课程目标完成情况		能基本完成课程目标（6分）	
学生互评20%	检测原理	能用检测原理解释结果		口述检测原理（3分）	
	操作技能	1. 能按照操作规范进行食品（白酒）中挥发成分的检测	标准溶液配制	操作正确（1分）	
			样品处理	操作正确（1分）	
			仪器准备开机	检查色谱柱、检测器（1分）	
				正确开启气路系统（1分）	
				正确开启气相色谱仪（1分）	
			参数设置	进样口温度、检测器温度设置正确（1分）	
				升温程序设置正确（1分）	
				载气流量、进样量、分流比设置（1分）	
				方法保存、命名、下载正确（1分）	
			上机测试	单次分析信息填写正确（1分）	
				进样针润洗三次，无气泡（1分）	
				进样操作正确（1分）	
			仪器关机	降温、关机操作正确（1分）	
		2. 能对检验结果进行记录和数据处理		再解析-标准曲线制作（1分）	
				再解析-样品测试（1分）	
				记录原始数据，书写计算过程，结果保留三位有效数字（1分）	
				结果判断（1分）	

续表

<table>
<tr><th>评价方式</th><th colspan="2">考核项目</th><th>评价项目</th><th>评价要求</th><th>评价分数</th></tr>
<tr><td rowspan="14">教师学业评价70%</td><td>课前</td><td>方法能力</td><td>课前学习（5分）</td><td>课前能独立通过网络学习资源库获取食品（白酒）中甲醇含量的检测标准，并结合微课归纳检测要点</td><td></td></tr>
<tr><td rowspan="12">课中</td><td rowspan="5">知识素质</td><td rowspan="5">相关知识（10分）</td><td>1. 能写出本次实验检测依据及方法（2分）</td><td></td></tr>
<tr><td>2. 能写出白酒中挥发成分的分类（2分）</td><td></td></tr>
<tr><td>3. 能写出食品（白酒）中甲醇的检测原理（2分）</td><td></td></tr>
<tr><td>4. 能写出白酒中甲醇的检测意义（2分）</td><td></td></tr>
<tr><td>5. 能写出操作过程中的注意事项（2分）</td><td></td></tr>
<tr><td rowspan="7">实操能力</td><td rowspan="7">实验操作（50分）</td><td>1. 能写出工作流程（5分）</td><td></td></tr>
<tr><td>2. 能通过观看微课，完成检测流程图（5分）</td><td></td></tr>
<tr><td>3. 能按照操作规范进行食品（白酒）甲醇的检测，能正确使用气相色谱仪（20分）</td><td></td></tr>
<tr><td>4. 能对检验结果进行记录和数据处理（10分）</td><td></td></tr>
<tr><td>5. 能正确进行气相色谱仪的维护（2分）</td><td></td></tr>
<tr><td>6. 能正确进行再解析（3分）</td><td></td></tr>
<tr><td>7. 结果记录真实，字迹工整，报告规范（5分）</td><td></td></tr>
<tr><td>课后</td><td>方法能力</td><td>任务拓展（5分）</td><td>完成发酵酒中甲醇的检测方案设计，或录制检测视频并上交</td><td></td></tr>
<tr><td colspan="5">总分</td><td></td></tr>
</table>

学习心得

拓展任务

拓展任务1：
气相色谱仪
开关机操作

拓展训练

- 完成发酵酒中甲醇的检测的方案设计，绘制相关操作流程或录制检测视频。（提示：利用互联网、国家标准、微课等。）

巩固反馈

1. 白酒中含有微量的________、________、杂醇类、________、酮类等物质，它们决定了白酒的香气和风味。
2. 按照色谱的分离原理可以将色谱分为：________、________、________、________。
3. 根据GB 2757—2012《食品安全国家标准 蒸馏酒及其配制酒》，市售白酒中甲醇含量应低于________。
4. 在白酒中甲醇检测时，叔戊醇作为（　　）。

   A. 基准物质　　B. 标准溶液　　C. 内标物　　D. 外标物
5. 依据GB 5009.266—2016《食品安全国家标准　食品中甲醇的测定》，在白酒中甲醇的检测过程中定量方法为（　　）。

   A. 面积归一法　　B. 内标法　　C. 外标法　　D. 校正因子定量
6. 岛津GC-2014C（FID检测器）气相色谱仪，打开氮氢空发生器至输出压为________，打开岛津GC-2014C气相色谱仪，关机操作为软件中点击________，至进样口、柱温箱及检测器温度降至50℃。依次关闭软件、仪器和气体发生器。
7. ECD检测器的载气提供为________并且需要除去________，FTD检测器需使用________。
8. 进样隔垫更换需等气化室温度降至________以下。
9. 据统计只要是样品在________以下能汽化且不分解的，均可采用气相色谱法进行分析，能用气相色谱法直接分析的有机物约占全部有机物的20%。

任务三　食品中苯甲酸、山梨酸和糖精钠的检测

学习目标

知识目标

1. 通过查阅资料，能正确说出食品中常见防腐剂和甜味剂的种类。
2. 能说出食品中苯甲酸、山梨酸和糖精钠的性质和使用注意事项。
3. 能解释食品中苯甲酸、山梨酸和糖精钠的检测原理。
4. 能通过国家标准，正确制订食品中苯甲酸、山梨酸和糖精钠的检测流程。

技能目标

1. 能根据样品的性质，选择合适的样品处理方法。
2. 能根据国家标准正确设定高效液相色谱仪的检测参数，完成样品检测。
3. 能根据国家标准，正确判断食品中苯甲酸、山梨酸和糖精钠含量是否符合标准。

素养目标

1. 通过检测任务的学习，培养精益求精的工匠精神和食品安全意识。
2. 通过食品添加剂相关标准学习，自觉遵守法律法规，树立食品安全意识。
3. 在检测任务实施的过程中，加强团结协作的能力。

任务描述

防腐剂作为重要的食品添加剂之一，在食品工业中被广泛使用。食品防腐剂可以有效地解决食品在加工、储存过程中因微生物侵袭而变质的问题，使食品在一般的自然环境中具有一定的保存期。山梨酸、苯甲酸是联合国粮食及农业组织等推荐使用的高效安全的防腐保鲜剂，广泛应用在食品行业，但若超标使用，在一定程度上会抑制人体骨骼生长，危害肝脏、肾脏等器官。

糖精钠是食品工业中常用的甜味剂，它是有机化工合成产品，除了在味觉上能够引起甜的感觉外，对人体无任何营养价值。相反，当食用较多的糖精钠时，会影响肠胃消化酶的正常分泌，降低小肠的吸收能力，使食欲减退。一些企业为了追求利润，在生产饮料和加工食品过程中超量、超范围使用糖精钠，但在食品和饮料标签上却不注明含有糖精钠及其真实含量，因此损害了消费者的身体健康。

本次任务以碳酸饮料为例，测定其中苯甲酸钠、山梨酸钾和糖精钠的含量，以GB 5009.28—2016《食品安全国家标准　食品中苯甲酸、山梨酸和糖精钠的测定》为检测依据。如图1–9和图1–10所示，我们将按照以下环节完成学习任务。

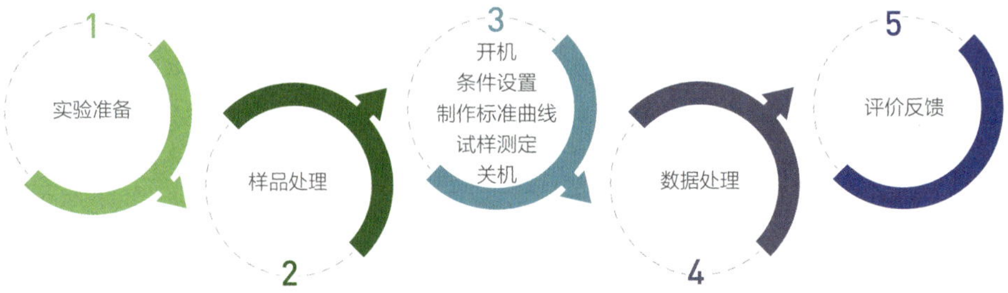

图1-9 “食品中苯甲酸、山梨酸和糖精钠的检测”实施环节

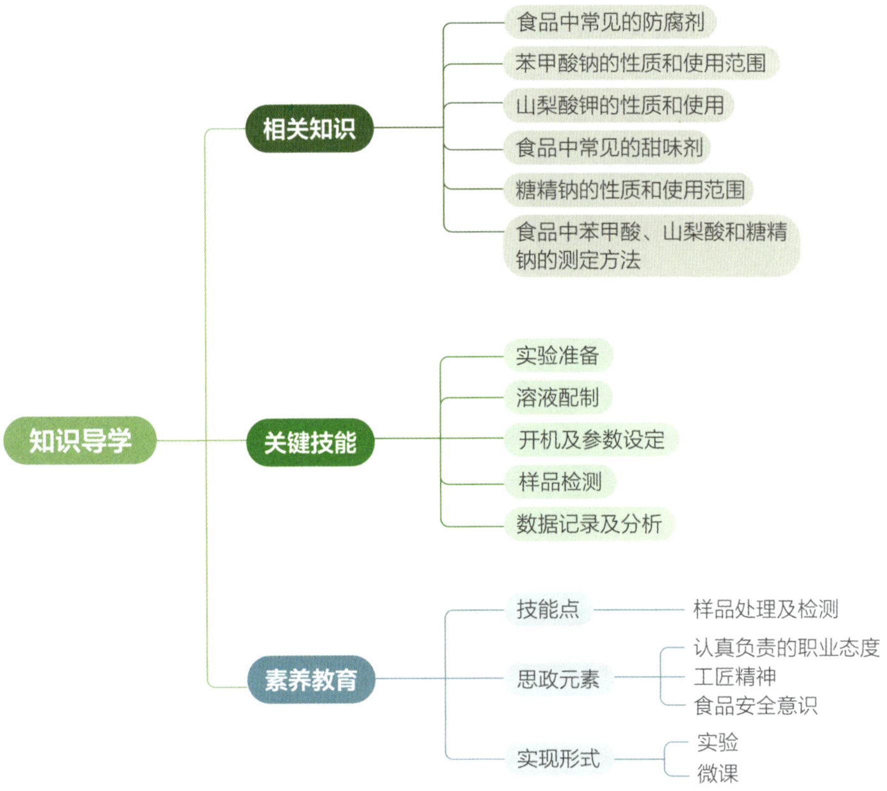

图1-10 “食品中苯甲酸、山梨酸和糖精钠的检测”知识思维导图

任务要求

1. 独立完成碳酸饮料中苯甲酸钠、山梨酸钾和糖精钠的检测任务。
2. 学会液相色谱仪的使用。

思政园地

GB 2760—2024《食品安全国家标准　食品添加剂使用标准》中规定了食品添加剂的使用原则、允许使用的食品添加剂品种、使用范围及最大使用量或残留量，有效监督了食品生产经营者依法依规生产，保障了食品安全和人民身体健康。

知识链接

一、资源链接

通过网络资源获取GB 5009.28—2016《食品安全国家标准　食品中苯甲酸、山梨酸和糖精钠的测定》、GB/T 12810—2021《实验室玻璃仪器　玻璃量器的容量校准和使用方法》、GB/T 602—2002《化学试剂　杂质测定用标准溶液的制备》、GB/T 603—2023《化学试剂　试验方法中所用制剂及制品的制备》、GB/T 8170—2008《数值修约规则与极限数值的表示和判定》等相关资料。

食品中苯甲酸、山梨酸和糖精钠的检测课件

食品中苯甲酸、山梨酸和糖精钠的检测微课

二、相关知识

（一）食品中常见的防腐剂

自古以来，人们为了确保非食物产出季节（冬季或干旱的季节等）有足够的食物维持生存，摸索发现了许多预防食品腐败变质的方法，比如日晒、风干、雪藏等原始作业，还有盐腌、糖渍、醋泡、烟熏等传统食物保藏方法。随着科学技术不断发展，加热、干燥、气调、冷冻等大规模物理防腐方法也被广泛使用。食品的防腐不仅成了关系保持食物新鲜的问题，也成了关系人类身体健康的社会问题，在这种情况下催生了可以在食品工业化生产中广泛应用的化学食品防腐剂——一种最有效、最经济便捷的防腐方法。

1. 苯甲酸及其盐类

苯甲酸及其盐类，为白色颗粒或结晶粉末，无臭或略带安息香的气味。苯甲酸钠亲油性强，易穿透细胞膜进入细胞体内，干扰细胞膜的通透性，抑制细胞膜对氨基酸的吸收，并抑制细胞呼吸酶系的活性，从而达到防腐的目的。

2. 山梨酸及其盐类

山梨酸及其盐类，为白色结晶粉末或微黄色结晶粉末或鳞片状。山梨酸钾为酸性防腐剂，具有较高的抗菌性能，抑制霉菌的生长繁殖，主要原理是通过抑制微生物体内的脱氢酶的活性，达到抑制微生物生长和防腐的作用。

3. 丙酸盐类

丙酸钙，为白色结晶性颗粒或粉末，无臭或略带轻微丙酸气味，对光和热稳定，易溶于水。丙酸是人体内氨基酸和脂肪酸氧化的产物，丙酸钙是一种安全性很好的防腐剂。丙酸钙对霉菌有抑制作用，对细菌抑制作用小，对酵母无作用，常用于面制品发酵及乳酪制品防霉等。

4. 对羟基苯甲酸酯类

对羟基苯甲酸酯类，即尼泊金酯类，相关产品有对羟基苯甲酸甲酯、乙酯、丙酯、丁酯等，其中对羟基苯甲酸丁酯防腐效果最好。我国主要使用对羟基苯甲酸乙酯和丙酯。

5. 双乙酸钠

双乙酸钠是一种常用于酱菜类的防腐剂，安全、无毒，有很好的防腐效果，在人体内最终分解产物为水和二氧化碳。双乙酸钠对黑根菌、黄曲霉、李斯特菌等抑制效果明显。

（二）苯甲酸钠的性质和使用范围

苯甲酸钠是苯甲酸的钠盐，分子式为$C_6H_5CO_2Na$，相对分子质量为144.11，为白色颗粒，易溶于水，无臭，如图1-11所示。苯甲酸钠可以有效防止食品变质，达到延长食品保质期的效果。常用于碳酸饮料、果蔬饮料、果酱、酱油、蜜饯等食品，可以与低温杀菌合用，起到协同作用。苯甲酸钠的防腐作用机制与苯甲酸相同，但防腐效果小于苯甲酸，这是由于苯甲酸钠只有在游离出苯甲酸的条件下才能发挥防腐的作用。因此，在较强酸性的食品中，苯甲酸钠的防腐效果较好，防腐的最佳pH是2.5～4.0。苯甲酸钠的急性毒性较小，动物最大无作用量（MNL）为500mg/kg体重。

图1-11　苯甲酸钠

（三）山梨酸钾的性质和使用

山梨酸钾，学名为2,4-己二烯酸钾，分子式为$C_6H_7KO_2$，相对分子质量为150.22，为白色或浅黄色鳞片状结晶、晶体颗粒或晶体粉末，易溶于水，如图1-12所示。山梨酸钾有很强的抑制腐败菌的作用，广泛应用于食品、饮料、化妆品等行业。山梨酸钾的抑菌机制与山梨酸相同，即破坏微生物的酶系统，抑制微生物的增殖。山梨酸钾有较好的防腐

图1-12　山梨酸钾

效果，是同类产品苯甲酸钠的5～10倍。山梨酸钾毒性较小，由于其是一种不饱和脂肪酸盐，可以被人体的代谢系统吸收而迅速分解为二氧化碳和水，因此在体内无残留。

（四）食品中常见的甜味剂

甜味剂是指能赋予食品甜味的食品添加剂，对食品有重要的影响。甜味剂种类较多：按其来源可分为天然甜味剂和人工合成甜味剂；按其营养价值可分为营养性甜味剂和非营养性甜味剂；按其化学结构和性质可分为糖类甜味剂和非糖类甜味剂。甜味是甜味剂分子刺激味蕾产生的一种复杂的物理、化学和生理过程。随着人们健康意识的提升，消费者对于营养、健康饮食的重视程度逐渐提高，减糖化、无糖化食品越来越受到消费者的欢迎。

1. 糖精钠

糖精钠，又名邻苯甲酰磺酰亚胺钠、可溶性糖精，分子式为$C_6H_4SO_2NNaCO \cdot 2H_2O$，是糖精的钠盐，为无色结晶或稍带白色的结晶性粉末，一般含有两个结晶水，易失去结晶水而成为无水糖精钠，无臭或微有香气，味浓甜带苦。甜度是蔗糖的500倍左右。

2. 甜蜜素

甜蜜素，又名环己基氨基磺酸钠，分子式为$C_6H_{11}NHSO_3Na$，甜味纯正，甜度比蔗糖高。它属于非营养型合成甜味剂，其甜度为蔗糖的30～40倍，而价格仅为蔗糖的3倍。而且它不像糖精钠那样用量稍多时有苦味，因而常用作国际通用的食品添加剂，可用于清凉饮料、糕点及蜜饯等。糖尿病患者、肥胖者可用其代替糖。

3. 安赛蜜

安赛蜜，又名乙酰磺胺酸钾、AK糖，分子式为$C_4H_4KNO_4S$，甜度为蔗糖的200～250倍。作为非营养型甜味剂，可广泛用于固体饮料、酱菜类、蜜饯、胶姆糖、餐桌用甜味料的各种食品。类似于糖精钠，易溶于水。用于增加食品甜味，无营养价值，口感好，无热量，具有在人体内不代谢、不吸收，对热和酸稳定性好等特点。

（五）糖精钠的性质和使用范围

糖精钠，分子式为$C_7H_4O_3NSNa \cdot 2H_2O$，相对分子质量为241.21，易溶于水。糖精钠为无色至白色的结晶或结晶粉末（图1-13），无臭，微有芳香气。在常温时，糖精钠的水溶液长时间放置后甜味会降低，因此配好的溶液不应长时间放置。

图1-13 糖精钠

糖精钠是最古老的甜味剂，于1878年被美国科学家发现，很快就被食品工业界和消费者接受。其甜度为蔗糖的200～700倍，它不被人体代谢吸收，在各种食品生产过程中都很稳定。其溶解度大，解离度也大，因而甜味强，稀释1万倍的水溶液仍有甜味，阈值为0.004%。糖精钠可强化食品的甜味，且不会在食品加工中引起食品的染色和发酵，与酸味并用，又有爽快的甜味，适用于清凉的饮料。摄食后在体内不分解，随尿排出，不供给热能，无营养价值。按照GB 2760—2024《食品安全国家标准　食品添加剂使用标准》规定，糖精钠在汽水、果汁等饮料中的最大使用量为0.15g/kg。

（六）食品中苯甲酸、山梨酸和糖精钠的测定方法

苯甲酸、山梨酸是食品中广泛使用的食品防腐剂，糖精钠是食品中经常使用的甜味剂。在GB 2760—2024《食品安全国家标准　食品添加剂使用标准》中，明确规定了这三种食品添加剂在食品中的最大使用限量和适用产品范围，若超标使用，在一定程度上会对人体造成危害。其检验方法依照GB 5009.28—2016《食品安全国家标准　食品中苯甲酸、山梨酸和糖精钠的测定》进行检验。国家标准中第一法液相色谱法可用于饮料、液态乳、乳酪、黄油、巧克力、果冻、油炸食品等食品中苯甲酸、山梨酸和糖精钠含量的测定。

三、问题探究

1. 防腐剂的抗菌作用机制是什么？

防腐剂是指一类加入食品中能防止或延缓食品腐败的食品添加剂，其本质是具有抑制微生物或杀死微生物的作用的一类化合物。食品防腐剂的抑菌作用主要是通过改变微生物的生长环境，控制微生物的生理活性，延缓或抑制微生物增殖，使微生物不进入急剧增殖的对数期而停止在缓慢增殖的迟滞期，起到抑菌作用。

2. 甜味剂应具备什么特点？其在食品中有什么作用？

甜味剂应具有安全性高、引起味觉良好、稳定性高、水溶性好、价格合理等特点。甜味剂可以使食品、饮料具有适口的感觉；使产品获得较好风味的同时又保留新鲜的味道；食品中加入甜味剂有助于风味物质和甜味剂的结合形成食品独特的风味。

四、预习与讨论

1. 阅读学习相关资源，归纳食品中苯甲酸钠、山梨酸钾和糖精钠的检测相关知识。

2. 绘制操作流程小报并初拟实验方案。

3. 完成老师发布的预习小测验等相关预习任务，手机扫码完成课前测试。

食品中苯甲酸、山梨酸和糖精钠的检测课前测试

任务实施

> **提示**
>
> 在整个任务实施过程中遵守实验室用水、用电安全操作指南及实验室各项规章制度和玻璃器皿的安全使用规范。

一、实验准备

1. 仪器和设备

配图	仪器与设备	说明
	高效液相色谱（配紫外检测器）	本实验选用岛津SIL-20A高效液相色谱仪配紫外检测器（UVD）检测器
	分析天平：感量为0.1mg和1mg	称量完毕后，及时取出被称物品，并保持天平清洁
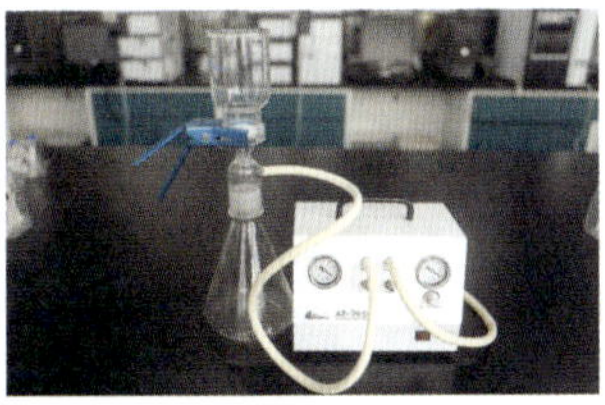	抽滤装置	—
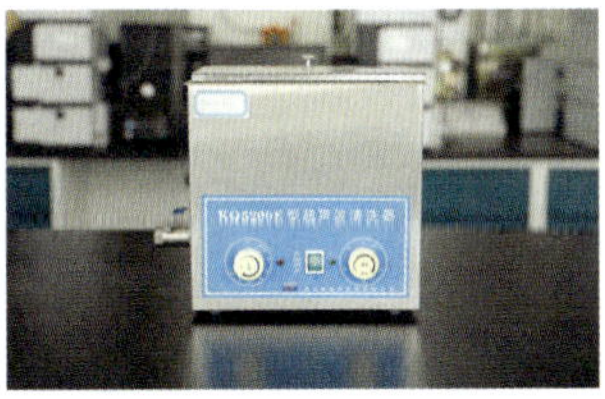	超声波发生器	—
	涡旋振荡器	—
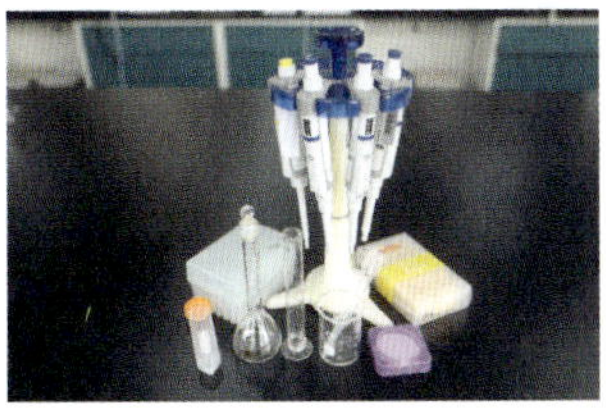	其他工具及材料：移液枪或吸量管、容量瓶、烧杯、量筒、水相微孔滤膜、塑料离心管等	水相微孔滤膜规格为0.22μm

2. 检测样品

配图	样品	说明
	市售碳酸饮料	本任务选用市售的无色碳酸饮料为实验样品

二、实施操作

1. 试剂配制

本实验所用试剂主要有：甲醇、乙酸铵、苯甲酸、山梨酸和糖精标准品，水为一级水，甲醇为色谱纯，乙酸铵为分析纯以上级别。

注意：本着节约环保的原则，计算实验试剂用量后，进行溶液配制。

试剂名称	配制方法	操作说明
色谱纯甲醇 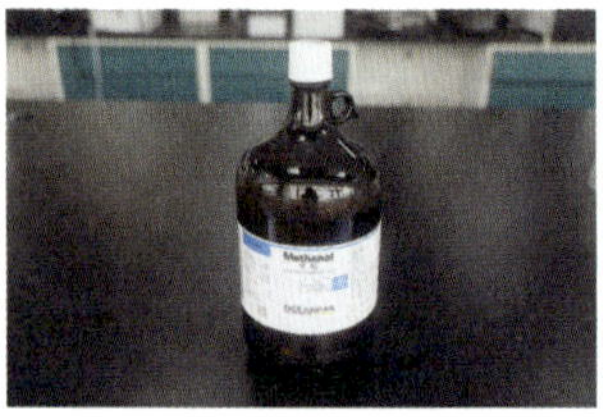	经0.45μm滤膜过滤，装入有机相储液瓶中	—
乙酸铵（本次实验需要0.02mol/L乙酸铵溶液） 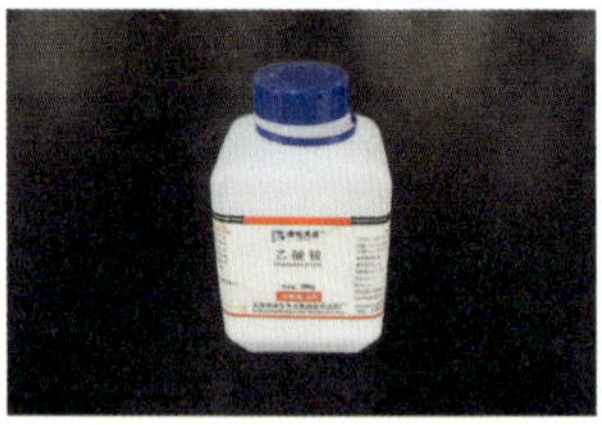	称取1.54g乙酸铵，加水至1000mL，溶解，经0.45μm滤膜过滤，装入水相储液瓶中	滤膜采用水系膜或有机膜均可
苯甲酸、山梨酸和糖精钠（以糖精计）标准溶液（1000mg/L） 	分别准确称取苯甲酸钠、山梨酸钾和糖精钠0.118g，0.134g和0.117g（精确到0.0001g），用水溶解并分别定容至100mL 4℃保存，保存期为6个月。当使用苯甲酸和山梨酸标准品时，需要用甲醇溶解并定容	糖精钠含结晶水，使用前需在120℃烘4h，干燥器中冷却至室温后备用

试剂名称	配制方法	操作说明
苯甲酸、山梨酸和糖精钠（以糖精计）混合标准中间溶液（200mg/L） 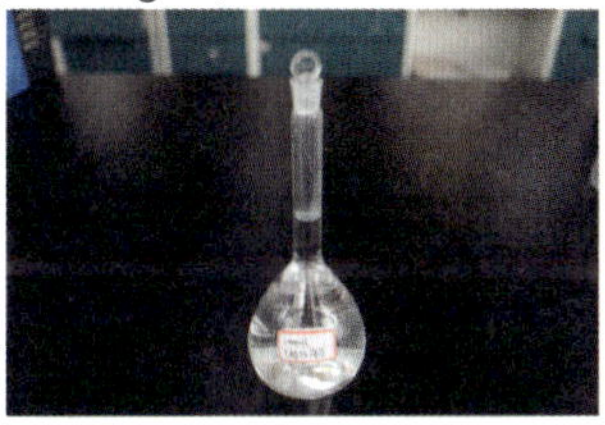	分别准确吸取苯甲酸、山梨酸和糖精钠标准储备溶液各10.0mL于50mL容量瓶中，用水定容。于4℃保存，保存期为3个月	—
苯甲酸、山梨酸和糖精钠标准储备溶液及混合标准系列工作溶液 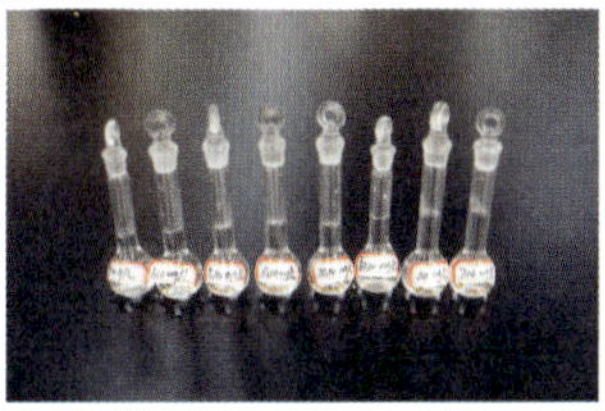	参照国家标准配制苯甲酸、山梨酸和糖精钠（以糖精计）标准储备溶液，浓度为1000mg/L，并将其依次配制成质量浓度分别0mg/L，1.00mg/L，5.00mg/L，10.0mg/L，20.0mg/L，50.0mg/L，100mg/L和200mg/L的混合标准系列工作溶液。 过滤后，装入样品瓶中，待用	标准系列工作溶液现用现配，且经0.22μm滤膜过滤

2. 试样制备

配图	操作步骤	操作说明
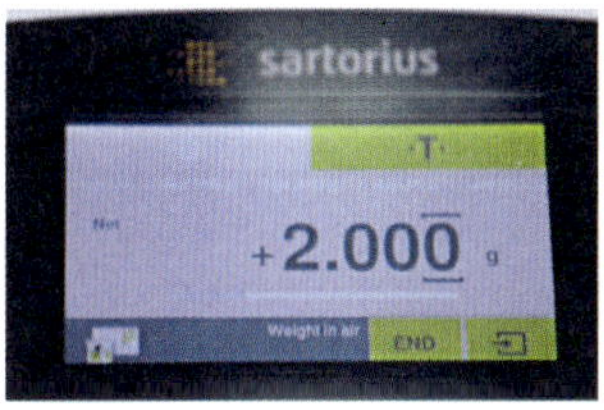	准确称取约2g（精确到0.001g）试样	—
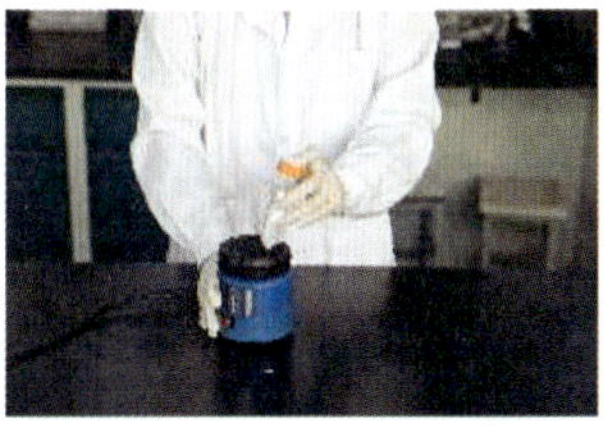	加入于50mL具塞离心管中；加水约25mL，涡旋混匀	用pH试纸指示酸碱度
	于50℃水浴超声20min，冷却至室温	转移时注意少量多次转移

配图	操作步骤	操作说明
	将水相转移至50mL容量瓶中。再在离心管中加水20mL，涡旋混匀，将水相转移到同一50mL容量瓶中，并用水定容至刻度，混匀；同时做试剂空白	滤膜为色谱专用，样品瓶的密封垫切勿装反
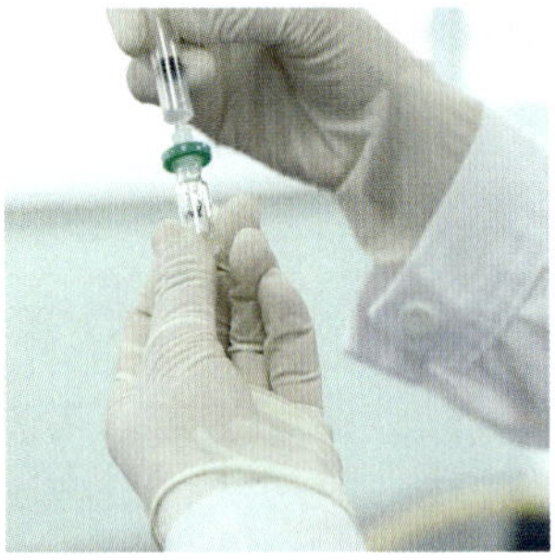	取适量上清液过0.22μm滤膜，装入样品瓶中，待液相色谱测定	—

3. 样品测定及标准曲线制作

配图	操作步骤	操作说明
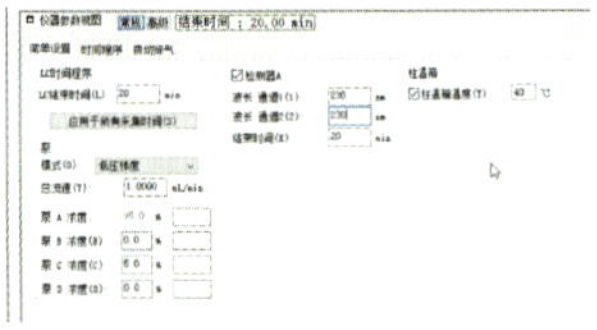	依照国家标准设定仪器参数，包括：泵B浓度95%；流速1mL/min；检测器为紫外检测器，波长为230nm。点击“下载”，如需保存次方法，将本次方法另存为即可	下次做同样检测时，调出本方法即可
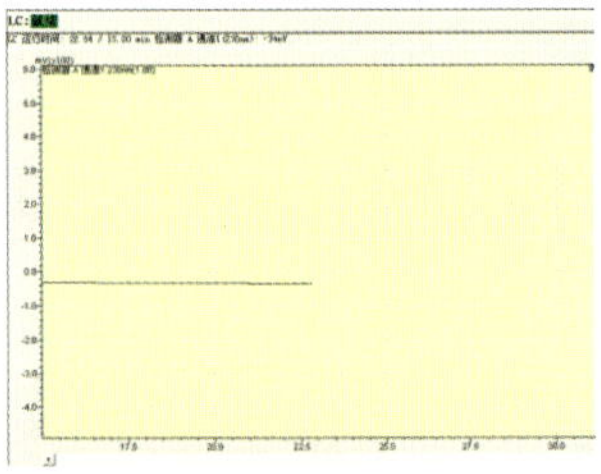	待基线平衡后，设置单次进样信息，进样检测。输入样品保存位置、样品名称，选择依次递增，点击确定	—
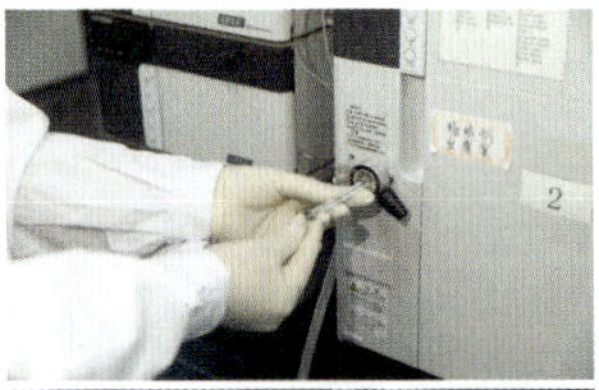 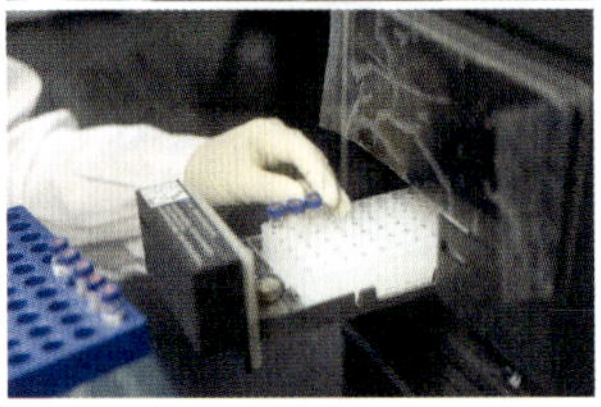	用进样针吸取10μL样品，进样。当检测样品较多时，可采用自动进样器进样，采用批处理进行样品采集	当采用批处理进行样品采集时，要输入详细的样品保存位置、样品名称、进样量等信息

配图	操作步骤	操作说明
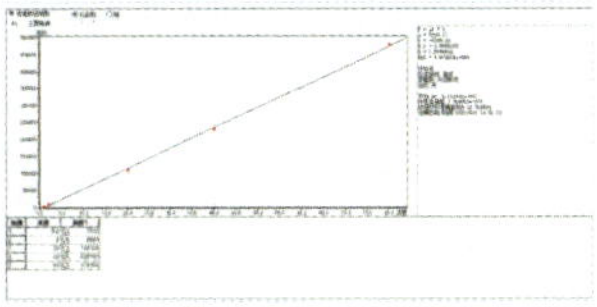	将标准工作液分别注入液相色谱仪中，以标准溶液浓度比为横坐标、标准溶液各点对应峰面积为纵坐标绘制标准曲线	决定系数 $R^2>0.999$
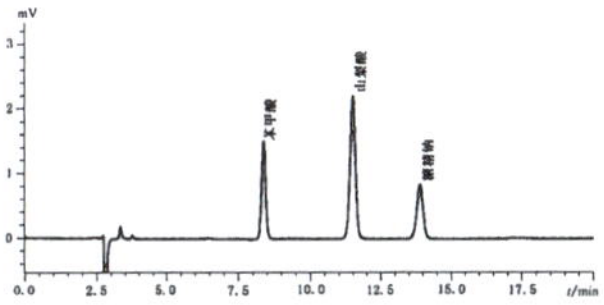	待样品检测完成后，进行数据分析，即再解析。打开样品点，将标准曲线方法文件拖到色谱图中，结果中查看样品浓度及峰面积，抄写检测结果	出峰时间用于定性，峰面积用于定量
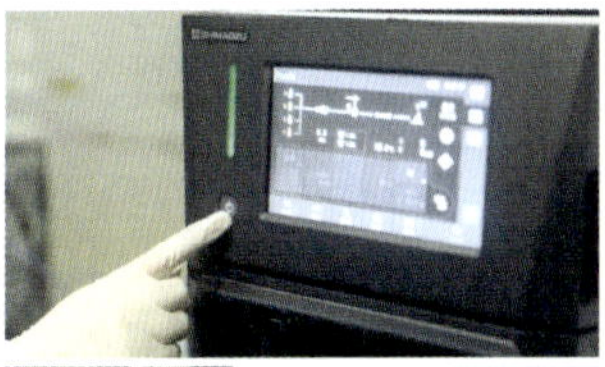 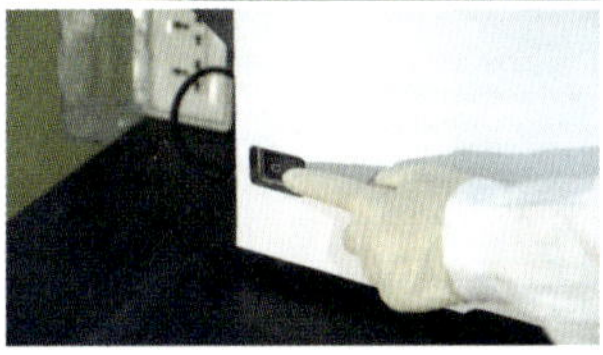	本次分析结束后，应更换流动相。以5%的甲醇和95%超纯水冲洗泵和柱子，约15min，关闭HPLC系统各设备所有电源，并倾倒废液	按照8S相关规范，整理现场和处理废弃物，并做好仪器使用记录

4. 数据记录及处理

“食品中山梨酸、苯甲酸和糖精钠的检测”检测记录表

<table>
<tr><td>检验样品</td><td colspan="3"></td><td colspan="2">检测方法</td><td colspan="2"></td></tr>
<tr><td>仪器名称</td><td colspan="3"></td><td colspan="2">检测项目</td><td colspan="2"></td></tr>
<tr><td>仪器编号</td><td colspan="3"></td><td colspan="2">检测依据</td><td colspan="2"></td></tr>
<tr><td rowspan="6">仪器条件</td><td>色谱柱</td><td colspan="6"></td></tr>
<tr><td>流速/（mL/min）</td><td colspan="6"></td></tr>
<tr><td>柱温/℃</td><td colspan="6"></td></tr>
<tr><td>检测器</td><td colspan="6">紫外：波长　　nm　　荧光：激发波长（Ex）　　nm
发射波长（Em）　　nm　　其他：</td></tr>
<tr><td>流动相及比例</td><td colspan="6"></td></tr>
<tr><td>进样量</td><td colspan="6"></td></tr>
<tr><td colspan="8">绘制标准曲线</td></tr>
<tr><td>标准溶液浓度/（mg/L）</td><td colspan="2"></td><td></td><td></td><td></td><td></td><td></td></tr>
<tr><td>峰面积</td><td colspan="2"></td><td></td><td></td><td></td><td></td><td></td></tr>
<tr><td colspan="2">标准物质线性回归方程</td><td colspan="2"></td><td colspan="2">R^2值</td><td colspan="2"></td></tr>
</table>

续表

样品测定			
	样Ⅰ	样Ⅱ	样Ⅲ
试样质量/g			
试样定容体积/mL			
试样中苯甲酸含量/（mg/kg）			
试样中山梨酸含量/（mg/kg）			
试样中糖精钠含量/（mg/kg）			
试样中苯甲酸、山梨酸、糖精钠平均含量/（mg/kg）	苯甲酸：	山梨酸：	糖精钠：
精密度/%			
检验结果			

样品中苯甲酸、山梨酸及糖精钠（以糖精计）的含量按公式计算：

$$X = \frac{\rho \times V}{m \times 1000}$$

式中　X——试样中待测组分含量，g/kg；

ρ——由标准曲线得出的试样液中待测物的质量浓度，mg/L；

V——试样定容体积，mL；

m——试样质量，g。

1000——由mg/kg转换为g/kg的换算因子。

说明：计算结果保留三位有效数字；在重复性条件下获得的两次独立测定结果的绝对差值不得超过算术平均值10%。

检验人员		复核人员	

评价反馈

“食品中苯甲酸、山梨酸和糖精钠的检测”考核评价表

评价方式	考核项目	评价项目	评价要求	评价分数
自我评价10%	实验准备	1. 能正确计算试剂使用量	正确计算试剂（2分）	
		2. 能与小组其他成员协作正确配制实验试剂	正确配制试剂（2分）	
	学习成果	课程目标完成情况	能基本完成课程目标（6分）	

续表

<table>
<tr><th>评价方式</th><th colspan="2">考核项目</th><th colspan="2">评价项目</th><th>评价要求</th><th>评价分数</th></tr>
<tr><td rowspan="15">学生互评20%</td><td colspan="2">检测原理</td><td colspan="2">能用检测原理解释试验结果</td><td>口述检测原理（3分）</td><td></td></tr>
<tr><td colspan="2" rowspan="14">操作技能</td><td rowspan="10">1. 能按照操作规范进行苯甲酸、山梨酸及糖精钠的检测</td><td>仪器准备</td><td>操作正确（1分）</td><td></td></tr>
<tr><td>试剂准备</td><td>操作正确（2分）</td><td></td></tr>
<tr><td>样品制备</td><td>操作正确（1分）</td><td></td></tr>
<tr><td>标准工作液配制</td><td>操作正确（1分）</td><td></td></tr>
<tr><td>检测器的选择</td><td>操作正确（1分）</td><td></td></tr>
<tr><td>参数条件设置</td><td>操作正确（1分）</td><td></td></tr>
<tr><td>进样操作</td><td>操作正确（1分）</td><td></td></tr>
<tr><td>制作标准曲线</td><td>操作正确（2分）</td><td></td></tr>
<tr><td>试样溶液的测定</td><td>操作正确（1分）</td><td></td></tr>
<tr><td>空白溶液的测定</td><td>操作正确（1分）</td><td></td></tr>
<tr><td colspan="2" rowspan="4">2. 能对检验数据进行记录、处理，对结果进行判断</td><td>记录原始数据（2分）</td><td></td></tr>
<tr><td>书写计算过程（1分）</td><td></td></tr>
<tr><td>结果保留三位有效数字（1分）</td><td></td></tr>
<tr><td>能判断试样是否合格（1分）</td><td></td></tr>
<tr><td rowspan="11">教师学业评价70%</td><td>课前</td><td>方法能力</td><td>课前学习（5分）</td><td colspan="2">课前能独立通过网络学习资源库获取食品中苯甲酸、山梨酸及糖精钠（以糖精计）的含量检测方法，并结合微课归纳检测要点</td><td></td></tr>
<tr><td rowspan="10">课中</td><td rowspan="5">知识素质</td><td rowspan="5">相关知识（10分）</td><td colspan="2">1. 能写出本次实验检测依据及方法（2分）</td><td></td></tr>
<tr><td colspan="2">2. 能写出检测原理（2分）</td><td></td></tr>
<tr><td colspan="2">3. 能说出样品处理的操作顺序（2分）</td><td></td></tr>
<tr><td colspan="2">4. 能写出液相色谱仪的检测操作（2分）</td><td></td></tr>
<tr><td colspan="2">5. 能写出操作过程中的注意事项（2分）</td><td></td></tr>
<tr><td rowspan="5">实操能力</td><td rowspan="5">实验操作（50分）</td><td colspan="2">1. 能写出工作流程（5分）</td><td></td></tr>
<tr><td colspan="2">2. 能通过观看微课，完成食品中苯甲酸、山梨酸及糖精钠（以糖精计）的含量的检测流程图（5分）</td><td></td></tr>
<tr><td rowspan="3">3. 能按照操作规范进行食品中苯甲酸、山梨酸及糖精钠（以糖精计）的含量检测（20分）</td><td>实验相关器材准备（2分）</td><td></td></tr>
<tr><td>实验试剂配制（2分）</td><td></td></tr>
<tr><td>样品处理（2分）</td><td></td></tr>
</table>

续表

评价方式	考核项目		评价项目		评价要求	评价分数
教师学业评价70%	课中	实操能力	实验操作（50分）	3. 能按照操作规范进行食品中苯甲酸、山梨酸及糖精钠（以糖精计）的含量检测（20分）	标准溶液的制备（4分）	
					液相色谱仪的操作（4分）	
					试样进样测定（4分）	
					空白溶液测定（2分）	
				4. 能对检验结果进行记录（10分）	记录原始数据（5分）	
					书写计算过程（5分）	
				5. 能正确判断试样是否合格（5分）		
				6. 结果记录真实，字迹工整，报告规范（5分）		
	课后	方法能力	任务拓展（5分）	完成糕点中糖精钠含量检测的方案设计，或录制检测视频并上交		
总分						

学习心得

拓展任务

拓展任务2：
液相色谱仪
开关机操作

拓展训练

- 完成糕点中糖精钠含量检测的方案设计，绘制相关操作流程或录制检测视频。（提示：利用互联网、国家标准、微课等。）

巩固反馈

一、填空题

1. 山梨酸、苯甲酸是联合国粮食及农业组织等推荐使用的高效安全的________剂。
2. 食品中常见的甜味剂包括________、________、________等。

二、判断题

1. 在数据采集开始前必须过滤流动相。（　　）
2. 如果流动相的温度与室温不同，在流动相温度恢复到室温的过程中，基线将无法达到稳定并可能漂移或产生气泡。（　　）

三、简答题

1. 简述食品中常见防腐剂的类型。

2. 简述苯甲酸的抑菌原理。

任务四　酱菜中脱氢乙酸的检测

学习目标

知识目标

1. 能根据检测流程解释气相色谱法检测脱氢乙酸的原理。
2. 能说明气相色谱法检测脱氢乙酸的操作要点。
3. 能归纳气相色谱法检测脱氢乙酸所用各种试剂的作用。

技能目标

1. 能正确进行样品的处理操作。
2. 能够熟练进行脱氢乙酸标准工作液的配制和标准曲线的制作。
3. 能熟练使用气相色谱仪对样品中脱氢乙酸含量进行测定。
4. 能准确进行数据记录与处理，并正确评价食品中脱氢乙酸含量是否符合标准。

素养目标

1. 通过分析脱氢乙酸在食品中作用及限量标准，明确《中华人民共和国食品安全法》对食品添加剂的严格监管，增强食品安全意识。
2. 严格遵守8S管理规范，及时整理工位，养成环保意识与劳动精神。

任务描述

在食品中添加不同的食品添加剂可改善食品的色、香、味，还可起到防腐、保鲜的作用，但过量使用添加剂会带来各种危害。脱氢乙酸是一种低毒、高效的防腐剂和防霉剂，被广泛应用于食品中。作为食品检验人员，应在食品出厂前对其脱氢乙酸含量进行检测，以判定指标是否合格。此任务依据GB 5009.121—2016《食品安全国家标准　食品中脱氢乙酸的测定》第一法——气相色谱法进行检测。如图1–14和图1–15所示，我们将按照以下环节完成学习任务。

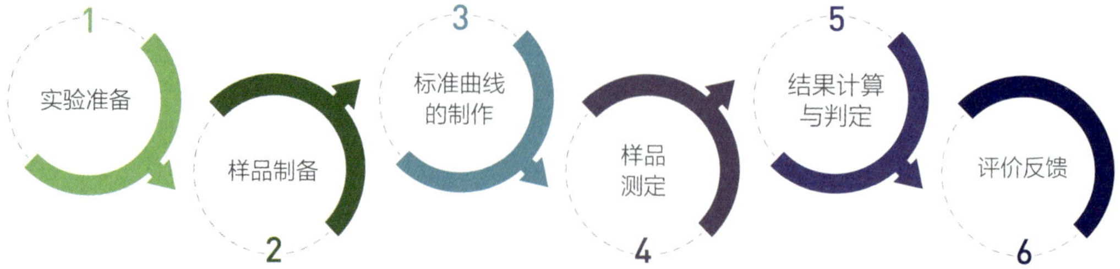

图1–14　“酱菜中脱氢乙酸的检测”实施环节

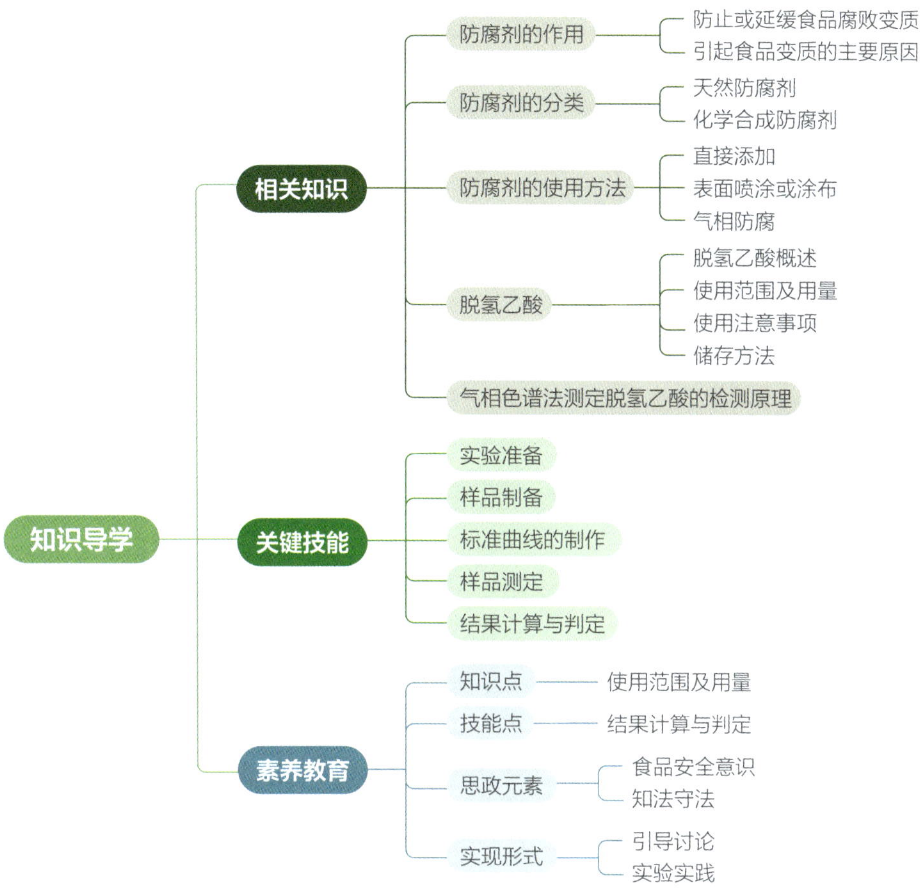

图1-15 “酱菜中脱氢乙酸的检测”知识思维导图

任务要求

1. 独立完成酱菜中脱氢乙酸含量检测任务。
2. 学会判断酱菜中脱氢乙酸含量是否符合标准。

知识链接

一、资源链接

通过网络资源获取GB 5009.121—2016《食品安全国家标准　食品中脱氢乙酸的测定》、JJG 196—2006《常用玻璃量器》、GB/T 602—2002《化学试剂　杂质测定用标准溶液的制备》、GB/T 603—2023《化学试剂　试验方法中所用制剂及制品的制备》、GB/T 8170—2008《数值修约规则与极限数值的表示和判定》等相关资料。

酱菜中脱氢乙酸的检测课件

二、相关知识

1. 防腐剂的作用

防腐剂又叫抗微生物剂，是一类能防止或延缓食品腐败变质，延长食品储藏期的物质。主要用于防止食品在储藏、流通过程中由于微生物生长繁殖引起的腐败变质。

食品变质，是指在某些内在或外在因素的影响下，食品的理化性质发生变化的过程。引起食品变质的原因有以下几点。

（1）空气的氧化作用。

（2）食品内部所含氧化酶的作用。

（3）污染了微生物。

（4）昆虫的侵蚀、繁殖和有害物质的直接或间接污染。

2. 防腐剂的分类

防腐剂有天然防腐剂和化学合成防腐剂，天然防腐剂包括纳他霉素、溶菌酶、乳酸链球菌素等；化学合成防腐剂主要有苯甲酸及其钠盐、山梨酸及其钾盐、丙酸及其盐类、脱氢乙酸及其钠盐、硫黄、二氧化碳、二氧化硫、亚硫酸盐、焦亚硫酸盐、硝酸盐及亚硝酸盐等。

3. 防腐剂的使用方法

（1）直接添加　在加工过程中直接将防腐剂加入食品中，此法使用方便，又能对食品内部起作用，被广泛采用。

（2）表面喷涂或涂布　将防腐剂喷洒或涂布在食品表面，形成一层能有效防止微生物生长的液膜。

（3）气调防腐　将防腐剂和食品装入密封的包装中，防腐剂在一定条件下不断散发出气体控制着食品的存在环境。

4. 脱氢乙酸

脱氢乙酸，又称脱氢醋酸，分子式为$C_8H_8O_4$，相对分子质量为168.15，结构式见图1-16。是一种无色结晶或浅黄色粉末，难溶于水，溶于苯、乙醚、丙酮及热乙醇。脱氢乙酸主要是通过破坏微生物细胞的亚结构及相关的酶而抑制微生物的生长。

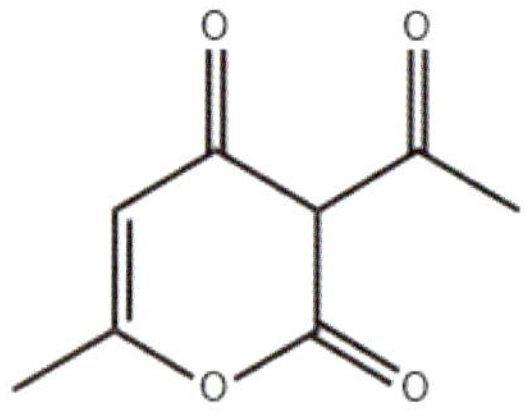

图1-16　脱氢乙酸结构式

（1）使用范围及用量　GB 2760—2024《食品安全国家标准　食品添加剂使用标准》规定脱氢乙酸及其钠盐最大使用量如表1-2所示。

表1-2　脱氢乙酸及其钠盐最大使用量

食品分类号	食品名称	最大使用量/（g/kg）	备注
04.02.02.03	腌渍的蔬菜	0.3	以脱氢乙酸计
04.03.02.03	腌渍的食用菌和藻类	0.3	以脱氢乙酸计
04.04.02	发酵豆制品	0.3	以脱氢乙酸计
08.03	熟肉制品（08.03，08 肉罐头类除外）	0.5	以脱氢乙酸计
12.10	复合调味料	0.5	以脱氢乙酸计

思政园地

防腐剂到底有没有毒？剂量即毒性！

脱氢乙酸等食品防腐剂可延长食品货架期，防止食品霉变，保证食品的远距离流通销售。作为食品从业人员，要严格按照不超过国家标准的最大添加量添加食品防腐剂，遵守食品安全法，自觉抵制不良食品安全行为，生产出更多让消费者放心的食品；不但要改变观念，更要以辩证思维主动去宣传食品添加剂的优势。

（2）使用注意事项

①脱氢乙酸是广谱防腐剂，特别是对霉菌和酵母菌的抑菌能力强，为苯甲酸钠的2～10倍，高剂量使用时才能抑制细菌。

②脱氢乙酸电离常数较低，尽管其抗菌活性和水溶液稳定性随pH增高而下降，但在较高pH范围内仍有很好的抗菌效果，当pH大于9时，抗菌活性才减弱。

（3）储存方法　脱氢乙酸应储存于阴凉、干燥、通风良好的库房，远离火种、热源，防止阳光直射，包装密封；应与酸类、食用化学品分开存放，切忌混储，储存区应备有合适的材料收容泄漏物。

5. 气相色谱法测定脱氢乙酸的检测原理

固体（半固体）样品，沉降蛋白、经脱脂酸化后，用乙酸乙酯提取；果蔬汁、果蔬浆样品经酸化后，用乙酸乙酯提取；用配氢火焰离子化检测器的气相色谱仪分离测定，以色谱峰的保留时间定性，外标法定量。

三、问题探究

1. 所有的食品加工都要使用防腐剂吗?

水分、碳水化合物和蛋白质含量高，但是酸度不高的食品，特别容易滋生微生物，最容易腐败变质，因此需要添加防腐剂。酸度比较高的食品（例如发酵乳、酸乳酪、柑橘类果汁等），高糖、高盐的食品（例如蜜饯、糖果、咸肉、咸鱼等），水分含量很少的食品（例如饼干，脱水蔬菜、脱水果干、脱水水产品、脱水肉制品等脱水食品），本身就有防腐功能（微生物不容易在其中生长），都不需要添加防腐剂。

其次，防止腐败并不一定非要加防腐剂，高温、高压、辐照、低温冻藏、抽真空或充氮包装等方式都可以有效地防止食品的腐败。经过高温高压灭菌处理过的铁皮肉罐头食品也无需添加防腐剂。

2. 有的食品宣传没有防腐剂，是不是就没有添加食品添加剂?

防腐剂不是食品添加剂的代名词，它只是食品添加剂中的一种。不添加防腐剂，并不表明食品中就不含其他食品添加剂。

3. 是不是不添加防腐剂的食品更安全?

不是，防腐剂还有更加重要的作用，比如防止一些微生物产生有毒物质（如黄曲霉毒素和肉毒素）而造成食物中毒。黄曲霉毒素是迄今发现的致癌性最强的天然污染物；肉毒毒素是肉毒梭状芽孢杆菌产生的神经毒素，是目前已知在天然毒素和合成毒剂中毒性最强烈的生物毒素。

四、预习与讨论

1. 阅读学习相关资源，归纳食品中脱氢乙酸含量检测的相关知识。
2. 绘制操作流程小报并初拟实验方案。
3. 完成老师发布的预习小测验等相关预习任务，手机扫码完成课前测试。

酱菜中脱氢乙酸的检测课前测试

任务实施

提示

在整个任务实施过程中遵守实验室用水、用电安全操作指南及实验室各项规章制度和玻璃器皿的安全使用规范。

一、实验准备

1. 仪器和设备

配图	仪器与设备	说明
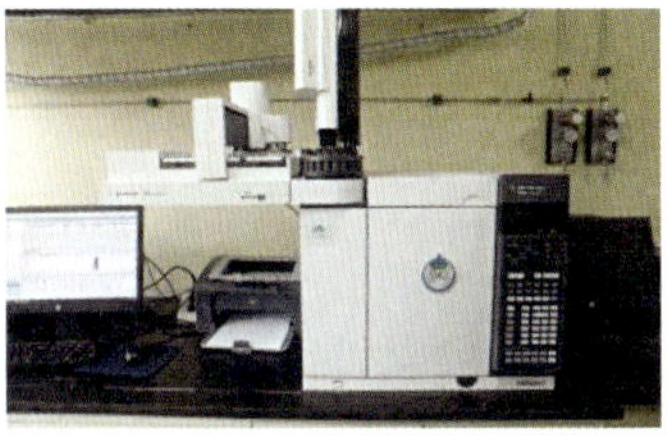	气相色谱仪	配氢火焰离子化检测器
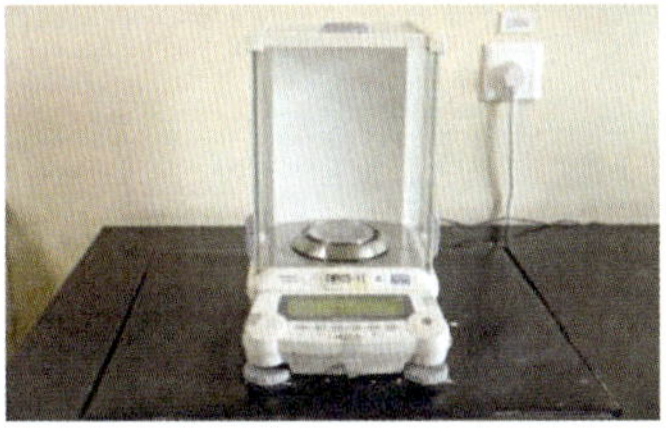	分析天平：感量为0.1mg和1mg	称量完毕后，及时取出被称物品，并保持天平清洁
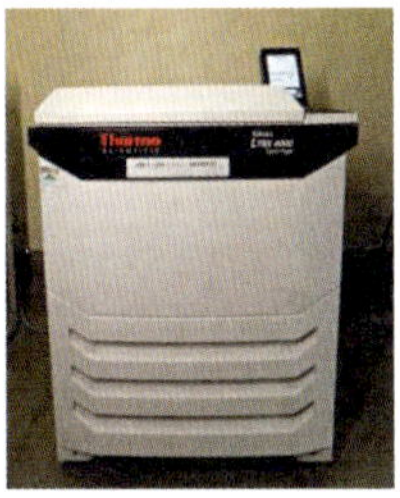	离心机	转速≥4000r/min
	超声波清洗器	功率35kW
	不锈钢高速均质器	使用均质器之前，一定要检查均质器内是否有异物，防止损伤机械装置或均质袋

配图	仪器与设备	说明
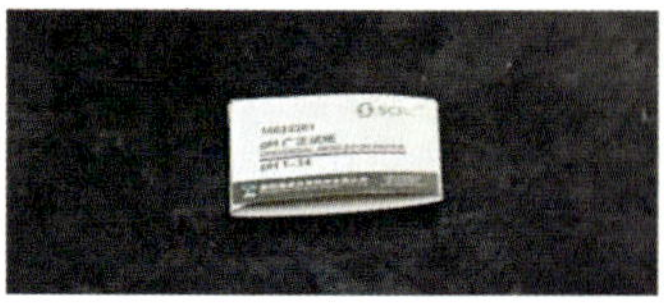	pH试纸	—
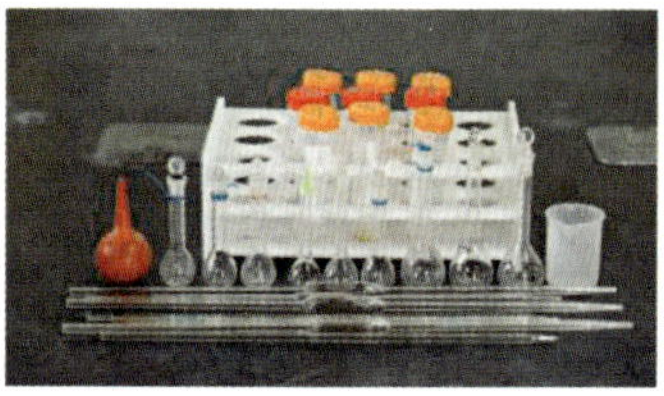	其他工具：容量瓶、烧杯、吸量管、洗耳球、试管架、离心管等	—

2. 检测样品

配图	样品	说明
	市售酱菜	—

二、实施操作

1. 试剂及配制

本实验所用试剂主要有：硫酸锌、氢氧化钠、盐酸、乙酸乙酯、脱氢乙酸，其中水为一级水，乙酸乙酯为色谱纯。

注意：本着节约环保的原则，计算实验试剂用量后，进行溶液配制。

试剂名称	配制方法	操作说明
硫酸锌溶液（120g/L）	称取12g硫酸锌，溶于水并稀释至100mL	—
氢氧化钠溶液（20g/L）	称取2g氢氧化钠，溶于水并稀释至100mL	使用强酸强碱时，应做好防护
盐酸溶液（1+1，体积比）	量取50mL盐酸加入到50mL水中	
脱氢乙酸标准储备液 	准确称取脱氢乙酸标准品0.1000g（精确至0.0001g）于100mL容量瓶中，用乙酸乙酯溶解并定容	4℃保存，有效期为3个月

试剂名称	配制方法	操作说明
脱氢乙酸标准工作液 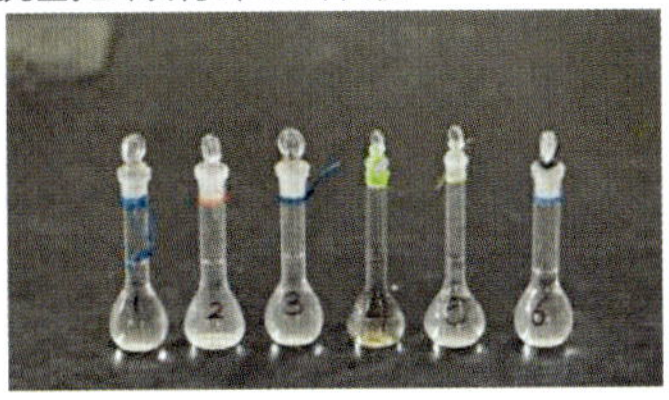	分别精确吸取脱氢乙酸标准储备液0.01mL，0.1mL，0.5mL，1.0mL，2.0mL于10mL容量瓶中，用乙酸乙酯稀释并定容，配制成浓度为1.00μg/mL，10.0μg/mL，50.0μg/mL，100μg/mL，200μg/mL标准工作液	4℃保存，有效期为1个月

2. 试样制备（以酱菜、发酵豆制品为例）

配图	操作步骤	操作说明
	样品用不锈钢高速均质器均质	—
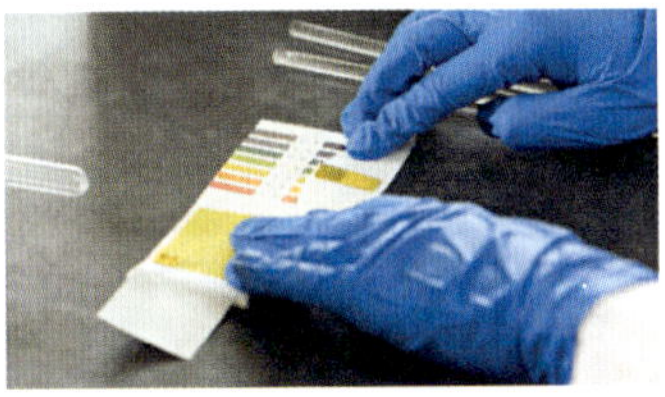	称取样品2～5g，置于50mL离心管中，加入约15mL水和2.5mL硫酸锌溶液，用氢氧化钠溶液调pH至7.5	精确至0.001g
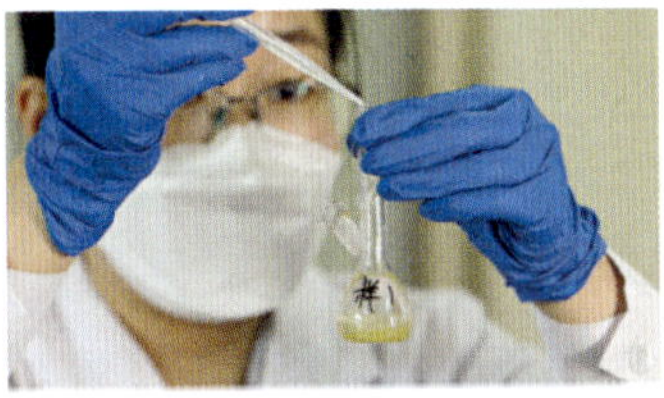	超声提取15min，转移至25mL容量瓶中，加水定容	超声波清洗器在槽中没有水或溶剂时，千万不要启动，否则会造成空振，造成振动头损坏或报废
	样液移入离心管中，4000r/min离心10min	离心管加液应称量平衡，若加液差异过大运转时会产生大的振动，此时应停机检查，使加液符合要求，离心试管必须成偶数对称放入
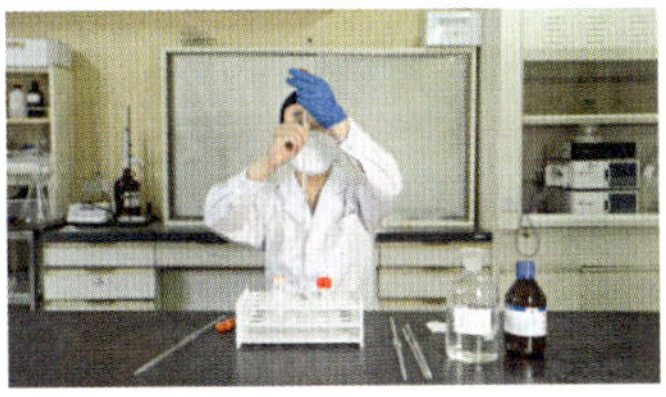	取10mL上清液，加1mL盐酸溶液酸化	因盐酸具有挥发性，此操作需在通风橱中进行

配图	操作步骤	操作说明
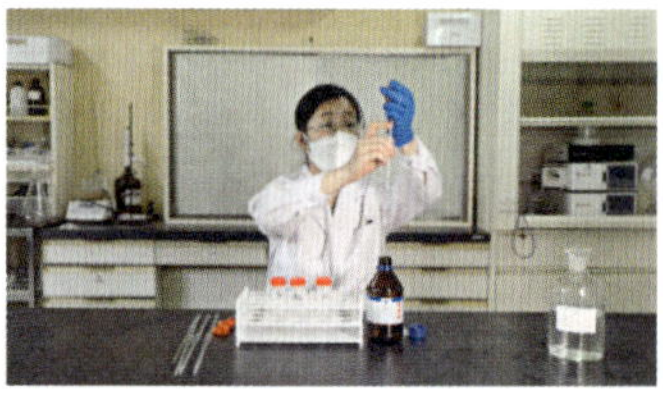	准确加入5.0mL乙酸乙酯，振摇2min	乙酸乙酯具有低毒性，浓度较高时有刺激性气味，易挥发，此操作需在通风橱中进行
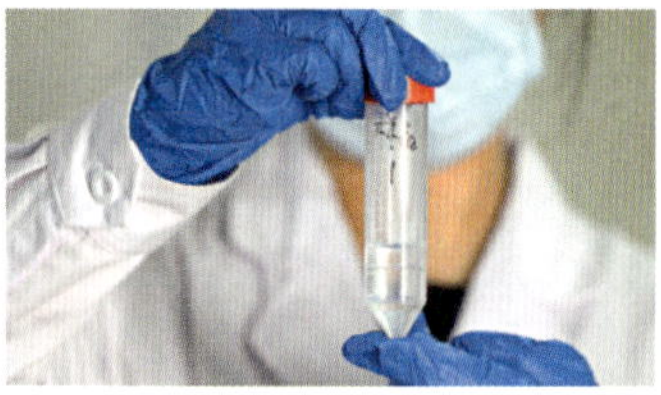	静置分层，取上清液供气相色谱测定	上清液可利用PTEE材质的滤膜进行过滤后再供气相色谱测定

3. 标准曲线的制作

配图	操作步骤	操作说明
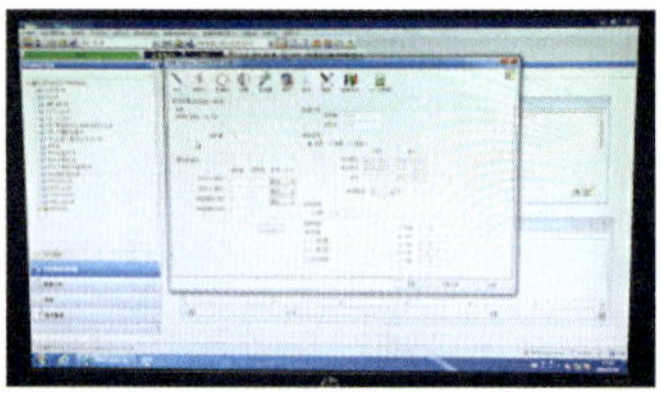	按照国家标准要求设置参数。 毛细管柱：极性毛细柱（化学键和聚乙二醇固定相，30m×0.32mm×0.25μm），或相当者。 柱温升温程序：初温150℃，以10℃/min速率升至210℃，20℃/min速率升至240℃，保持2min。 进样口温度：240℃。 检测器温度：300℃。 载气（N_2）流量：1.0mL/min。 分流进样，分流比为5:1进样，体积1.0μL	仪器调试与使用参照本模块任务三
	将脱氢乙酸标准工作液分别注入气相色谱仪中，测定相应峰面积	进样针内气泡应排干净
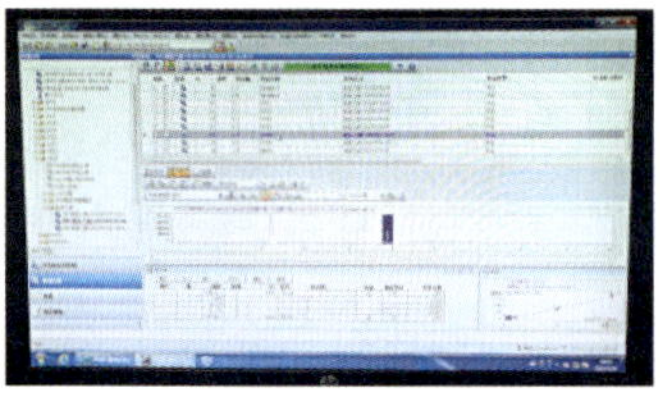	以标准工作液的浓度为横坐标、峰面积为纵坐标，绘制标准曲线	应注意避免形成持久乳化液。抽脂瓶冷却后小心地打开塞子，用少量的混合溶剂冲洗塞子和瓶颈，使冲洗液流入抽脂瓶

4. 样品测定

配图	操作步骤	操作说明
	将测定溶液注入气相色谱仪中，以保留时间定性，同时记录峰面积	进样针内气泡应排干净
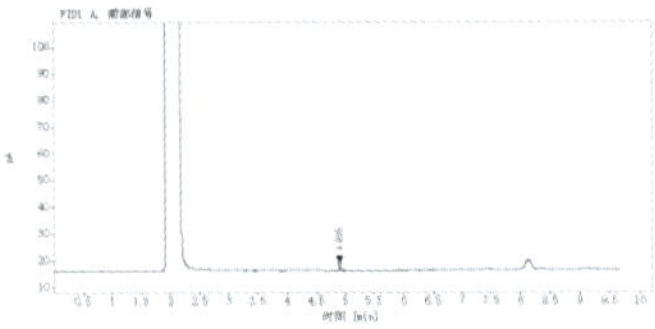	根据标准曲线得到测定溶液中的脱氢乙酸浓度	再解析步骤参照本模块任务三
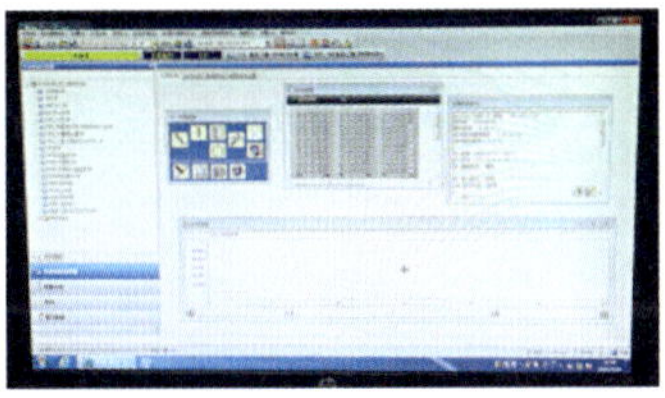	做空白实验	除不加试样外，空白试验应与样品测定平行进行，并采用相同的分析步骤分析

5. 数据记录及处理

“酱菜中脱氢乙酸的检测”检测记录表

检验样品				检测方法		
仪器名称				检测项目		
仪器编号				检测依据		
仪器条件	进样方式					
	进样口温度					
	升温程序					
	检测器温度					
	进样量					
标准溶液浓度/(μg/mL)						
峰面积						
标准物质线性回归方程				R^2值		

续表

样品测定			
	样Ⅰ	样Ⅱ	样Ⅲ
称取试样的质量/g			
乙酸乙酯定容体积/mL			
试样处理后定容体积/mL			
萃取脱氢乙酸所取试样液体积/mL			
试样溶液中脱氢乙酸的质量浓度/（μg/mL）			
空白试样溶液中脱氢乙酸的质量浓度/（μg/mL）			
试样中脱氢乙酸的含量/（g/kg）			
精密度/%			
检验结果			

样品中脱氢乙酸的含量按下式计算：

$$X=\frac{(c_1-c_0)\times V_1\times V\times 1000}{m\times V_2\times 1000\times 1000}$$

式中　X——试样中脱氢乙酸的含量，g/kg；

c_1——试样溶液中脱氢乙酸的质量浓度，μg/mL；

c_0——空白试样溶液中脱氢乙酸的质量浓度，μg/mL；

V——乙酸乙酯定容体积，mL；

m——称取试样的质量，g；

V_1——试样处理后定容体积，mL；

V_2——萃取脱氢乙酸所取试样液体积，mL。

说明：计算结果以重复性条件下获得的两次独立测定结果的算术平均值表示，结果保留三位有效数字。

检验人员		复核人员	

评价反馈

“酱菜脱氢乙酸的检测”考核评价表

<table>
<tr><th>评价方式</th><th>考核项目</th><th colspan="2">评价项目</th><th>评价要求</th><th>评价分数</th></tr>
<tr><td rowspan="3">自我评价10%</td><td rowspan="2">实验准备</td><td colspan="2">1. 能正确计算试剂使用量</td><td>正确计算试剂（2分）</td><td></td></tr>
<tr><td colspan="2">2. 能与小组其他成员协作正确配制实验试剂</td><td>正确配制试剂（2分）</td><td></td></tr>
<tr><td>学习成果</td><td colspan="2">课程目标完成情况</td><td>能基本完成课程目标（6分）</td><td></td></tr>
<tr><td rowspan="15">学生互评20%</td><td>检测原理</td><td colspan="2">能用检测原理解释试验结果</td><td>口述检测原理（3分）</td><td></td></tr>
<tr><td rowspan="14">操作技能</td><td rowspan="10">1. 能按照操作规范进行脱氢乙酸含量的检测</td><td>仪器准备</td><td>操作正确（1分）</td><td></td></tr>
<tr><td>试剂准备</td><td>操作正确（2分）</td><td></td></tr>
<tr><td>样品制备</td><td>操作正确（1分）</td><td></td></tr>
<tr><td>标准工作液配制</td><td>操作正确（1分）</td><td></td></tr>
<tr><td>检测器的选择</td><td>操作正确（1分）</td><td></td></tr>
<tr><td>参数条件设置</td><td>操作正确（1分）</td><td></td></tr>
<tr><td>进样操作</td><td>操作正确（1分）</td><td></td></tr>
<tr><td>制作标准曲线</td><td>操作正确（2分）</td><td></td></tr>
<tr><td>试样溶液的测定</td><td>操作正确（2分）</td><td></td></tr>
<tr><td>空白溶液的测定</td><td>操作正确（1分）</td><td></td></tr>
<tr><td colspan="2" rowspan="4">2. 能对检验数据进行记录、处理，对结果进行判断</td><td>记录原始数据（1分）</td><td></td></tr>
<tr><td>书写计算过程（1分）</td><td></td></tr>
<tr><td>结果保留三位有效数字（1分）</td><td></td></tr>
<tr><td>能判断试样是否合格（1分）</td><td></td></tr>
<tr><td>教师学业评价70%</td><td>课前</td><td>方法能力</td><td>课前学习（5分）</td><td>课前能独立通过网络学习资源库获取食品中脱氢乙酸的检测方法，并归纳检测要点</td><td></td></tr>
</table>

续表

<table>
<tr><th>评价方式</th><th colspan="2">考核项目</th><th colspan="2">评价项目</th><th>评价要求</th><th>评价分数</th></tr>
<tr><td rowspan="19">教师学业评价70%</td><td rowspan="18">课中</td><td rowspan="5">知识素质</td><td rowspan="5">相关知识（10分）</td><td colspan="2">1. 能写出本次实验检测依据及方法（2分）</td><td></td></tr>
<tr><td colspan="2">2. 能写出食品中脱氢乙酸的检测原理（2分）</td><td></td></tr>
<tr><td colspan="2">3. 能说出样品处理的操作顺序（2分）</td><td></td></tr>
<tr><td colspan="2">4. 能写出气相色谱仪的检测操作（2分）</td><td></td></tr>
<tr><td colspan="2">5. 能写出操作过程中的注意事项（2分）</td><td></td></tr>
<tr><td rowspan="13">实操能力</td><td rowspan="13">实验操作（50分）</td><td colspan="2">1. 能写出工作流程（5分）</td><td></td></tr>
<tr><td colspan="2">2. 能完成食品中脱氢乙酸的检测流程图（5分）</td><td></td></tr>
<tr><td rowspan="7">3. 能按照操作规范进行食品中脱氢乙酸的检测（20分）</td><td>实验相关器材准备（2分）</td><td></td></tr>
<tr><td>实验试剂配制（2分）</td><td></td></tr>
<tr><td>样品处理（2分）</td><td></td></tr>
<tr><td>标准溶液的制备（4分）</td><td></td></tr>
<tr><td>气相色谱仪的操作（4分）</td><td></td></tr>
<tr><td>试样进样测定（4分）</td><td></td></tr>
<tr><td>空白溶液测定（2分）</td><td></td></tr>
<tr><td rowspan="2">4. 能对检验结果进行记录（10分）</td><td>记录原始数据（5分）</td><td></td></tr>
<tr><td>书写计算过程（5分）</td><td></td></tr>
<tr><td colspan="2">5. 能正确判断试样是否合格（5分）</td><td></td></tr>
<tr><td colspan="2">6. 结果记录真实，字迹工整，报告规范（5分）</td><td></td></tr>
<tr><td>课后</td><td>方法能力</td><td>任务拓展（5分）</td><td colspan="2">完成黄油中脱氢乙酸检测的方案设计，或录制检测视频并上交</td><td></td></tr>
<tr><td colspan="6">总分</td><td></td></tr>
</table>

学习心得

拓展训练

- 完成黄油中脱氢乙酸检测的方案设计，绘制相关操作流程或录制检测视频。（提示：利用互联网、国家标准、微课等。）

巩固反馈

1. 本次实验测定的脱氢乙酸属于（　　）。
   A. 酸味剂　　B. 防腐剂　　C. 抗氧化剂　　D. 乳化剂
2. 处理酱菜、发酵豆制品时，加入硫酸锌的作用是（　　）。
   A. 沉淀蛋白质　　B. 促进脂肪球聚合
   C. 溶解一些碳水化合物与有机酸　　D. 使结合态脂肪游离
3. 以下属于违规使用防腐剂的有（　　）。
   A. 超量使用防腐剂
   B. 超范围使用防腐剂
   C. 使用非食品级添加物代替食品防腐剂
   D. 使用我国禁止使用的防腐剂，如甲醛、水杨酸、硼酸等
4. ________食品中不加食品添加剂会更安全。
5. 与老师和同学进行交流讨论，总结酱菜中脱氢乙酸检测技术要点。

任务五　面包中丙酸钠、丙酸钙的检测

学习目标

知识目标

1. 能复述气相色谱常见的样品预处理技术。
2. 能正确说出检测面包中丙酸钠、丙酸钙的意义。
3. 能掌握丙酸钠、丙酸钙的检验原理和测定流程。

技能目标

1. 能通过水蒸气蒸馏操作，完成样品的处理。
2. 能够熟练进行气相色谱仪参数的设定及数据分析。
3. 能准确进行数据记录与处理，并判断面包中丙酸钠（钙）含量是否符合标准。

素养目标

1. 能以小组合作的方式完成水蒸气蒸馏和样品分析操作，形成全方位、多角度的交流模式，培养团结协作、取长补短的学习习惯。
2. 能够在数据记录与处理结果方面秉持实事求是、公平公正的检验原则，形成“重民本”的职业责任意识。

任务描述

食品是人类赖以生存和发展的物质基础，食品安全则是影响人体健康安全和国计民生的重大问题。近年来，随着食品工业的快速发展，食品质量安全问题越来越突出，尤其是在食品加工中超量或违规使用添加剂现象屡禁不止。丙酸钠（钙）是近年来推出的食品防腐剂，在GB 2760—2024《食品安全国家标准　食品添加剂使用标准》中对豆类制品、生湿面制品、面包、糕点、醋、酱油等食品规定限量使用。丙酸钠（钙）呈微酸性，可抑制霉菌生长又不影响酵母菌繁殖，但长期过量使用会给消费者生命安全带来威胁。为应对突发事件提供可靠依据，保证食品质量安全，维护社会和谐稳定，检测食品中丙酸钠（钙）含量是食品检测从业人员的重要职责。本任务依据GB 5009.120—2016《食品安全国家标准　食品中丙酸钠、丙酸钙的测定》进行检测。如图1-17和图1-18所示，我们将按照以下环节完成学习任务。

图1-17　“面包中丙酸钠、丙酸钙的检测”实施环节

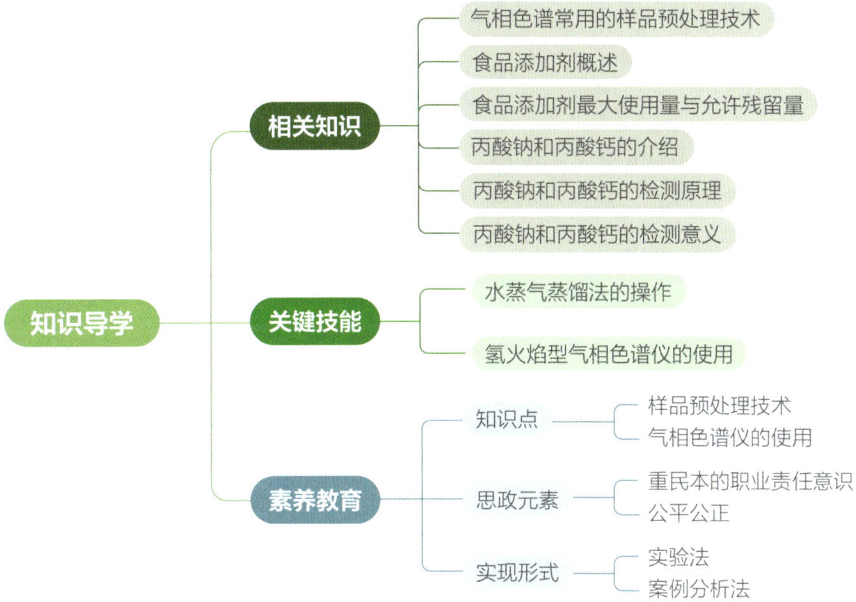

图1-18　“面包中丙酸钠、丙酸钙的检测”知识思维导图

任务要求

1. 独立完成食品中丙酸钠、丙酸钙检测任务。
2. 学会水蒸气蒸馏装置和气相色谱仪的使用。

知识链接

一、资源链接

通过网络资源获取GB 5009.120—2016《食品安全国家标准　食品中丙酸钠、丙酸钙的测定》、GB/T 14611—2008《粮油检验　小麦粉面包烘焙品质试验　直接发酵法》、GB/T 12810—2021《实验室玻璃仪器　玻璃量器的容量校准和使用方法》、GB/T 602—2002《化学试剂　杂质测定用标准溶液的制备》、GB/T 603—2023《化学试剂　试验方法中所用制剂及制品的制备》、GB/T 8170—2008《数值修约规则与极限数值的表示和判定》等相关资料。

面包中丙酸钠、丙酸钙的检测课件

二、相关知识

1. 气相色谱常用的样品预处理技术

（1）样品预处理的目的　样品预处理是复杂基质样品分析测定前的关键步骤，样品预处理可以达到浓缩被测痕量组分（mg/kg、μg/kg、ng/kg级）的作用，提高方法的灵敏度，降低最小检测限，消除基体对测定的干扰，提高方法的选择性。通过衍生化的前处理方法，能够使一些在正常检测器上没有响应或响应值较低的化合物转化为具有特别高效应值的化合物。此外，样品经前处理后会变得容易保存和运输，能够除去对仪器或分析系统有害的物质，如强酸或强碱性物质，又如生物大分子等，有利于延长仪器使用寿命，使分析测定能长期保持在稳定、可靠的状态下进行。

（2）样品预处理的要求　样品制备方法的选择会直接影响分析测定结果。在选择制备方法时需要考虑样品状态、待测组分的理化性质、浓度范围、测定目的、样品类型、样品制备与分析技术之间的关系等。用于GC分析测定的样品，需要先通过适宜的样品制备方法对样品中目标组分进行提取后，再用GC法对目标组分进行定性、定量分析测定。

（3）样品预处理技术类型　由于采用色谱分析的目的不同，比如痕量分析、物质组成定性分析、多组分体系的选择分析、纯度分析、定位与结构分析等，使用的样品制备方法与技术也不尽相同。气相色谱通常采用的样品预处理技术包括溶剂萃取、水蒸气蒸馏、固相萃取、固相微萃取、单滴溶剂微萃取、闪蒸技术、微波辅助萃取、加速溶剂萃取、顶空分析等。

①溶剂萃取。溶剂萃取是样品制备最常用的方法之一。本法是利用与水不相溶的有机溶剂（有机相）与样品溶液（常为水相）一起振荡，由于不同组分在两相中分配系数的差异，在两相碰撞接触中，一些组分进入有机相中另一些组分仍留在水相中，从而达到分离和富集的目的。由于溶剂萃取是在两种液相中进行的，也称液-液萃取。

样品量大时，溶剂萃取操作一般在梨形分液漏斗中进行。样品量少时一般在试管内进行。对于分配系数较小组分的萃取，则可以在连续萃取器中进行连续萃取。溶剂萃取法具有选择性好、回收率高、设备简单、操作简便、快速等特点，既能用于除去大量的干扰组分，又适合于微量组分的富集与分离，所以在复杂样品制备中具有广泛的应用。

②水蒸气蒸馏。水蒸气蒸馏是分离纯化有机化合物的重要方法之一，它是将水蒸气通入含有不溶或微溶于水但有一定挥发性的有机物的混合物中，并加热使之沸腾，使待提纯的有机物在低于100℃的情况下随水蒸气一起被蒸馏出来，从而达到分离提纯的目的。

某些有机物在达到沸点时容易被破坏，所以采用水蒸气蒸馏可在100℃以下蒸出。水蒸气蒸馏适用的组分应该具有挥发性，不溶或难溶于水，与沸水及水蒸气长时间共存不发生任何化学变化，在近100℃时有机物有一定的蒸气压（至少要有1.33kPa）。

③固相萃取。固相萃取的基本原理是基于样品组分在固定相和流动相之间的分配系数或吸附系数的差异。固相萃取保留或洗脱的机制取决于目标组分与两相之间的分子间作用力，通过选择吸附目标组分而不吸附样品中干扰成分的吸附剂，在富集目标组分的同时去除样品基质中干扰组分，进而对样品组分进行富集、分离和纯化。

固相萃取的基本方法是通过加压使液体样品通过装有吸附剂的固相萃取小柱，吸附剂选择性地吸附样品中的目标组分，而其他杂质或干扰物随洗脱液流出。然后用溶剂洗脱吸附在柱上的目标组分，从而达到快速分离、净化与浓缩的目的。也可使吸附剂选择性地吸附干扰物，而使目标组分流出；或同时吸附杂质和目标组分，再使用合适的溶剂选择性洗脱目标组分。

④固相微萃取。固相微萃取以固相萃取为基础，保留了固相萃取的优点，克服了需要柱填充物和使用有机溶剂进行解吸的不足。固相微萃取是以涂渍在石英玻璃纤维（或其他材料纤维）上的固定相（高分子涂层或吸附剂）作为吸附介质，对样品中目标组分进行选择性吸附后，在GC进样口中进行热解吸进样的分析测定方法。

固相微萃取方法的特点：不需要有机溶剂，为绿色友好的方法；集萃取、浓缩、解吸（或洗脱）、进样于一体，简单快速，可以避免多步操作而引入误差；样品用量少；选择性强，进样空白值小；易于自动化。

固相微萃取的样品提取时间大大缩短，且样品用量少。目前，固相微萃取在环境、食品、医药、临床、法庭分析等众多领域已得到广泛的应用，可用于气态、液态、固态样品中的挥发性有机物、半挥发性有机物以及无机物的分析。

⑤单滴溶剂微萃取。单滴溶剂微萃取是基于传统的液-液萃取发展起的微型液-液萃取方法。与固相微萃取类似，将一滴萃取溶剂悬于常规的GC微量注射器针头尖端，然后浸于样品溶液或者悬于样品顶部空间，使分析物从水相转移至有机相（萃取溶剂），经一定时间将有机微滴抽回注射器并转移至GC或其他分析系统进行分析。

单滴溶剂微萃取具有所用溶剂量少，成本低且环保；可选溶剂范围广；萃取溶剂易于更新，可避免一些方法（如固相微萃取）中的萃取纤维需多次重复使用可能产生的记忆效应；样品富集倍数高，具有较高的灵敏度；方法简便、快速，易于应用等特点。单滴溶剂微萃取可用于不同形态样品（液态、固态、半固态、气体等）的制备，在环境、药物、食品等领域已有应用。

⑥闪蒸技术。闪蒸技术是将样品置于裂解器样品管内，在低于样品组分裂解的温度下对样品快速加热，使挥发性组分瞬间气化蒸发出来，随载气进入色谱柱进行气相色谱分析的方法。闪蒸过程可以理解为一种样品制备方法，也可理解为一种气相色谱进样技术。闪蒸集样品制备、进样于一体，所需样品量少，进样时间短，可直接用固体样品粉末，不需有机溶剂，是一种简便、快速、环保的样品制备和进样方法。

⑦微波辅助萃取。微波辅助萃取是利用微波提高组分萃取率的一种样品制备技术。其原理是在微波场中，因吸收微波能力的差异使得基体物质中某些区域或萃取体系中的某些组分被选择性加热，从而使得组分从基体或体系中分离，进入介电常数较小、微波吸收能力相对低的萃取剂中。微波辅助萃取具有设备简单、适用范围广、萃取效率高、重现性好、节省时间和试剂等特点，目前在环境、化工、生化、药物、食品、工业分析和天然产物提取等领域已有广泛应用。

⑧加速溶剂萃取。加速溶剂萃取是在一定的温度（50～200℃）和压力（1000～3000psi或10.3～20.6MPa）条件下，用溶剂对固态或半固态样品进行萃取的样品制备方法。本法采用常规溶剂，通过升高温度和压力来提高样品组分的溶剂萃取效率，缩短了萃取时间，并明显降低了萃取溶剂的用量。

与传统的萃取法（如索氏提取、超声提取、微波萃取等）相比，加速溶剂萃取具有萃取时间短、溶剂用量少、萃取效率高等优点，具有快速、健康环保、自动化程度高等优点。目前在食品、环境、药物、农产品、石油化工等领域已有广泛应用。

⑨顶空分析。顶空分析是气相色谱特有的一种进样方法，适用于挥发性大的组分分析。顶空分析法主要用于固体、半固体、液体样品基质中挥发性有机化合物的分析，如水中的挥发性有机物（VOCs）、茶叶中香气成分、合成高分子材料中残留单体的分析等。

2. 食品添加剂概述

（1）定义　食品添加剂是指为改善食品品质和色、香、味，以及为防腐和加工工艺的需要而加入食品中的化学合成或天然物质。由于食品工业的快速发展，食品添加剂已经成为现代食品工业的重要组成部分，并且已经成为食品工业技术进步和科技创新的重要推动力。食品添加剂具有以下三个特征：一是为加入到食品中的物质，因此它一般不单独作为食品来食用；二是既包括人工合成的物质，也包括天然物质；三是加入到食品中的目的是为改善食品品质和色、香、味，以及为防腐、保鲜和加工工艺的需要。

（2）常用食品添加剂　GB 2760—2024《食品安全国家标准　食品添加剂使用标准》

中允许使用的食品添加剂分为23类，包括酸度调节剂、抗结剂、消泡剂、抗氧化剂、漂白剂、膨松剂、胶基糖果中基础剂物质、着色剂、护色剂、乳化剂、酶制剂、增味剂、面粉处理剂、被膜剂、水分保持剂、营养强化剂、防腐剂、稳定剂和凝固剂、甜味剂、增稠剂、食品用香料、食品工业用加工助剂、其他23类。常用食品添加剂如表1-3所示。

表1-3　常用食品添加剂

种类	常用产品	作用
防腐剂	丙酸钠（钙）、苯甲酸钠、山梨酸钾、二氧化硫、乳酸等	抑制微生物活动，防止食品腐败变质
抗氧化剂	茶多酚、生育酚、抗坏血酸等	能防止或延缓食品氧化，提高食品的稳定性和延长储存期
着色剂	胭脂红、苋菜红、柠檬黄、靛蓝等	赋予或改善食品色泽
增稠剂和稳定剂	果胶、琼脂、阿拉伯胶等	能增加液态食品、混合物和食品加工用溶液的黏度，并能保持所在体系的相对稳定的亲水性
膨松剂	碳酸氢钠、碳酸氢铵、复合膨松剂等	在加工过程中受热分解，产生气体，使面坯起发，形成致密多孔组织，从而使食品具有膨松、柔软或酥脆
甜味剂	糖精钠、甜蜜素等	增加甜味感
酸味剂	柠檬酸、酒石酸、苹果酸、乳酸等	赋予食品酸味并控制微生物生长
食品用香料	八角茴香、薄荷、肉桂等	为了提高食品的风味而添加的香味物质

3. 食品添加剂最大使用量与允许残留量

在食品添加剂的使用中，除保证其发挥应有的功能和作用外，最重要的是应保证食品的安全卫生。为了规范食品添加剂的使用、保障食品添加剂使用的安全性，国家卫生健康委员会根据《中华人民共和国食品安全法》的有关规定，制定颁布了GB 2760—2024《食品安全国家标准　食品添加剂使用标准》。该标准规定了食品中允许使用的添加剂品种、使用范围和使用量。

（1）最大使用量是指食品添加剂使用时所允许的最大添加量。

（2）关于食品允许残留量标准，一般由联合国世界卫生组织和粮农组织配合，综合分析各国提供的毒性资料拟定出动物每日最大允许摄入量（简称ADI），即人类每日摄入某物质至终生，而不产生可检测到的对健康产生危害的量，以每千克体重可摄入的量（毫克）表示，单位为mg/kg。这种每日允许摄入量数据应用于人时，还必须除以安全系数。安全系数根据情况可以不同，可100～200，一般均采用100，即将动物的ADI再缩小100倍，作为人的ADI，单位仍为mg/（kg · bw · d）。

以ADI为基本数据，再根据本国成年人的平均体重、饮食习惯和平均标准，计算各类食品添加剂的允许残留量。计算一般采用下列公式：

允许残留量（mg/kg）=ADI（mg）×体重（kg）/每日食物食量（kg）×食物系数（%）

其中食物系数即该食物占总食量的百分率。以上得出的仅为理论上的计算数值，政府正式公布的允许残留量数值还要根据国内实况调查及其他种种原因，加以调整。

对于食品添加剂而言，有了每日摄入总量后，根据人群膳食调查，明确膳食中含有该物质的各种食品的每日摄食量，就可以分别计算出各种食品中可以含有该食品添加剂的最高允许量。由此可制定该食品添加剂在每种食品中的最大使用量。为人体安全起见，一般最大使用量标准略低于最高允许量。

4. 丙酸钠和丙酸钙的介绍

（1）丙酸钠和丙酸钙的基本性质

①丙酸钠为透明颗粒或结晶，略有特殊气味，在湿空气中潮解，易溶于水，微溶于醇，为酸碱盐中盐类物质。

②丙酸钙为白色结晶或白色晶体粉末或颗粒，无臭或微带丙酸气味。用做食品添加剂的丙酸钙为一水盐，对水和热稳定，有吸湿性，易溶于水，39.9g/100mL（20℃），不溶于乙醇、醚类。在10%的丙酸钙水溶液中加入同量的稀硫酸，加热能放出丙酸的特殊气味。丙酸钙呈碱性，其10%水溶液的pH为8～10。

（2）丙酸钠和丙酸钙的作用与过量危害　丙酸钙的防腐性能与丙酸钠相同，在酸性介质中形成丙酸而发挥抑菌作用。丙酸钙抑制霉菌的有效剂量较丙酸钠小。然而其优点在于糕点、面包和乳酪中使用丙酸钙可补充食品中的钙质。丙酸钙能抑制面团发酵时枯草芽孢杆菌的繁殖，pH为5.0时最小抑菌质量分数为0.01%，pH5.8时需0.188%，最适pH应低于5.5。食品中丙酸钠（钙）的最大允许使用量如图1-19所示。食品中丙酸钠（钙）的允许残留量为0.03g/kg。

丙酸及其钠盐、钙盐　　**propionic acid, sodium propionate, calcium propionate**

CNS号　17.029, 17.006, 17.005　　INS号　280, 281, 282

功能　防腐剂

食品分类号	食品名称	最大使用量/(g/kg)	备注
04.04	豆类制品	2.5	以丙酸计
06.01	原粮	1.8	以丙酸计
06.03.02.01	生湿面制品(如面条、饺子皮、馄饨皮、烧麦皮)	0.25	以丙酸计
07.01	面包	2.5	以丙酸计
07.02	糕点	2.5	以丙酸计
12.03	食醋	2.5	以丙酸计
12.04	酱油	2.5	以丙酸计

图1-19　食品中丙酸钠（钙）的最大允许使用量

但是，一些人食用含有丙酸钠、丙酸钙等防腐剂的食品有可能引起头疼等不良反应，对这种添加剂不耐受的人可能会出现恶心，呕吐，头痛和腹泻等不适症状。丙酸钙和丙酸钠摄入过量都会造成胃黏膜永久性损伤。在身体失去胃黏膜炎症的康复能力时，疾病会进一步恶化，引起严重溃疡。美国儿童健康杂志发表的一份报告表明，过量摄入（尤其是长期）丙酸钠和丙酸钙会导致儿童出现易怒、烦躁不安、注意力不集中和失眠等多方面行为变化。所以，对于食品中丙酸钠、丙酸钙含量的检测十分有必要。

5. 丙酸钠和丙酸钙的检测原理

试样中的丙酸盐通过酸化转化为丙酸，经水蒸气蒸馏收集后直接进气相色谱，用氢火焰离子化检测器检测，以保留时间定性、外标法定量其中丙酸的含量。样品中的丙酸钠和丙酸钙以丙酸计，需要时，可根据相应参数分别计算丙酸钠和丙酸钙的含量。

6. 丙酸钠和丙酸钙的检测意义

丙酸及其盐类是一种新型食品添加剂，是世界卫生组织（WHO）和联合国粮食及农业组织（FAO）批准使用的安全可靠的食品与饲料用防霉剂。丙酸的抑制真菌和霉菌生长的效果在pH 6.0以下时优于苯甲酸，价格低于山梨酸，是理想的食品防腐剂之一，因而其作为食品防腐剂在我国具有巨大的潜在市场。丙酸盐在酸性条件下，产生游离丙酸，具有抗菌作用，可有效抑制食品中的霉菌、好氧芽孢杆菌、革兰氏阴性菌等的生长繁殖，也可以抑制黄曲霉毒素的产生，广泛应用于面包、糕点和豆制品等食品中。但长期过量使用会给消费者生命安全带来威胁。为应对突发事件提供可靠依据，保证食品质量安全，检测食品中丙酸钠、丙酸钙含量有很重要意义。

三、问题探究

1. 水蒸气蒸馏技术适用于哪类物质的预处理？

使用该方法提纯的物质必须具备以下条件：不溶于水或微溶于水；具有一定的挥发性；在共沸温度下与水不发生反应；在100℃左右具有一定的蒸气压，至少5～10mmHg以上，且待分离物质与其他杂质在100℃左右时具有明显的蒸汽压差。

2. 丙酸钠（钙）在食品生产中有哪些用途？

丙酸钠（钙）是酸性食品防腐剂，其抑菌作用受pH的影响。在pH5.0时的最小抑菌浓度为0.01%，pH6.5时为0.5%。在酸性介质中对各类霉菌、革兰氏阴性菌或好氧芽孢杆菌有较强的抑制作用。对防止黄曲霉菌素的产生有特效，而对酵母几乎无效。在食品工业中，可用于糕点的保存，使用量为2.5g/kg（以丙酸计，下同）；在3%～5%的水溶液浸泡杨梅中最大使用量为50g/kg。

四、预习与讨论

1. 阅读学习相关资源，归纳食品中丙酸钠、丙酸钙的检测（面包样品）的相关知识。

2. 绘制操作流程小报并初拟实验方案。

3. 完成老师发布的预习小测验等相关预习任务，手机扫码完成课前测试。

面包中丙酸钠、丙酸钙的检测课前测试

任务实施

提示

在整个任务实施过程中遵守实验室用水、用电安全操作指南及实验室各项规章制度和玻璃器皿的安全使用规范。

一、实验准备

1. 仪器和设备

配图	仪器与设备	说明
	气相色谱仪	带氢火焰离子化（FID）检测器
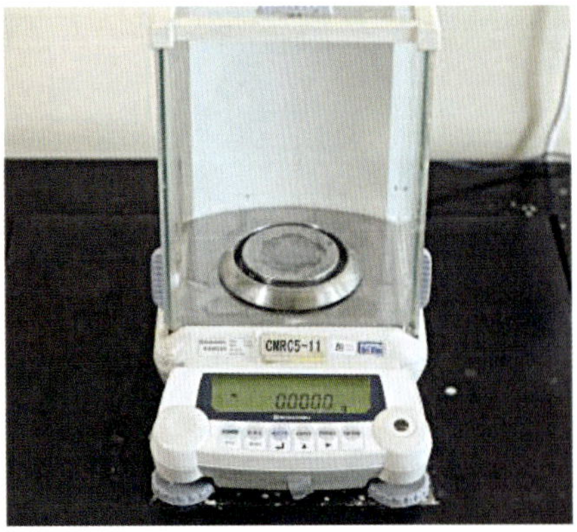	分析天平：感量为0.0001g和感量为0.01g	称量完毕后，及时取出被称物品，并保持天平清洁

配图	仪器与设备	说明
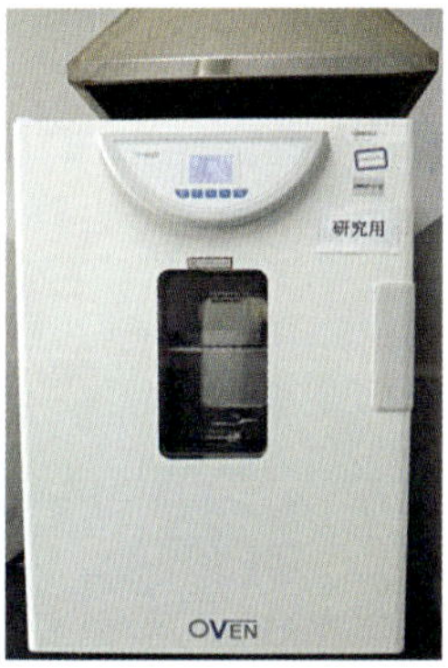	鼓风干燥箱	—
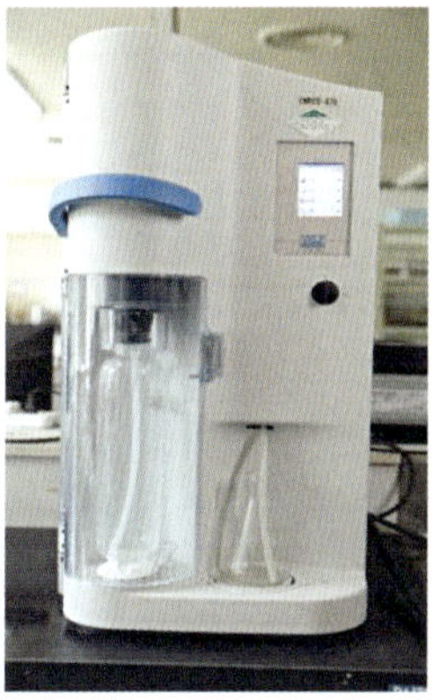	水蒸气蒸馏装置	—

2. 检测样品

配图	样品	说明
	市售面包	—

二、实施操作

1. 试剂及配制

本实验所用试剂主要有：磷酸、甲酸、丙酸标准品，水为一级水。

注意：本着节约环保的原则，计算实验试剂用量后，进行溶液配制。

试剂名称	配制方法	操作说明
磷酸溶液（10+90）	取10mL磷酸加水至100mL	—
甲酸溶液（2+98）	取1mL甲酸加水至50mL	—
丙酸标准储备液（10mg/mL） 	精确称取250.0mg丙酸标准品于25mL容量瓶中，加水至刻度	4℃冰箱中保存，有效期为6个月
丙酸标准系列溶液 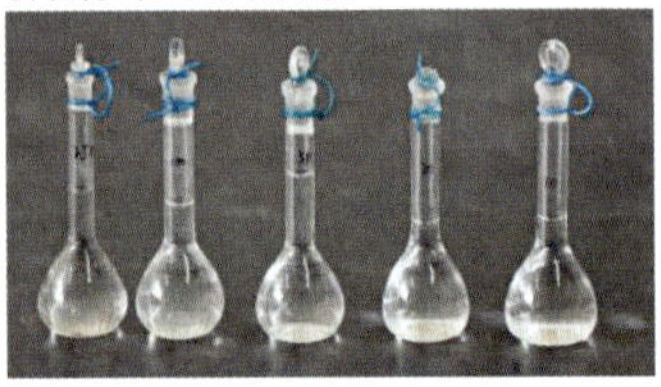	将储备液用水稀释成10～250μg/mL的标准系列溶液	临用现配

2．样品处理

配图	操作步骤	操作说明
 	在面包样品需运用鼓风干燥箱，在37℃下干燥2～3h进行风干，置于研钵中磨碎	—

配图	操作步骤	操作说明
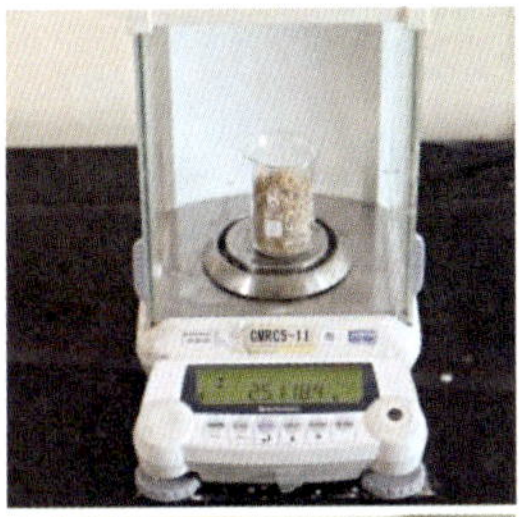 	样品均质后，准确称取25g，置于500mL蒸馏瓶中，加入100mL水，再用50mL水冲洗容器，转移到蒸馏瓶中	—
	加10mL磷酸溶液，进行水蒸气蒸馏	蒸馏速度为2~3滴/s
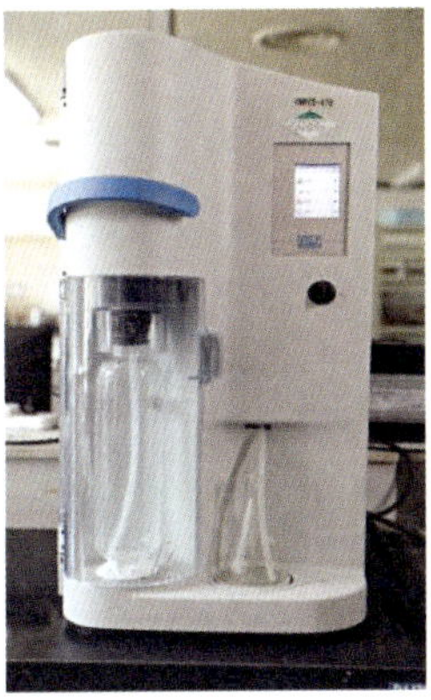	将250mL容量瓶置于冰浴中作为吸收液装置，待蒸馏近250mL时取出，在室温下放置30min，加水至刻度。混匀，供气相色谱分析用	—

配图	操作步骤	操作说明
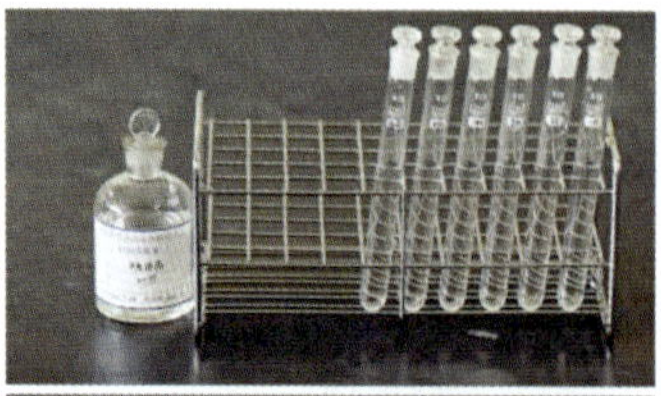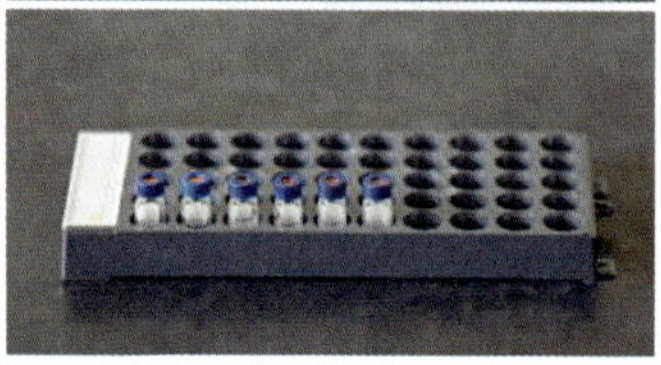	取标准系列溶液中各种浓度的标准使用液以及样品处理液各10mL，加0.5mL甲酸溶液，混匀待测，同时做空白实验	除不加试样外，空白试验应与样品测定平行进行，并采用相同的分析步骤分析

3. 样品检测

配图	操作步骤	操作说明
	开机前准备：打开氮氢空发生器，等到压力升至所需数值	—
	开机：打开色谱仪电源开关，GC进入自检；开启计算机，进入Windows系统	—
	双击电脑桌面的工作站软件“GC 7890B（联机）”，进入工作站	—

配图	操作步骤	操作说明
	点击“从仪器调用的新方法”	—
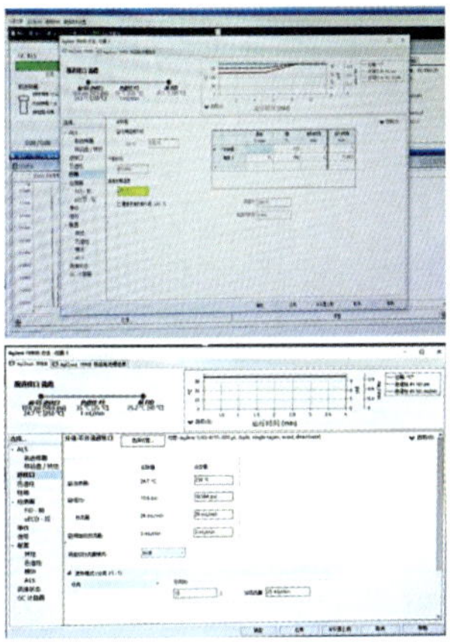	新建方法，依照国家标准设置仪器参数，保存方法。 色谱柱：聚乙二醇（PEG）石英毛细管柱，柱长30m，内径0.25mm，膜厚度0.5μm或同等性能的色谱柱。 载气：氮气，纯度>99.99%。 载气流速：1mL/min。 进样口温度：250℃。 分流比：10:1。 检测器温度：250℃。 柱温箱温度：125℃保持5min，然后以15℃/min的速率升到180℃，保持3min。 进样量：1μL	—
	调用方法，等待仪器升温就绪	—
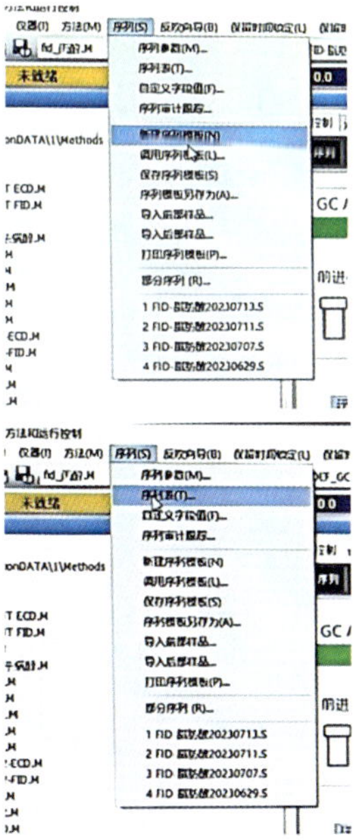	新建序列表：点击“序列”，选择“新建序列模板”，点击“序列表”进行编辑	—

配图	操作步骤	操作说明
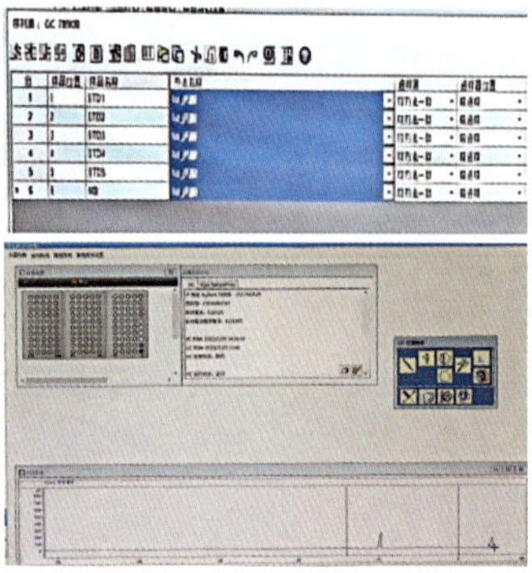	据样品数量，新增序列行数，输入“样品位置、样品名称、方法名称”，保存序列，点击“运行”开始自动进样	—

4. 数据处理

配图	操作步骤	操作说明
	双击电脑桌面的工作站软件“GC 7890B（脱机）”，进入工作站，进行数据处理	—
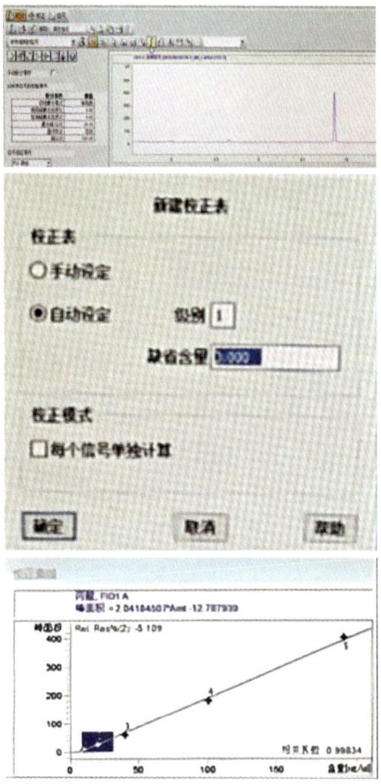	积分：打开积分事件表，根据保留时间设置积分开始和结束的时间，对丙酸的目标峰进行积分。 校正：新建校正表，设置标准曲线各点的校正级别和上机浓度，得到丙酸的校正曲线，记录其校正方程和决定系数R^2	双击打开浓度最大的标准系列溶液数据文件，可查看丙酸的保留时间。 以标准工作液的浓度为横坐标、以响应值（峰面积或峰高）为纵坐标，绘制标准曲线。根据标准曲线计算样品中的丙酸浓度

配图	操作步骤	操作说明
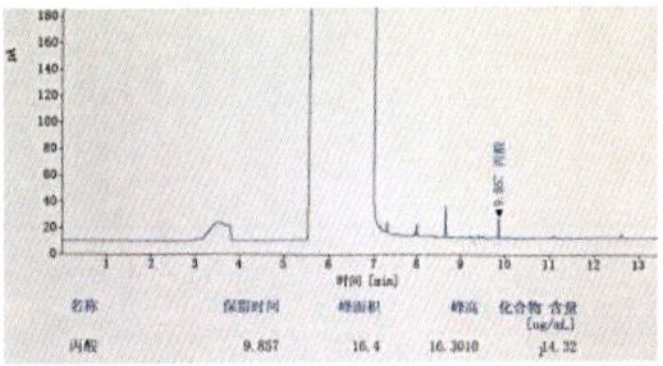	计算样品中丙酸含量：选择报告模板，打开样品的报告文件即可查看样品中丙酸的含量	—

5. 关机

配图	操作步骤	操作说明
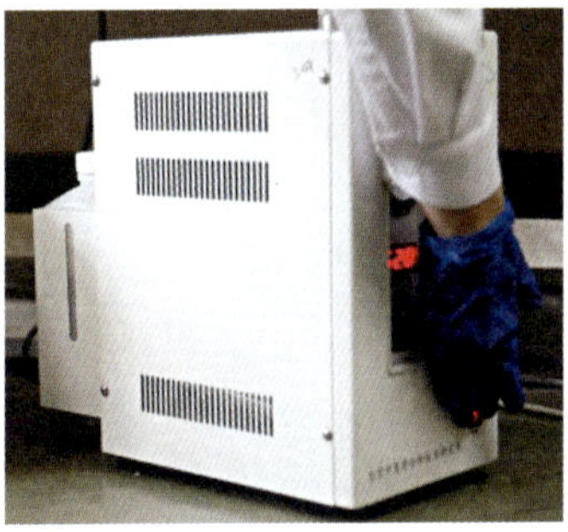	检测完成后，依次关闭软件、气相色谱仪主电源、计算机和气体发生器	进样口、柱温、检测器温度降至50℃以下。 按照8S及相关标准，整理现场和处理废弃物

6. 数据记录及处理

“面包中丙酸钠、丙酸钙的检测”检测记录表

检验样品		检测方法	
仪器名称		检测项目	
仪器编号		检测依据	
仪器条件	色谱柱		
	载气		
	载气流速		
仪器条件	进样口温度		
	分流比		
	检测器温度		
	柱温箱温度		
	进样量		

续表

<table>
<tr><th colspan="7">绘制标准曲线</th></tr>
<tr><td>标准溶液浓度/（μg/mL）</td><td></td><td></td><td></td><td></td><td></td><td></td></tr>
<tr><td>峰面积</td><td></td><td></td><td></td><td></td><td></td><td></td></tr>
<tr><td>标准物质线性回归方程</td><td colspan="3"></td><td>R^2值</td><td colspan="2"></td></tr>
<tr><th colspan="7">样品测定</th></tr>
<tr><td></td><td colspan="2">样Ⅰ</td><td colspan="2">样Ⅱ</td><td colspan="2">样Ⅲ</td></tr>
<tr><td>样品质量/g</td><td colspan="2"></td><td colspan="2"></td><td colspan="2"></td></tr>
<tr><td>样液最终定容体积/mL</td><td colspan="2"></td><td colspan="2"></td><td colspan="2"></td></tr>
<tr><td>样品中丙酸钠（钙）含量（以丙酸计）/（mg/kg）</td><td colspan="2"></td><td colspan="2"></td><td colspan="2"></td></tr>
<tr><td>样品中丙酸钠（钙）平均含量（以丙酸计）/（mg/kg）</td><td colspan="6"></td></tr>
<tr><td>精密度/%</td><td colspan="6"></td></tr>
<tr><td>检验结论</td><td colspan="6"></td></tr>
</table>

样品中丙酸钠（钙）含量（以丙酸计）按下式计算：

$$X=\frac{c}{m}\times\frac{V}{1000}$$

式中 X——样品中丙酸钠（钙）含量（以丙酸计），g/kg；

c——由标准曲线得出的样液中丙酸的浓度，μg/mL；

m——样品质量，g；

V——样液最终定容体积，mL；

1000——μg/g换算至g/kg的系数。

试样中测得的丙酸含量乘以换算系数1.2967，即得丙酸钠的含量；试样中测得的丙酸含量乘以换算系数1.2569，即得丙酸钙含量。

说明：结果保留三位有效数字，在重复性条件下获得的两次独立测定结果的绝对差值不得超过算术平均值的10%。

检验人员		复核人员	

评价反馈

“面包中丙酸钠、丙酸钙的检测”考核评价表

<table>
<tr><th>评价方式</th><th colspan="2">考核项目</th><th colspan="2">评价项目</th><th>评价要求</th><th>评价分数</th></tr>
<tr><td rowspan="3">自我评价10%</td><td colspan="2" rowspan="2">实验准备</td><td colspan="2">1. 能正确计算试剂使用量</td><td>正确计算试剂（2分）</td><td></td></tr>
<tr><td colspan="2">2. 能与小组其他成员协作正确配制实验试剂</td><td>正确配制试剂（2分）</td><td></td></tr>
<tr><td colspan="2">学习成果</td><td colspan="2">课程目标完成情况</td><td>能基本完成课程目标（6分）</td><td></td></tr>
<tr><td rowspan="15">学生互评20%</td><td colspan="2">检测原理</td><td colspan="2">能用检测原理解释试验结果</td><td>口述检测原理（3分）</td><td></td></tr>
<tr><td colspan="2" rowspan="14">操作技能</td><td rowspan="10">1. 能按照操作规范进行丙酸钠（钙）含量的检测</td><td>仪器准备</td><td>操作正确（1分）</td><td></td></tr>
<tr><td>试剂准备</td><td>操作正确（2分）</td><td></td></tr>
<tr><td>样品制备</td><td>操作正确（1分）</td><td></td></tr>
<tr><td>水蒸气蒸馏装置搭建</td><td>操作正确（1分）</td><td></td></tr>
<tr><td>拆卸水蒸气蒸馏装置</td><td>操作正确（1分）</td><td></td></tr>
<tr><td>检测器的选择</td><td>操作正确（1分）</td><td></td></tr>
<tr><td>参数条件设置</td><td>操作正确（1分）</td><td></td></tr>
<tr><td>进样操作</td><td>操作正确（1分）</td><td></td></tr>
<tr><td>制作标准曲线</td><td>操作正确（2分）</td><td></td></tr>
<tr><td>试样溶液的测定</td><td>操作正确（2分）</td><td></td></tr>
<tr><td colspan="2" rowspan="4">2. 能对检验数据进行记录、处理，对结果进行判断</td><td>记录原始数据（1分）</td><td></td></tr>
<tr><td>书写计算过程（1分）</td><td></td></tr>
<tr><td>结果保留三位有效数字（1分）</td><td></td></tr>
<tr><td>能判断试样是否合格（1分）</td><td></td></tr>
<tr><td rowspan="6">教师学业评价70%</td><td>课前</td><td>方法能力</td><td>课前学习（5分）</td><td colspan="2">课前能独立通过网络学习资源库获取食品中丙酸钠、丙酸钙的检测方法，并归纳检测要点</td><td></td></tr>
<tr><td rowspan="5">课中</td><td rowspan="5">知识素质</td><td rowspan="5">相关知识（10分）</td><td colspan="2">1. 能写出本次实验检测依据及方法（2分）</td><td></td></tr>
<tr><td colspan="2">2. 能写出食品中丙酸钠、丙酸钙的检测原理（2分）</td><td></td></tr>
<tr><td colspan="2">3. 能写出水蒸气蒸馏的操作顺序（2分）</td><td></td></tr>
<tr><td colspan="2">4. 能写出气相色谱仪的检测操作（2分）</td><td></td></tr>
<tr><td colspan="2">5. 能写出操作过程中的注意事项（2分）</td><td></td></tr>
</table>

续表

<table>
<tr><th>评价方式</th><th colspan="2">考核项目</th><th colspan="2">评价项目</th><th>评价要求</th><th>评价分数</th></tr>
<tr><td rowspan="14">教师学业评价70%</td><td rowspan="13">课中</td><td rowspan="13">实操能力</td><td rowspan="13">实验操作（50分）</td><td colspan="2">1. 能写出工作流程（5分）</td><td></td></tr>
<tr><td colspan="2">2. 能完成食品中丙酸钠、丙酸钙的流程图（5分）</td><td></td></tr>
<tr><td rowspan="7">3. 能按照操作规范进行食品中丙酸钠、丙酸钙的检测（20分）</td><td>实验相关器材准备（2分）</td><td></td></tr>
<tr><td>实验试剂配制（2分）</td><td></td></tr>
<tr><td>样品处理（2分）</td><td></td></tr>
<tr><td>水蒸气蒸馏装置操作（4分）</td><td></td></tr>
<tr><td>标准溶液的制备（4分）</td><td></td></tr>
<tr><td>气相色谱仪的操作（4分）</td><td></td></tr>
<tr><td>试样进样测定（2分）</td><td></td></tr>
<tr><td rowspan="2">4. 能对检验结果进行记录（10分）</td><td>记录原始数据（5分）</td><td></td></tr>
<tr><td>书写计算过程（5分）</td><td></td></tr>
<tr><td colspan="2">5. 能正确判断试样是否合格（5分）</td><td></td></tr>
<tr><td colspan="2">6. 结果记录真实，字迹工整，报告规范（5分）</td><td></td></tr>
<tr><td>课后</td><td>方法能力</td><td>任务拓展（5分）</td><td colspan="2">完成豆制品中丙酸钠（钙）检测的方案设计，或录制检测视频并上交</td><td></td></tr>
<tr><td colspan="6">总分</td><td></td></tr>
</table>

注：每个评分项目里，如一旦出现安全问题皆为0分。

学习心得

拓展训练

- 完成豆制品中丙酸钠（钙）检测的方案设计，绘制相关操作流程或录制检测视频。（提示：利用互联网、国家标准、微课等。）

巩固反馈

1. 在水蒸气蒸馏的过程中，加入磷酸溶液和甲醛溶液的作用分别是什么？

2. 本次实验测定的丙酸钠、丙酸钙属于（　　）。

   A. 酸味剂　　B. 防腐剂

   C. 抗氧化剂　　D. 乳化剂

3. 简述面包中丙酸钠、丙酸钙的检测原理。

4. 与老师和同学进行交流讨论，总结面包中丙酸钠、丙酸钙检测技术要点。

任务六　饮料中甜蜜素的检测

学习目标

知识目标

1. 理解饮料中甜蜜素的检测意义。
2. 了解气相色谱柱的相关知识。
3. 能叙述甜蜜素的基本知识及检验原理。
4. 能叙述气相色谱法测定饮料中甜蜜素的流程。

技能目标

1. 能正确查找相关资料获取检验方法。
2. 能够独立进行气相色谱法测定饮料中的甜蜜素。
3. 能进行饮料中甜蜜素检测的结果分析。

素养目标

1. 能严格遵守实验现场8S管理规范。
2. 能正确表达自我意见，并与他人良好沟通。
3. 具有社会主义核心价值观；形成求实的科学态度、严谨的工作作风，领会工匠精神；不断增强团队合作精神和集体荣誉感。

任务描述

甜蜜素是一种常用的甜味剂，在饮料、蜜饯、腌渍蔬菜等食品中广泛应用。甜蜜素作为食品中常见的一种添加剂，其添加量需要符合一定的标准。国家标准对食品中甜蜜素的添加量作了专门的规定，气相色谱法是测定甜蜜素最常用的方法之一。本任务依据GB 5009.97—2023《食品安全国家标准　食品中环己基氨基磺酸盐的测定》第一法——气相色谱法进行检测，如图1-20和图1-21所示，我们将按照以下环节完成学习任务。

图1-20　“饮料中甜蜜素的检测”实施环节

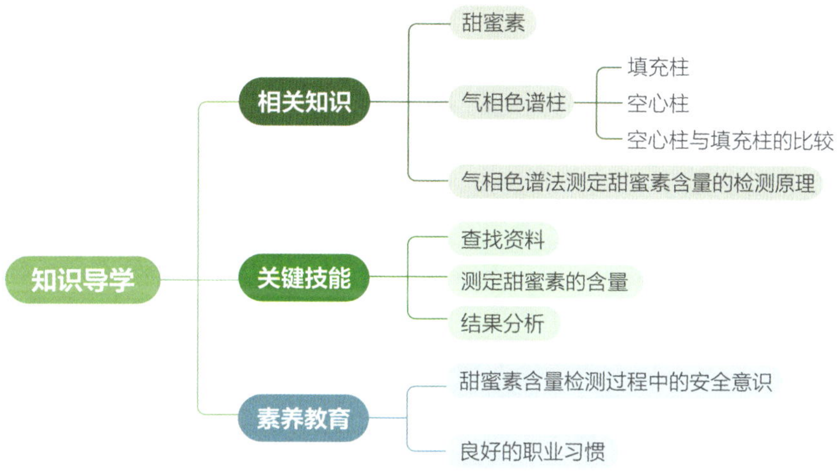

图1-21 “饮料中甜蜜素的检测”知识思维导图

任务要求

1. 独立完成饮料中甜蜜素的检测任务。
2. 学会对气相色谱法测定饮料中甜蜜素数据进行分析。

知识链接

一、资源链接

通过网络资源获取GB 5009.97—2023《食品安全国家标准　食品中环己基氨基磺酸盐的测定》及JJG 196—2016《常用玻璃量器》、GB/T 602—2002《化学试剂　杂质测定用标准溶液的制备》、GB/T 603—2023《化学试剂　试验方法中所用制剂及制品的制备》、GB/T 8170—2008《数值修约规则与极限数值的表示和判定》等相关资料。

饮料中甜蜜素的检测课件

二、相关知识

（一）甜蜜素

环己基氨基磺酸钠，又名甜蜜素，白色针状、片状结晶或结晶状粉末，无臭，味甜，其稀溶液的甜度约为蔗糖的30倍，为无营养甜味剂，10%水溶液呈中性，对热、光、空气稳定，加热后略有苦味，分解温度约280℃，不发生焦糖化反应。

酸性环境下略有分解，碱性时稳定。溶于水和丙二醇，几乎不溶于乙醇、乙醚、苯和氯仿。其浓度大于0.4%时带苦味，溶于亚硝酸盐、亚硫酸盐含量高的水中，产生石油或橡胶样的气味。具有非吸湿性，不支持霉菌或其他细菌生长。毒性：小鼠经口LD_{50}为18000mg/kg，ADI为0～11mg/kg。

（二）气相色谱柱

色谱柱是分离系统的核心，它的作用是使试样在柱内移动中得到分析。色谱柱通常装在有温度控制装置的柱箱内。色谱柱的种类可以分为填充柱和空心柱两大类。

1. 填充柱

（1）柱管材质及预处理

①玻璃管柱及其预处理。玻璃管柱具有化学惰性好、制备的柱子柱效高等优点，缺点是脆弱易破碎，虽然玻璃柱的应用没有不锈钢柱普及，但被认为是一般分析应用中最好的制柱材料。玻璃管柱还能观察柱子的填充情况，以及使用过程中柱内填充和固定相的变化情况。如果柱子在使用过程中出现部分填料变色、色谱峰变宽，则可根据柱子使用情况做相应的调整。

玻璃表面有一些硅醇基团，可能对分析组分有一定的吸附性和催化性，一般需要经过脱活预处理，即将管柱用含5%二甲基二氯硅烷的甲苯溶液浸泡数分钟，然后用甲苯、甲醇冲洗干净，最后用氮气吹干。

②金属管柱及其预处理。金属管柱有不锈钢管、铜管、铝管柱以及金、银、钛、镍管柱。镍管柱兼顾了金属管柱的耐久性、韧性和玻璃管柱的惰性。铜、铝管柱具有催化活性，使用较少。不锈钢柱强韧不易破碎，是最常用的填充柱管材，其缺点是难以观察固定相装入柱后的情况。它特别适合分析脂肪酸酯、烃类化合物、永久性气体和有机溶剂，但对于一些强极性化合物，如果是痕量分析，应使用内壁经过抛光打磨腾的不锈钢柱。

不锈钢管内壁要清洗得特别干净，其步骤如下：将内壁用布条擦净的不锈钢管先用10%热氢氧化钠溶液浸泡，再用水冲至中性；进一步洗涤还可以用（1+20）稀盐酸浸泡，再冲洗至中性，也可用乙酸乙酯、甲醇、蒸馏水洗，然后用10%硝酸充填10min，用水洗到中性后，再用甲醇、丙酮洗，最后在氮气流中吹干。由于不锈钢中过渡金属的存在，类固醇和农药可能会发生分解。

③塑料管柱及其预处理。塑料管柱采用聚四氟乙烯作为管材制成。这种管柱的优点是化学惰性最好，可用于分离不能在其他管柱上进行分离的组分（如化学性质活泼的含硫气体、盐酸、卤素单质、氟化氢）。其缺点是低分子质量的气体可在150℃以上从多孔的管壁渗入，使其中固体吸附剂受损坏；另外柱效较低，其最高使用温度不可超过250℃。

（2）填充柱的制备和老化　总体来说，装填充柱有两点要求：一是将固定相填充均匀、紧密、减少空隙和死空间；二是填充时不得敲打过猛，以免造成载体机械粉碎，致使柱性能变坏。操作多采用抽真空装柱法，也称减压法，即将填充柱的一端塞入硅烷化的玻璃棉，将柱口接真空泵抽气，固定相从入口倾入（安装色谱柱时，注意不要接反，否则固定相将在柱中移动，使柱效发生变化），为防止潮湿空气进入，可接氯化钙和硅胶干燥塔。填充沸点较低的固定相时，则不宜用泵抽装柱，一般采用边装边敲打的手工法填装。填装聚四氟乙烯作为载体的固定相，需将固定相冷冻过夜，然后再0℃填装到色谱柱中。色谱柱的湿气先用干燥气体置换，以免0℃时色谱柱结冰，固定相结块。

加压法是将填充柱一端塞好硅烷化的玻璃棉，另一端接填充池，而填充池连接氮气或空气钢瓶的减压阀。将固定相加入填充池，后压入填充柱内，同时用木棒敲打柱体以使其填充均匀。填充完后，连接填充池的这一端应与进样室相连，而另一端与检测器相连，不能接反。

老化色谱柱的目的是除去管柱内剩余的溶液、固定液的低沸程馏分及易挥发的杂质，同时使固定液更均匀地分布于载体或管壁上。老化的方法多采用气体流动法；将柱入口与进样室相连，出口勿接检测器，通以载气，以2～4℃/min程序升温至低于固定液最高使用温度20～30℃，老化12～24h，获得平稳基线，则表明老化已合格。

空心柱的老化与填充柱基本相同，参照执行即可。

2. 空心柱

（1）空心柱的材质　在空心柱气相色谱的发展过程中，管柱材料不断更新。研究中曾经使用过金属、塑料、玻璃作为管材，目前最常用的管材是普通玻璃和石英玻璃。

①普通玻璃。玻璃管材主要分为普通玻璃管和石英玻璃管两大类。用于制作空心柱管的普通玻璃管有钠钙玻璃（或称软质玻璃）和硼硅玻璃（或称硬质玻璃）。考察材料的化学结构有助于更进一步认识它们的特性，钠钙玻璃组成为SiO_2 67.7%、Na_2O 15.6%、CaO 5.7%、MgO 3.9%、Al_2O_3 2.8%、B_2O_3 0.8%、K_2O 0.6%。Na_2O等金属氧化物含量高，有碱性，易于催化分解硅氧烷类固定液和吸附酸性物质。硼硅玻璃组成为SiO_2 81%、B_2O_3 12%、Na_2O_3 2%、Al_2O_3 2%、Al_2O_3 2%、K_2O 1%。B_2O_3会提高材料的耐高温性能，硬质玻璃比软质玻璃强度好，熔点高，它所能耐受的温度是450℃，在气相色谱中较为常用的是硼硅玻璃。

②石英玻璃。玻璃在其生产过程中会添加一些金属氧化物。玻璃中的金属氧化物被看作是路易斯酸，在玻璃表面形成结合位点，能够对一类局部电子密度高的化合物［酮类、胺类和含π键的分子（如芳香化合物和烯烃）］产生吸附，另外，硼杂质也能在玻璃表面形成路易斯酸作用点。以硼硅玻璃为例，其金属氧化物含量达到了19%，而石英玻璃中含量不超过1μg/g。所以石英玻璃是现代气相色谱制柱的首选材料，石英的主要成分也是二氧化硅，由

于石英中极少的金属氧化物含量，这也就意味着石英玻璃表面不存在或存在少量活性吸附位点，相比普通玻璃具有卓越的惰性，而且它柔韧性好，不易断裂，熔点也比普通玻璃高，缺点是价格比普通玻璃要高。

制作空心管的石英玻璃分为天然熔融石英和人造石英。由于人造石英管难得且价格昂贵，所以一般采用天然熔融石英管作为色谱柱管材。用天然熔融石英制得的空心柱管壁很薄，柔韧性极好，使用时不易断裂，不足之处是管外壁涂的聚酰亚胺不耐高温。

③铝涂层石英空心柱。玻璃或者石英空心柱外层一般在管外涂覆了一层聚酰亚胺，这层聚酰亚胺能够改善玻璃和石英容易断裂的缺点，但在分析蜡类、原油或者甘油三酯这样的物质的时候，常常要求色谱柱能承受400℃以上的温度，持续高温下聚酰亚胺层会出现变色老化，涂层脱落，进而导致柱管断裂。研究者把聚酰亚胺层替换成铝，取得极佳的效果。这种高温气相色谱柱在保留了熔融石英柱的惰性和柔韧件的基础上具有优良的导热性，已成为商品化色谱柱。

④石英内衬不锈钢柱。将铝涂层石英空心柱的柱体和内衬的角色对调，就是石英内衬不锈钢柱。不锈钢毛细管柱耐温性可以达到450℃，但是其内壁粗糙，容易污染，柱效较低，有催化活性和金属活性，所能分析的物质范围较小。研究者将石英沉积于不锈钢柱内壁上，完美结合了金属柱和石英柱的优点，目前已将其应用于胺类、挥发性有机物和石油产品的分析中。

（2）空心柱的分类

①按制备方法分类：空心柱按制备方法分为以下几种。

壁涂空心柱（Wall Coated Open Tubular Column，WCOT柱）：柱内径0.2～0.6mm，一般是将固定液直接涂渍到空心柱内壁，现今空心柱都是这种类型。

多孔层空心柱（Porous Layer Open Tubular Column，PLOT柱）：柱内径0.2～0.6mm，柱内壁先涂覆一层多孔固体，再涂渍固定液。

毛细管柱（Support Coated Open Tubular Column，SCOT柱）：柱内径0.2～0.6mm，它是先在柱内壁涂覆载体，再涂渍固定液。

②按内径大小分类：柱内径对柱效、压力、载气流速柱容量都有影响。

常规空心柱：内径0.1～0.32mm，可以是玻璃柱也可以是弹性石英柱，需要较高柱效时选用此种柱。0.15mm和0.18mm内径的色谱柱十分适用于泵容量低的GC-MS系统。

小内径空心柱：内径小于0.1mm，用来快速分析。

大内径空心柱：内径为0.32mm，0.45mm，0.53mm和0.75mm，常做成厚液膜柱，当需要较高样品容量、仪器配备大口径直接进样器并需要较高柱效时使用。

集束毛细管柱：它是由许多很小内径的空心柱组成的空心柱，容量高，分析速度快，用于工业分析。

思政园地

毛细管柱很细，但分析的效率却很高。就是这纤细的柱子，却是分离系统的核心。我们生活中处事亦是如此，有些看似微不足道的事物或环节，恰是成败的关键。因此，注重细节，慢慢打磨，最后成就自己，这也恰是工匠精神的体现。

③按柱长分类：毛细管长度会影响柱效、分离度、保留时间和载气压力。

10～15m长的色谱柱适用于分离含有很容易分离的溶质的样品，内径很小的色谱柱通常采用较短的长度以降低柱压。

25～30m长的色谱柱，使用广泛。

50～60m长的色谱柱，适合分离含有很多组分的复杂样品，这种柱子需要的分析时间较长，费用较高。

3. 空心柱与填充柱的比较

依据使用情况，将经典填充柱与空心柱进行比较可得到以下一些结论。

①载气通过空气柱的阻力远小于填充柱，故可使用很长的空心柱，却不能使用长的填充柱。

②当固定相与柱温相同时，为达到相同的分辨率，空心柱所需分析时间比填充柱要短；而维持相同的分析时间，空心柱分离两组分的分辨率优于填充柱。

③当固定相相同时，使用空心柱时的柱温常稍低于填充柱。

④填充柱的制备方法简单，使用方便，故气体样品、易于分离的样品分析和对高分辨没有要求或要求不高的样品现在仍多用填充柱。

⑤分析痕量组分时，若填充柱能将痕量组分与其他组分很好的分离，则用填充柱有利于检测，否则应该用空心柱，使之与其他组分分离，才能定量检测。

⑥分析异构体和复杂混合物样品时，空心柱优于填充柱。

⑦约20%的气相色谱分析中用的是填充色谱柱，可以预见到的是空心柱无法完全取代填充柱。

（三）气相色谱法测定甜蜜素含量的检测原理

食品中的环己基氨基磺酸钠用水提取，在硫酸介质中环己基氨基磺酸钠与亚硝酸反应，生成环己醇亚硝酸酯，利用气相色谱氢火焰离子化检测器进行分离及分析，保留时间定性，外标法定量。

三、问题探究

既然甜蜜素存在不安全因素，为什么还要在食品中添加？

甜蜜素添加到食品中可以提供甜味，口感类似于蔗糖，能量可降低95%左右，可以增强食品风味，延长味觉停留时间，对水果香型风味效果更佳，有利于避免营养素的稀释，保持食品的营养价值，可与蔗糖及其他合成甜味剂一起配合使用。只要适量添加，对于食品有较大的作用。

四、预习与讨论

1. 阅读学习相关资源，归纳气相色谱法测定饮料中甜蜜素含量的相关知识。

2. 绘制操作流程小报并初拟实验方案。

3. 完成老师发布的预习小测验等相关预习任务，手机扫码完成课前测试。

饮料中甜蜜素的检测课前测试

任务实施

提示

在整个任务实施过程中遵守实验室用水、用电安全操作指南及实验室各项规章制度和玻璃器皿的安全使用规范。

一、实验准备

1. 仪器和设备

配图	仪器与设备	说明
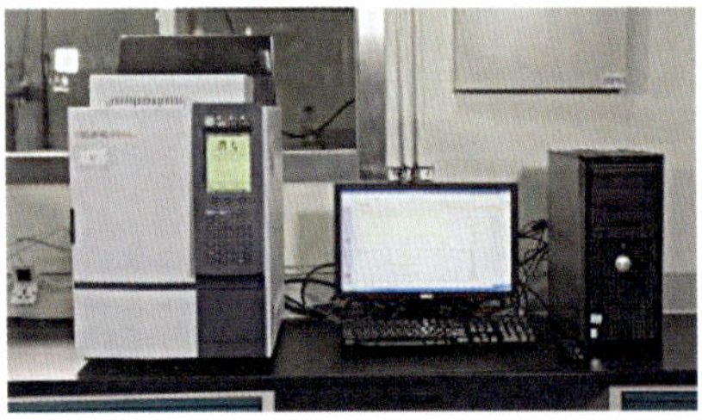	气相色谱仪	型号：岛津GC-2014C（配FID检测器）
	分析天平：量感为0.1mg、1mg	称量完毕后，及时取出被称物品，并保持天平清洁

配图	仪器与设备	说明
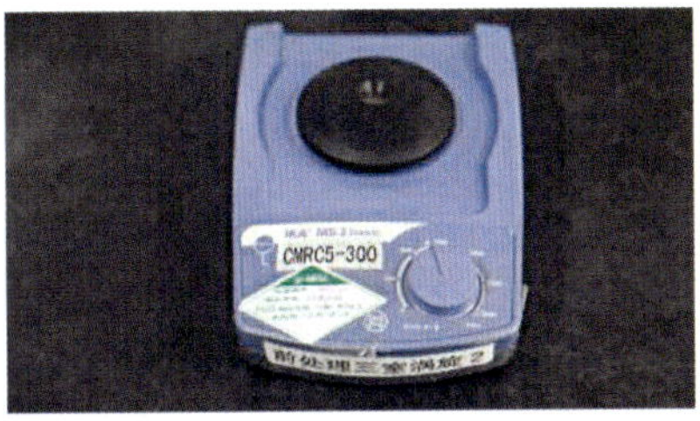	涡旋混合器	—
	离心机	转速≥4000r/min

2. 检测样品

配图	样品	说明
	市售饮料	本任务选用市售的饮料为实验样品

二、实施操作

1. 试剂配制

本实验所用试剂主要有：硫酸、亚硝酸钠、环己基氨基磺酸钠标准品（纯度≥99%）、氯化钠，水为一级水。

注意：本着节约环保的原则，计算本次实验试剂用量后，进行溶液配制。

试剂名称	配制方法	操作说明
硫酸溶液（200g/L）	量取54mL硫酸小心缓缓加入400mL水中，后加水500mL，混匀	硫酸有腐蚀性，要小心操作
亚硝酸钠溶液（50g/L）	称取25g亚硝酸钠，溶于水并稀释至500mL，混匀	—
环己基氨基磺酸标准储备液（5.00mg/mL）	精确称取0.5612g环己基氨基磺酸钠标准品，用水溶解并定容至100mL混匀，此溶液1.00mL相当于环己基氨基磺酸5.00mg	环己基氨基磺酸钠与环己基氨基磺酸的换算系数为0.8909。置于1～4℃冰箱保存，可保存12个月
环己基氨基磺酸标准使用液（1.00mg/mL）	准确移取20.0mL环己基氨基磺酸标准储备液用水稀释并定容至100mL，混匀	置于1～4℃冰箱保存，可保存6个月

2. 饮料试样处理

配图	操作步骤	操作说明
	饮料试样摇匀后称取25.0g，用水定容至50mL备用	如有需要可过滤后再定容

3. 标准系列溶液的制备

配图	操作步骤	操作说明
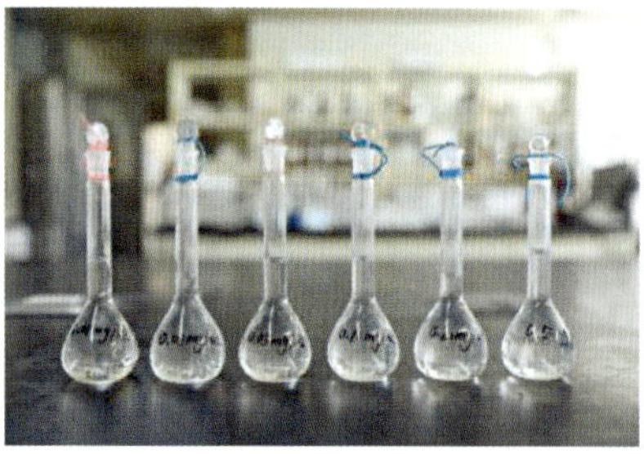	准确移取1.00mg/mL环己基氨基磺酸标准溶液0.50mL，1.00mL，2.50mL，5.00mL，10.0mL，25.0mL于50mL容量瓶中，加水定容。配成标准系列溶液浓度为0.01mg/mL，0.02mg/mL，0.05mg/mL，0.10mg/mL，0.20mg/mL，0.50mg/mL	临用时配制以备衍生化用

4. 饮料试样和标准系列溶液的衍生化

配图	操作步骤	操作说明
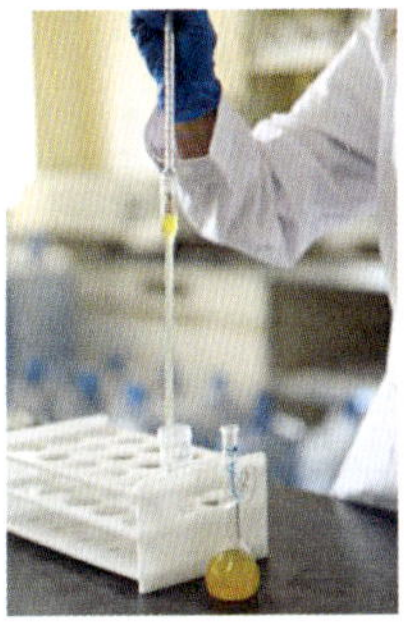	分别准确移取液体试样溶液和标准系列溶液各10.0mL于50mL带盖离心管中	—
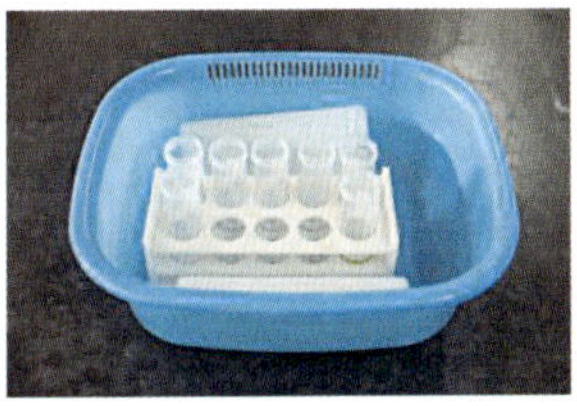	离心管置试管架上冰浴中5min后，准确加入5.00mL正庚烷，加入2.5mL亚硝酸钠溶液和2.5mL硫酸溶液，盖紧离心管盖，摇匀	—
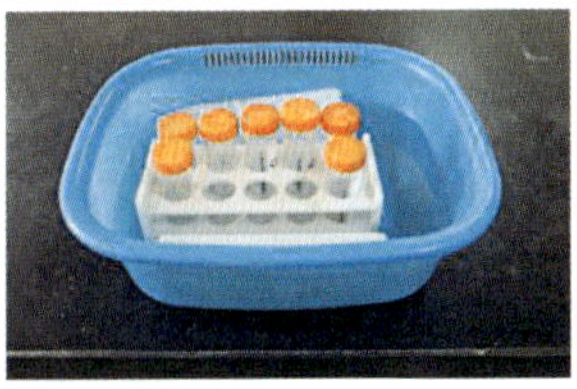	在冰浴中放置30min，其间振摇3～5次	—
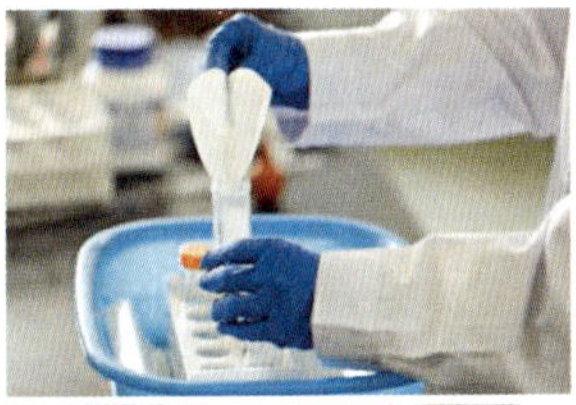 	加入2.5g氯化钠，盖上盖后置旋涡混合器上振动1min	或振摇60～80次
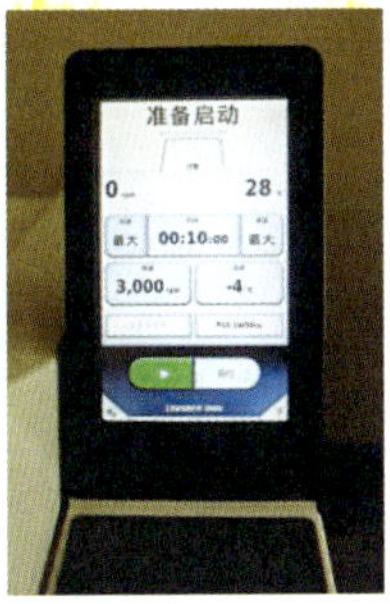	低温离心10min分层后取上清液放置1～4℃冰箱冷藏保存以备进样用	离心机转速3000r/min或低温静置20min至澄清分层

5. 标准曲线的制作

配图	操作步骤	操作说明
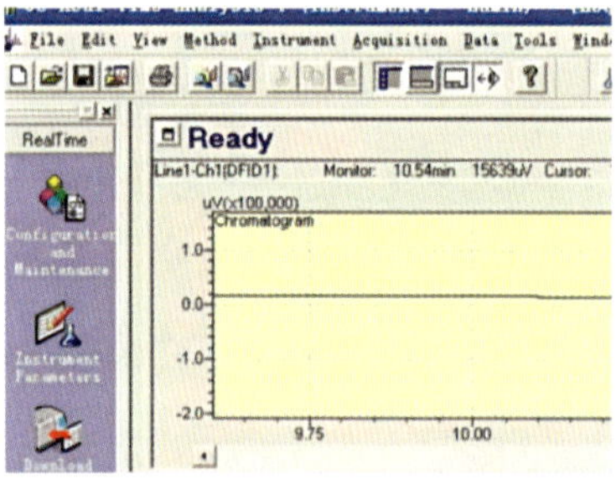	气相色谱开机，设定条件。 色谱柱：弱极性石英毛细管柱（内涂5%苯基甲基聚硅氧烷，30m×0.53mm×1.0μm）或等效柱。 柱温升温程序：初温55℃保持3min，10℃/min升温至90℃保持0.5min，20℃/min升温至200℃保持3min。 进样口：温度230℃；进样量1μL，不分流/分流进样，分流比1：5。 检测器：氢火焰离子化检测器（FID），温度260℃。 载气：高纯氮气，流量12.0mL/min，尾吹20mL/min氢气；30mL/min；空气330mL/min	注意事项同本模块任务二
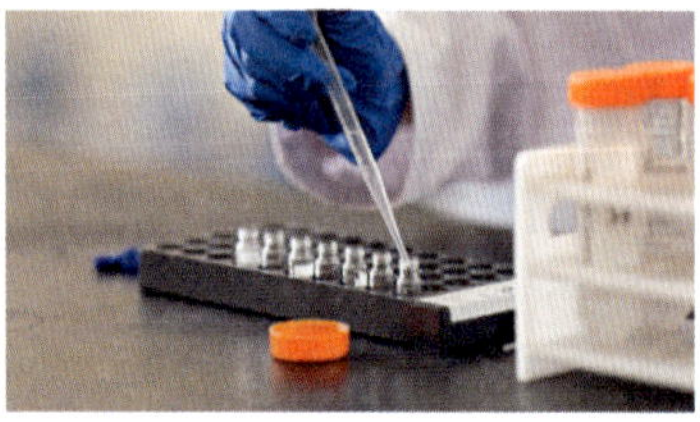	将标准系列溶液分别置于自动进样器的样品管中	—
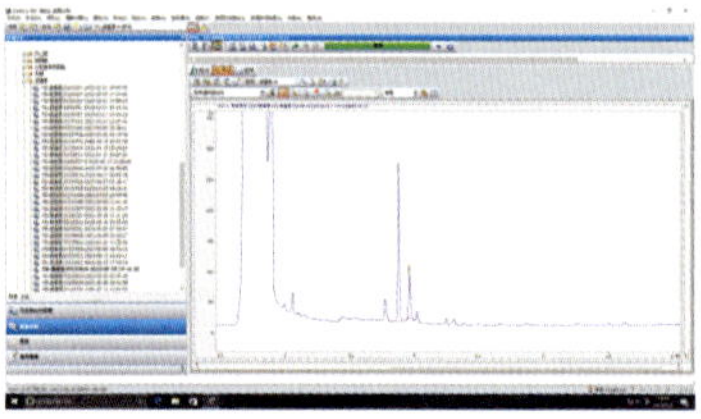	经气相色谱仪自动分析，可测得不同浓度被测物的响应值峰面积	—
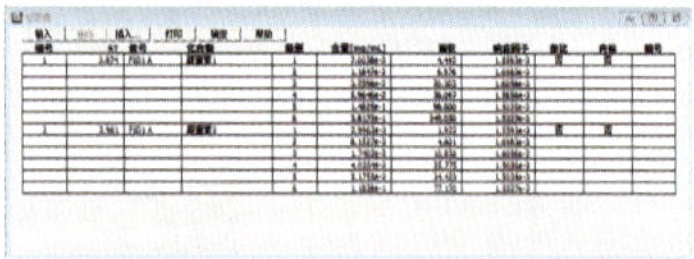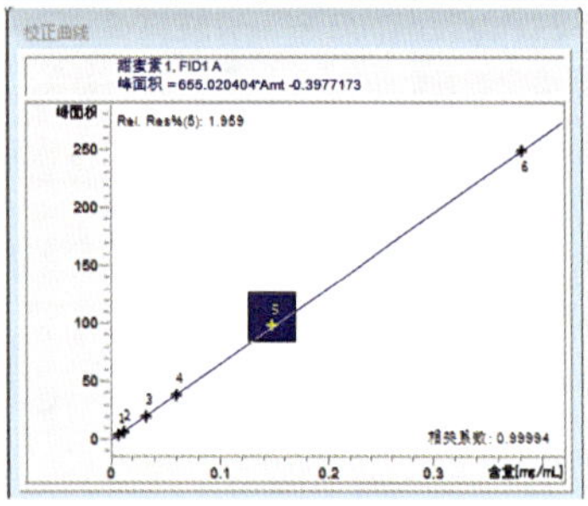	以浓度为横坐标、以环己醇亚硝酸酯和环己醇两峰面积之和为纵坐标，绘制标准曲线	—

6．样品测定

配图	操作步骤	操作说明
	在完全相同的条件下进样1μL经处理的试样待测液上清液	—
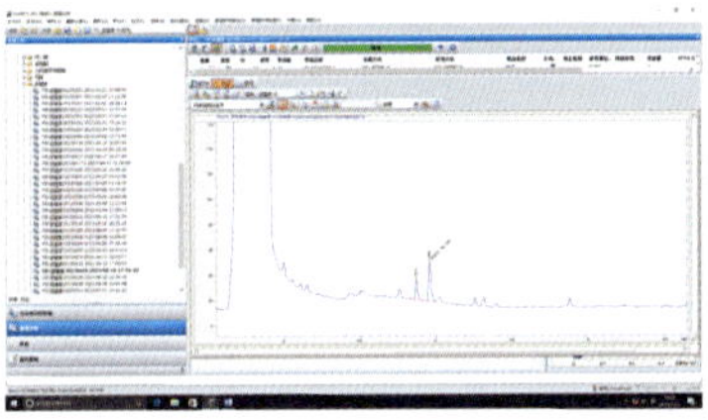	保留时间定性，测得峰面积	—
	根据标准曲线得到样液中的组分浓度。平行测定次数不少于两次	试样上清液响应值若超出线性范围，应用正庚烷稀释后再进样分析
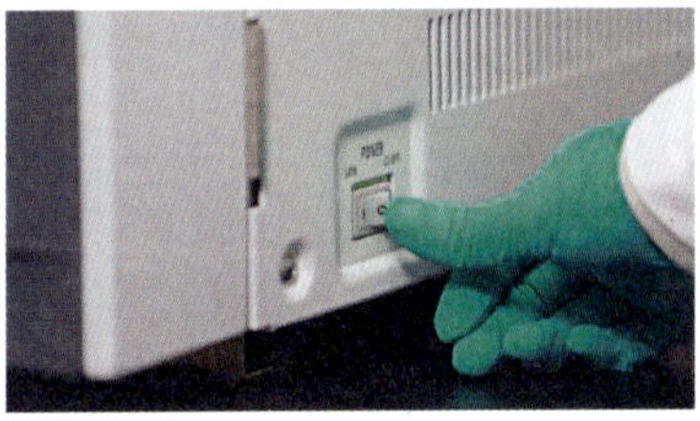	气相色谱仪关机：检测完毕后，关闭系统，将柱温箱降至50℃以下，待检测器温度降至100℃以下，关闭载气（关闭氮氢空发生器）、工作站和主机，切断电源	按照8S相关规范，整理现场和处理废弃物，并做好仪器使用记录

7．数据记录及处理

“饮料中甜蜜素的检测”检测记录表

检验样品		检测方法	
仪器名称		检测项目	
仪器编号		检测依据	
仪器条件	色谱柱		
	进样口温度		
	升温程序		
	检测器温度		
	进样量		

续表

绘制标准曲线						
标准溶液浓度/（mg/L）						
峰面积						
标准物质线性回归方程				R^2值		

样品测定			
	样Ⅰ	样Ⅱ	样Ⅲ
试样质量/g			
加入正庚烷体积/mL			
试样中环己基氨基磺酸的含量/（g/kg）			
试样中环己基氨基磺酸平均含量/（g/kg）			
精密度/%			
检验结果			

试样中环己基氨基磺酸的含量，按下式进行计算：

$$X=\frac{\rho\times V\times 1000}{m\times 1000\times 1000}\times f$$

式中：X——试样中环己基氨基磺酸的含量，g/kg；

ρ——由标准曲线计算出待测溶液中环己基氨基磺酸的质量浓度，μg/mL；

V——加入正庚烷体积，mL；

m——试样质量，g；

f——稀释倍数。

说明：计算结果以重复性条件下获得的两次独立测定结果的算术平均值表示，结果保留三位有效数字。

检验人员		复核人员	

评价反馈

“饮料中甜蜜素的检测”考核评价表

评价方式	考核项目	评价项目	评价要求	评价分数
自我评价10%	实验准备	1. 能正确计算试剂使用量	正确计算试剂（2分）	
		2. 能与小组其他成员协作正确配制实验试剂	正确配制试剂（2分）	
	学习成果	课程目标完成情况	能基本完成课程目标（6分）	

续表

评价方式	考核项目		评价项目		评价要求	评价分数
学生互评20%	检测原理		能用检测原理解释结果		口述检测原理（3分）	
	操作技能		1. 能按照操作规范进行食品中甜蜜素的检测	标准溶液配制	操作正确（1分）	
				样品处理	操作正确（1分）	
				仪器准备开机	检查色谱柱、检测器（1分）	
					正确开启气路系统（1分）	
					正确开启气相色谱仪（1分）	
				参数设置	进样口温度、检测器温度设置正确（1分）	
					升温程序设置正确（1分）	
					载气流量、进样量、分流比设置（1分）	
					方法保存、命名、下载正确（1分）	
				上机测试	单次分析信息填写正确（1分）	
					进样针润洗三次，无气泡（1分）	
					进样操作正确（1分）	
				仪器关机	降温、关机操作正确（1分）	
			2. 能对检验结果进行记录和数据处理		再解析-标准曲线制作（1分）	
					再解析-样品测试（1分）	
					记录原始数据，书写计算过程，结果保留三位有效数字（1分）	
					结果判断（1分）	
教师学业评价70%	课前	方法能力	课前学习（5分）		课前能独立通过网络学习资源库获取食品中甜蜜素含量的检测标准，并归纳检测要点	
	课中	知识素质	相关知识（10分）		1. 能写出本次实验检测依据及方法（2分）	
					2. 能写出食品中挥发成分的分类（2分）	
					3. 能写出食品中甜蜜素的检测原理（2分）	
					4. 能写出食品中甜蜜素的检测意义（2分）	
					5. 能写出操作过程中的注意事项（2分）	
		实操能力	实验操作（50分）		1. 能写出工作流程（5分）	
					2. 能完成气相色谱仪结构图（5分）	
					3. 能按照操作规范进行食品中甜蜜素的检测，能正确使用气相色谱仪（20分）	

续表

评价方式	考核项目		评价项目	评价要求	评价分数
教师学业评价70%	课中	实操能力	实验操作（50分）	4. 能对检验结果进行记录和数据处理（10分）	
				5. 能正确进行气相色谱仪的维护（2分）	
				6. 能正确进行再解析（3分）	
				7. 结果记录真实，字迹工整，报告规范（5分）	
	课后	方法能力	任务拓展（5分）	完成发酵乳中甜蜜素检测的方案设计，或录制检测视频并上交	
总分					

注：如发生安全事故或故意毁坏仪器设备等情况，本次任务计为0分。

学习心得

拓展训练

- 完成发酵乳中甜蜜素检测的方案设计，绘制相关操作流程或录制检测视频。（提示：利用互联网、国家标准、微课等。）

巩固反馈

1. 气相色谱柱的老化温度要高于分析时最高柱温________℃，并低于________的最高使用温度，老化时，色谱柱要与________断开。
2. 可以用（　　）表示色谱柱的柱效率。
   A. 分配比　B. 有效塔板高度　C. 分配系数　D. 保留值
3. 气相色谱分析时，载气在最佳线速度下，柱效高，分离速度较慢。（　　）
   A. 正确　B. 错误
4. 与老师和同学进行交流讨论，总结饮料中甜蜜素检测的技术要点。

任务七　食用油中溶剂残留量的检测

学习目标

知识目标

1. 能根据检测流程说明顶空–气相色谱法检测溶剂残留的原理。
2. 能提炼顶空–气相色谱法检测食用油中溶剂残留的操作要点。
3. 能分析顶空进样中样品制备操作的作用。

技能目标

1. 能熟练进行样品的前处理操作。
2. 能够规范配制标准工作液及标准曲线的制作。
3. 能按照标准及仪器使用规程，使用顶空–气相色谱仪对样品中溶剂残留含量进行测定。
4. 能真实记录原始数据，对检测结果认真计算，仔细审核，客观公正评价食用油中溶剂残留含量是否符合标准。

素养目标

1. 在食用油中溶剂残留量检测的过程中，要严格按照食品安全标准和检验规范对食品进行检验，尊重科学，恪守职业道德。
2. 通过对顶空进样工作原理的解析，培养厚积薄发和踏实的工作作风。
3. 在实验操作过程中对原始数据实时客观的记录，培养公平公正、实事求是的职业态度。

任务描述

浸出法是选用能溶解油脂的有机溶剂进行化学萃取的一种制油工艺，有出油率高、生产成本低等优点。但如果添加的有机溶剂后期不能有效去除，不仅容易引发火灾，还会使消费者的健康受到威胁。作为食品检验人员，应在食品出厂前对其溶剂残留含量进行检测，以判定指标是否合格。此任务依据GB 5009.262—2016《食品安全国家标准　食品中溶剂残留量的测定》顶空–气相色谱法进行检测。如图1–22和图1–23所示，我们将按照以下环节完成学习任务。

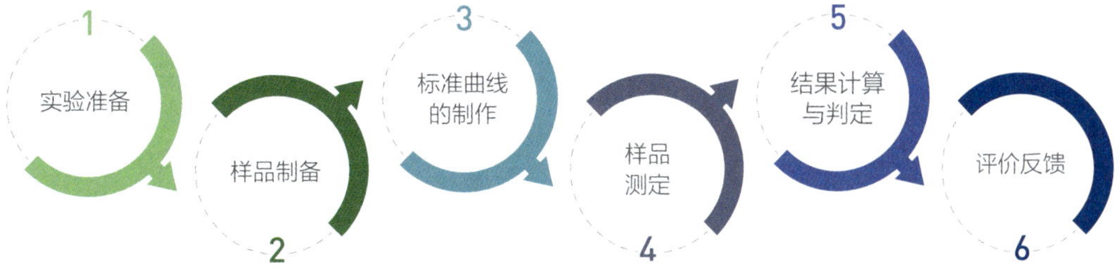

图1–22 “食用油中溶剂残留量的检测”实施环节

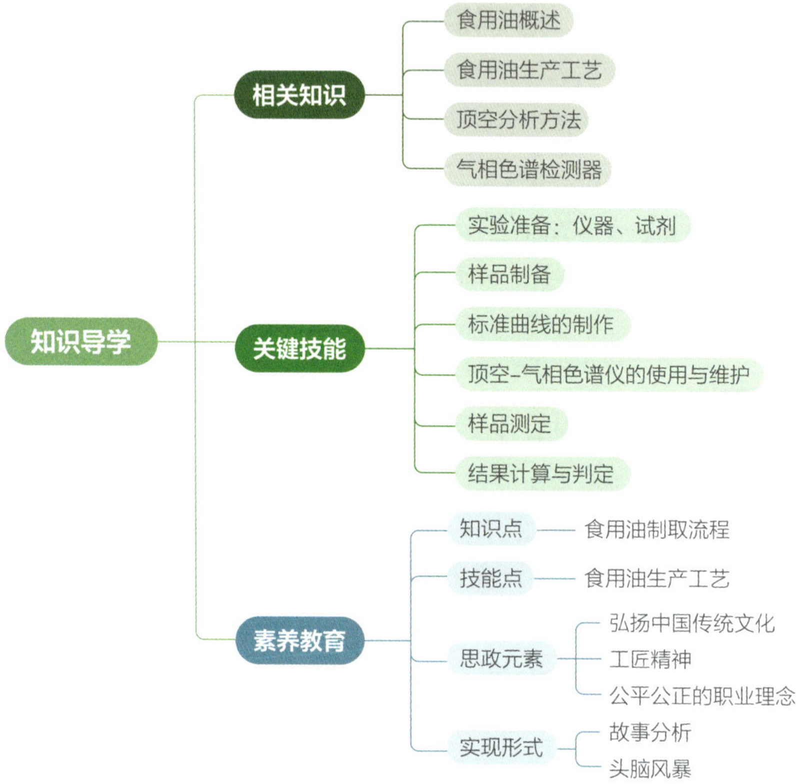

图1-23 “食用油中溶剂残留量的检测”知识思维导图

任务要求

1. 独立完成食品中溶剂残留量检测任务。
2. 学会判断食品中溶剂残留量是否符合标准。

知识链接

一、资源链接

通过网络资源获取GB 5009.262—2016《食品安全国家标准 食品中溶剂残留量的测定》、GB 16629—2008《植物油抽提溶剂》、GB 2716—2018《食品安全国家标准 植物油》、GB/T 12810—2021《实验室玻璃仪器 玻璃量器的容量校准和使用方法》、GB/T 602—2002《化学试剂 杂质测定用标准溶液的制备》、GB/T 603—2023《化学试剂 试验方法中所用制剂及制品的制备》、GB/T 8170—2008《数值修约规则与极限数值的表示和判定》等相关资料。

食用油中溶剂残留量的检测课件

二、相关知识

1. 食用油概述

食用油也称为“食油”，是指在制作食品过程中使用的动物或者植物油脂，常温下为液态。由于原料来源、加工工艺以及品质不同等，常见的食用油多为植物油脂，包括菜籽油、花生油、火麻油、玉米油、橄榄油、山茶油、棕榈油、葵花籽油、大豆油、芝麻油、亚麻籽油（胡麻油）、葡萄籽油、核桃油和牡丹籽油等。近年来，我国的食用油生产产量持续增加，加工工艺不断优化和改良。

思政园地

《卖油翁》的故事揭示了“熟能生巧”这一道理。做一件事，只要肯下功夫，勤学苦练，反复实践，就能取得成功。所有技能都能通过长期反复苦练而达至熟能生巧之境，也告诉我们“熟能生巧”“实践出真知”“人外有人”的道理。

2. 食用油生产工艺

食用植物油的制取一般有两种方式：压榨法和浸出法。食用油制取流程见图1-24。

压榨法采用物理压榨制油工艺，通过选料、焙炒、物理压榨生产而成，由于不涉及添加任何化学物质，榨出的油成分较为完整，但缺点是出油率低。浸出法是根据化工原理，利用油脂与所选定溶剂的互溶性质，用食用级溶剂将油脂原料通过充分浸泡后将油脂萃取溶解出来的方法，并用严格的工艺脱除油脂中的溶剂。与压榨法相比，浸出法制油粕中残油少，出油率高，加工成本低，油料资源得到了充分利用。

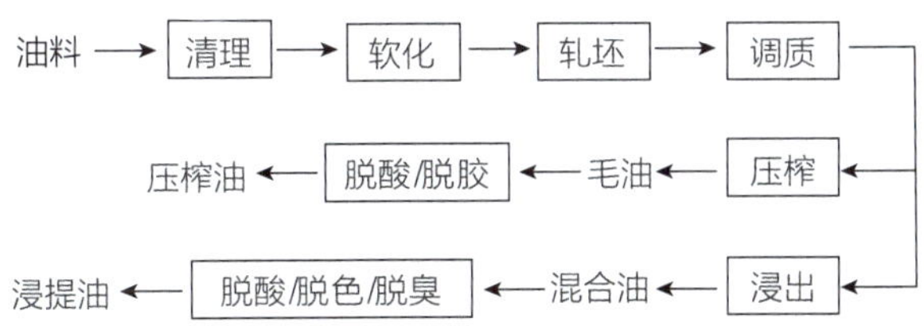

图1-24　食用油制取流程图

3. 顶空分析方法

顶空分析集样品制备和进样于一体，常与气相色谱仪联用称为顶空气相色谱法（Headspace Gas Chromatography，HS-GC）。顶空气相色谱法是根据气-液或气-固平衡原理测定挥发性成分在试样中的含量。

顶空进样器可被看作是GC分析的样品制备装置，与常规样品制备方法（如溶剂萃取、吸附解附等）不同的是，HS-GC法采用气体直接进样，无须有机溶剂提取，消除了样品基体的干扰，是痕量挥发性组分分析测定的优选方法之一，在医药卫生、石油化工、精细化工、食品酿造、食品包装材料、环境检测、法医鉴定等领域有广泛的应用。配有顶空进样器的气相色谱仪见图1-25。

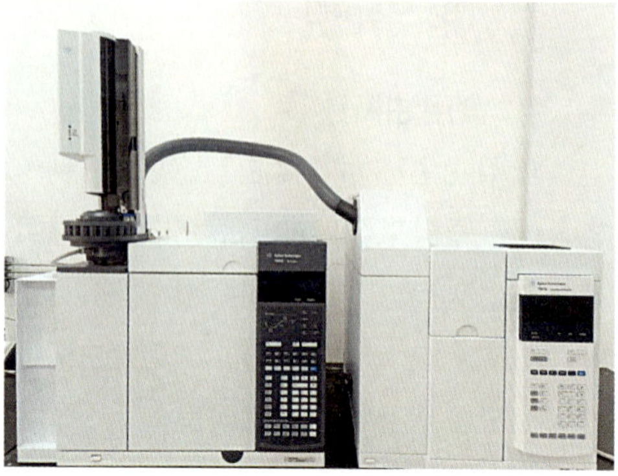

图1-25 配有顶空进样器的气相色谱仪图

（1）顶空分析法的分类 顶空分析法主要可分为三类：静态顶空分析法，动态顶空分析法（或称吹扫捕集）和顶空-固相微萃取法。

①静态顶空分析法：是顶空分析法发展中所出现的最早形态，它是在一定的温度条件下，样品中挥发性物质在气-液（或气-固）两相间分配，达到平衡时，取液（固）上蒸气相进行分析，其示意图见图1-26。

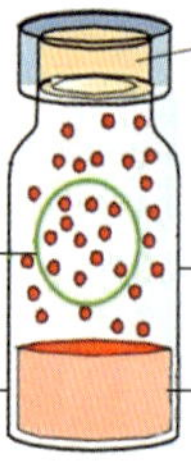

图1-26 静态顶空示意图

该法适用于分析沸点在200℃以下、高含量组分的测定。对于不易挥发的物质需先进行衍生化。对低含量组分分析时必须进行大体积的气体进样，否则容易使挥发性物质的色谱峰展宽进而影响色谱的分离效能。

②动态顶空分析法：是一种连续的顶空技术，该方法是利用气体将样品中挥发性物质吹扫出来，通过固体吸附柱或冷冻捕集等方法将吹扫出来的组分进行分离富集，然后用反吹法把吸附的化合物吹脱出来直接进入色谱仪进行分析。这种分析方法不仅适用于复杂基质中挥发性较高的组分，对较难挥发及浓度较低的组分也同样有效。动态顶空分析可以分为吸附剂捕集模式和冷阱捕集模式。

动态顶空进样技术是一种环保的样品前处理技术，无须有机萃取溶剂，吹脱气针头无须插入样品内部进行吹脱，有利于避免复杂样品对样品前处理仪器管路的污染，特别是会起泡的样品。此外，动态顶空分析是一种将样品基质中所有挥发性组分都完全使用提取的方法，这种方法较静态顶空和顶空-固相微萃取有更高的灵敏度。

③顶空-固相微萃取法：是将固相微萃取和顶空进样相结合的一种分析技术。顶空-固相微萃取的装置由手柄和萃取头组成，萃取头以涂渍在石英玻璃纤维（或其他材料纤维）的固定相（高分子涂层或吸附剂）作为吸附介质，对顶空中的有机挥发性物质进行选择性吸附和随后在GC进样口的热解吸脱附分析来完成分析。

顶空–固相微萃取分析中萃取头具有一定的预浓缩作用，分析的灵敏度高于静态顶空分析，在分析的精密度方面好于动态顶空分析，所以是近年来最常用的顶空分析方法。

（2）顶空分析系统中分析条件的优化　顶空–气相色谱分析系统由顶空气体采集器和气相色谱仪组成，总的分析结果很大程度上取决于是否能有效地采集到挥发性组分、如何将顶空气体转移到色谱仪中去以及采用何种气相色谱分离模式。为了能够得到良好的重现性和有效的色谱分离，必须对从样品的制备、顶空气体的转移，到色谱分析系统的分析中所有的相关参数进行考察。

①样品的制备。顶空分析中样品制备的主旨是尽量增加挥发性物质在顶空部分的浓度，同时尽量减小基质中其他物质对分析的干扰。顶空分析中经常需要加入基质改性剂。基质改性剂一般为稀释剂（如水）和盐溶液（或者是缓冲液）。

静态顶空分析中升温有利于挥发性物质的挥发，但是也同样使得样品中的副反应增加。样品中挥发性的物质达到分配平衡需要时间，选择合适样品的平衡时间有助于提高分析的重现性。对样品进行搅拌或对样品瓶振摇，将加速挥发性物质的挥发从而减少样品的平衡时间。

动态顶空分析中温度也是重要的考察对象。温度升高时挥发性组分的挥发性提高，相应地吹扫时间也可以减小。此外还有必要对吹扫时间和吹扫流量进行考察。对顶空–固相微萃取来说，温度的影响具有两面性。适当地升温使待分析的挥发性成分更多地分配在气相当中，然而在高温下挥发性组分在涂层上的分配系数降低。

②顶空气体的采集和传输。顶空分析气体的采集和传输系统由顶空瓶（包括瓶盖）和气体传输管路组成。应当保证整个体系的气密性。严格清洗顶空瓶，使用低流失的硅橡胶垫片（如有聚四氟乙烯涂层）。采用惰性材料作为顶空气体传输的管路（包括压力控制阀的管路），适当保持气体传输体系的温度以减小由于传输管路吸附和冷凝对顶空分析的不良影响，而且在分析不同的样品时最好样品间有空白样品来对这时的仪器条件进行考察。

③顶空–气相色谱联用分析中气相色谱分析条件的优化。顶空分析的关键问题就是如何尽量提高色谱柱的分离效能和减小由于气体进样量大时所引起的谱带展宽。在进行顶空采样气相毛细管色谱分析时，采用不分流进样模式的分析灵敏度会更高。一般采用低温柱头的方法对顶空采样所得的样品进行预浓缩，然后再采用程序升温的方法，这样可以获得良好的分离结果并可以进行更大体积的气态样品进样。

4. 气相色谱检测器

气相色谱检测器是把色谱柱后流出物质的信号转换为电信号的一种装置。

（1）气相色谱检测器的分类

①根据检测原理的不同进行分类：可分为浓度型检测器和质量型检测器。浓度型检测器测量的是载气中某组分浓度瞬间的变化，即检测器的响应值和组分的浓度成正比，如热导检

测器和电子捕获检测器。质量型检测器测量的是载气中某组分单位时间内进入检测器的含量变化，即检测器的响应值和单位时间内进入检测器某组分的量成正比，如火焰离子化检测器和火焰光度检测器等。

②根据信号记录方式不同进行分类：可分为微分型检测器和积分型检测器，常用的检测器大多都是微分型检测器。

③根据样品是否被破坏进行分类：可分为破坏性检测器和非破坏性检测器。破坏性检测器有氢火焰离子化检测器（FID）、氮磷检测器（NPD）、火焰光度检测器（FPD）等；非破坏性检测器有热导检测器（TCD）、光离子化检测器（PID）、电子捕获检测器（ECD）、红外光谱检测器（IRD）等。

④根据对被检测物质响应情况的不同进行分类：可分为通用型检测器和选择性检测器。常见的通用型检测器有TCD、FID、PID。TCD是使用最多的一种通用型浓度检测器，它具有结构简单、稳定、应用范围广，不破坏样品组分等优点；FID是通用型质量检测器，它具有灵敏度高、线性范围宽、响应快等特点；PID具有良好的性能，和常用的气相色谱检测器相比有灵敏度高、可分析的物质范围广泛、可通过改变光源辐射光谱判断同分异构体、线性范围宽等优点。常见的选择性检测器有FPD、ECD、NPD。FPD是一种对硫磷化合物有高选择性和高灵敏度的检测器，是气相色谱的主要检测器之一，主要应用于有机磷农药残留测定和大气中痕量硫化物的测定；ECD是使用最多的一种放射性离子化检测器，它对电负性物质有极高的灵敏度，对非电负性的物质则没有响应；NPD是碱盐离子化检测器之一，是由氢火焰离子化检测器发展而来，这种检测器只对含磷和氮化合物有很高的选择性和灵敏度，主要用于食品、药品、农药残留以及亚硝胺类等物质的分析。

（2）常见的气相色谱检测器

①热导检测器（TCD）：TCD是根据不同物质具有不同的导热系数，根据被测组分与载气混合后，混合物的导热系数与纯载气通过时的导热系数之间的差异进行检测，其结构图见图1-27。通常选择导热系数大的氢气或者氦气作为载气。在分析测试在中，热导检测器不仅用于分析有机污染物，而且用于分析一些用其他检测器无法检测的无机气体，如氢气、氧气、氮气、一氧化碳、二氧化碳等。

②氢火焰离子化检测器（FID）：以氢气和空气燃烧生成的火焰为能源，当有机化合物进入以氢气和氧气燃烧的火焰，在高温下产生化学电离，电离产生比基流高几个数量级的离子，在高压电场的定向作用下，形成离子流，微弱的离子流经过高阻放大，成为与进入火焰的有机化合物的量成正比的电信号，因此可以根据信号的大小对有机物进行定量分析。其主要特点是对几乎所有挥发性的有机化合物均有响应，其结构图如图1-28所示。

③电子捕获检测器（ECD）：是放射性离子化检测器的一种，它是利用放射性同位素，在衰变过程中放射的具有一定能量的β-粒子作为电离源，当只有纯载气分子通过离子源

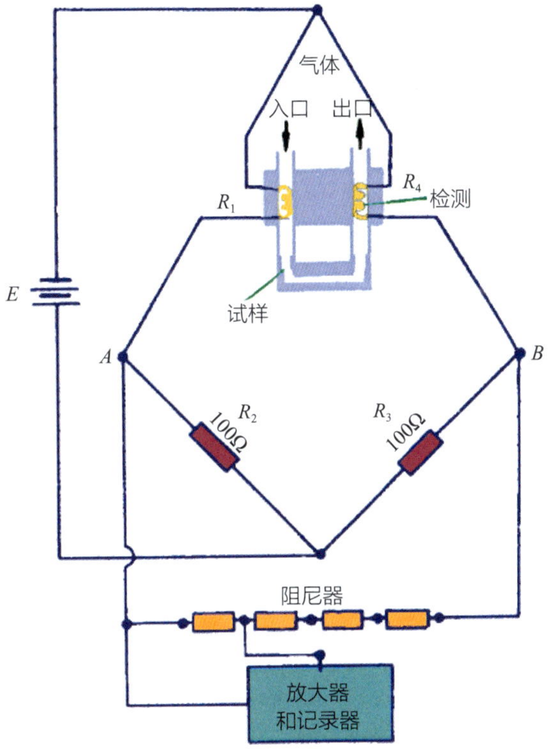

图1-27　热导检测器结构图

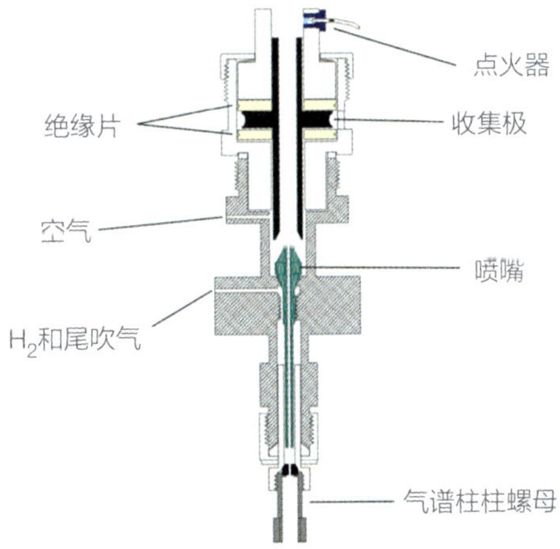

图1-28　氢火焰离子化检测器结构图

时，在β-粒子的轰击下，电离成正离子和自由电子，在所施电场的作用下离子和电子都将做定向移动，因为电子移动的速度比正离子快得多，所以正离子和电子的复合机率很小，只要条件一定就形成了一定的离子流（基流），当载气带有微量的电负性组分进入离子室时，亲电子的组分，大量捕获电子形成负离子或带电负分子。因为负离子（分子）的移动速度和正离子差不多，正负离子的复合概率比正离子和电子的复合概率高10^5～10^8倍，因而基流明显下降，这样就仪器就输出了一个负极性的电信号。它只对具有电负性的物质，如含卤素、硫、磷、氮的物质有信号，物质的电负性越强，检测器的灵敏度越高，而对电中性（无电负性）的物质，如烷烃等则无信号。

④火焰光度检测器（FPD）：FPD是检测有机磷农药和含硫污染物的主要工具。试样在富氢火焰燃烧时，含磷有机化合物主要是以HPO碎片的形式发射出波长为526nm的光，含硫化合物则以S_2分子的形式发射出波长为394nm的特征光，光电倍增管将光信号转换成电信号。

⑤氮磷检测器（NPD）：它具有与FID相似的结构，只是将一种涂有碱金属盐如Na_2SiO_3和Rb_2SiO_3类化合物的陶瓷珠，放置在燃烧的氢火焰和收集极之间，当试样蒸气和氢气流通过碱金属盐表面时，含氮、磷的化合物便会从被还原的碱金属蒸气上获得电子，失去电子的碱金属形成盐再沉积到陶瓷珠的表面上。适用于分析氮，磷化合物的高灵敏度、高选择性检测器。

几种常用气相色谱检测器的主要性能比较，见表1-4，几种常用气相色谱检测器的灵敏度比较见图1-29。

表1-4　常见气相色谱检测器的主要性能

类型	检测限/（g/mL）	线性范围	灵敏度范围	适用范围
TCD	10^{-6}～10^{-5}	10^3～10^4	5～100ng	除载气外的其他所有物质
FID	10^{-12}	10^5～10^7	10～100pg	可燃有机物
ECD	10^{-14}	10^2～10^3	0.05～1pg	电负性化合物
FPD	10^{-13}	10^2～10^3	有机硫化物：2～20pg 有机磷化物：0.1～10pg	有机硫化物 有机磷化物

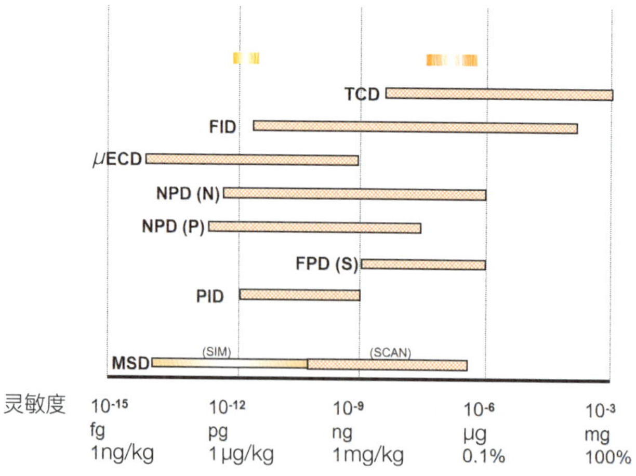

图1-29　常用气相色谱检测器灵敏度比较图

三、问题探究

1. 压榨工艺中没有使用有机溶剂，为何有时还会出现溶剂残留？

压榨法制取食用油的工艺方法不会掺有有机溶剂，但是在实际检测中仍会有溶剂残留量检测值超标现象。是因为：其一，生产过程中干燥环节等温度偏高会造成压榨食用植物油中的烷烃类物质的产生，这些烷烃类物质虽不是六号溶剂，但若其组成与六号溶剂某些组分相同，也属于溶剂残留范围，对人体健康同样会造成危害，当其含量足够大时也会达到溶剂残留检出；其二，不同品种、不同生产工艺下的食用植物油，含有一定的低沸点风味物质，压榨法制油所含的风味成分往往较多。

2. 浸出法制油没有压榨法制油好，您赞同这种观点吗？

从科学角度看，压榨法源于传统作坊的制油方法，采用机械方式榨油；浸出法则是用国际上公认和通用的食品级溶剂从油料中抽提出油脂，属于萃取原理，是目前国际上公认的先进生产工艺。人们的错误观点通常会将浸出法工艺中的“植物油抽提溶剂”即“抽提溶剂”与普通汽油类比，事实上，浸出工艺采用的是国家专为油料加工安排生产的专用烃类溶剂，主要成分为正己烷，属于食品级溶剂。更为重要的是，无论是压榨法还是浸出法制取的油脂，都属于不能食用的“毛油”，“毛油”还要经过脱胶、脱酸、脱色、脱臭等精炼工艺，达到国家标准后，才能成为可食用的成品油。总之，浸出工艺和压榨工艺并无优劣之分。

3. 为什么在实验操作过程中基体植物油和样品不能接触顶空瓶密封垫？

顶空瓶橡胶塞对六号溶剂有吸附作用，有的在不同温度下还会产生干扰目标峰的有机分子，为防止隔垫对样品组分的吸附，现在多用不含烃类溶剂残留的丁基橡胶或硅树脂胶隔垫和铝盖的气化瓶。并且在实验操作转动过程中基体植物油和样品不能接触到密封垫，如有接触，需重新配制。

四、预习与讨论

1. 阅读学习相关资源，归纳食品中溶剂残留含量检测的相关知识。
2. 绘制操作流程小报并初拟实验方案。
3. 完成老师发布的预习小测验等相关预习任务，手机扫码完成课前测试。

食用油中溶剂残留量检测课前测试

任务实施

> **提示**
> 在整个任务实施过程中遵守实验室用水、用电安全操作指南及实验室各项规章制度和玻璃器皿的安全使用规范。

一、实验准备

1. 仪器和设备

配图	仪器与设备	说明
	气相色谱仪	配氢火焰离子化检测器
	顶空瓶：20mL	配备铝盖和不含烃类溶剂残留的丁基橡胶或硅树脂胶隔垫
	分析天平：感量为0.1mg和1mg	称量完毕后，及时取出被称物品，并保持天平清洁
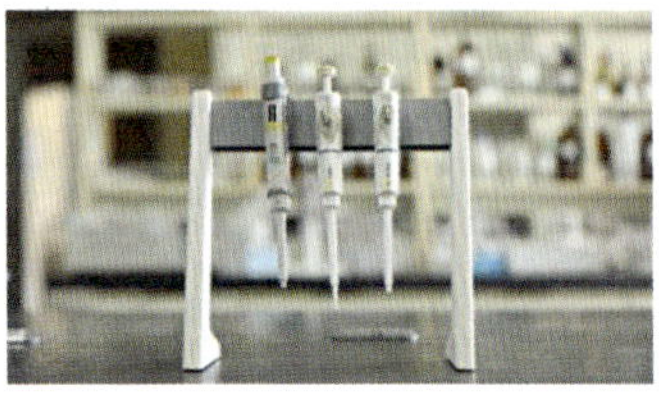	微量注射器	容积分别为10μL，25μL，50μL，100μL，250μL，500μL

2. 检测样品

配图	样品	说明
	市售食用油	—

二、实施操作

1. 试剂及配制

本实验所用试剂主要有：正庚烷标准工作溶液、六号溶剂标准品、基体植物油，水为一级水。

注意：本着节约环保的原则，计算实验试剂用量后，进行溶液配制。

试剂名称	配制方法	操作说明
溶剂残留标准溶液   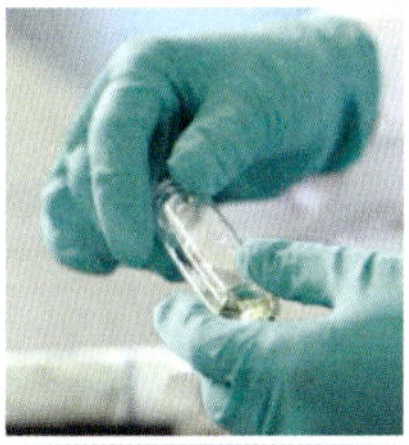 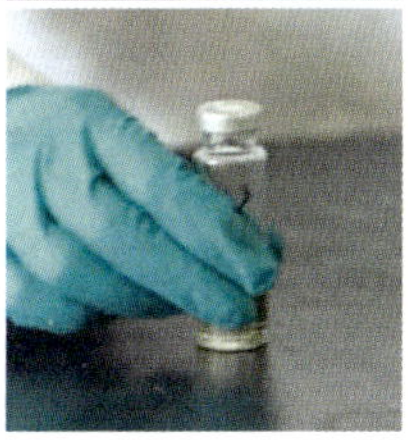	称量5.0g（精确到0.01g）基体植物油6份于20mL顶空进样瓶中。向每份基体植物油中迅速加入5μL正庚烷标准工作液作为内标（即内标含量68mg/kg），用手轻微摇匀后，再用微量注射器迅速加入0μL，5μL，10μL，25μL，50μL，100μL的六号溶剂标准品，密封后，得到浓度分别为0mg/kg，10mg/kg，20mg/kg，50mg/kg，100mg/kg，200mg/kg的基体植物油标准溶液	保持顶空进样瓶直立，并在水平桌面上做快速的圆周转动，使物质充分混合。转动过程中基体植物油不能接触到密封垫，如果有接触，需重新配制

2. 试样制备

配图	操作步骤	操作说明
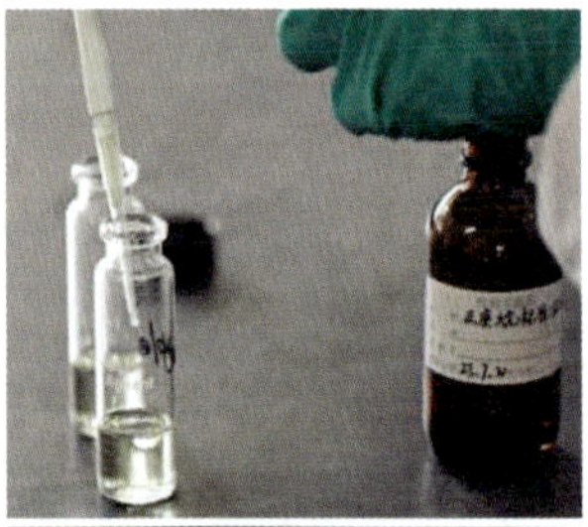 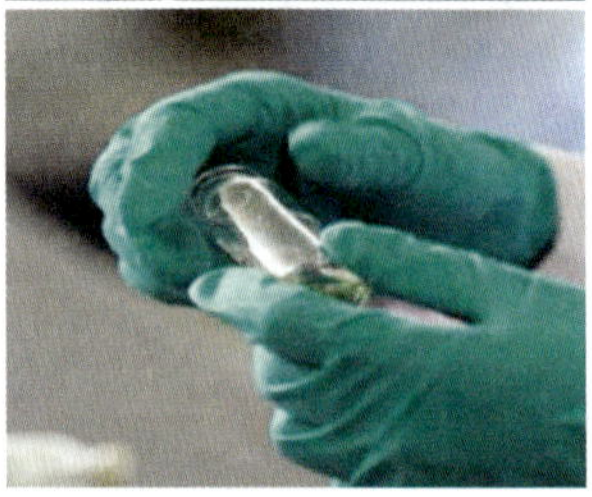	称取植物油样品5g（精确至0.01g）于20mL顶空进样瓶中；向植物油样品中迅速加入5μL正庚烷标准工作液作为内标，用手轻微摇匀后密封。保持顶空进样瓶直立，待分析	制备过程中植物油样品不能接触到密封垫，如果有接触，需重新制备

3. 标准曲线的制作

配图	操作步骤	操作说明
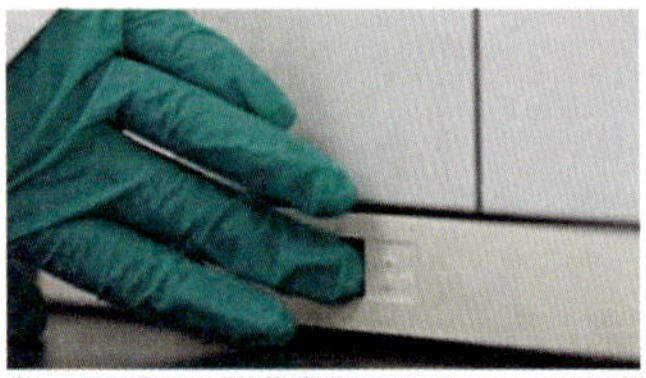 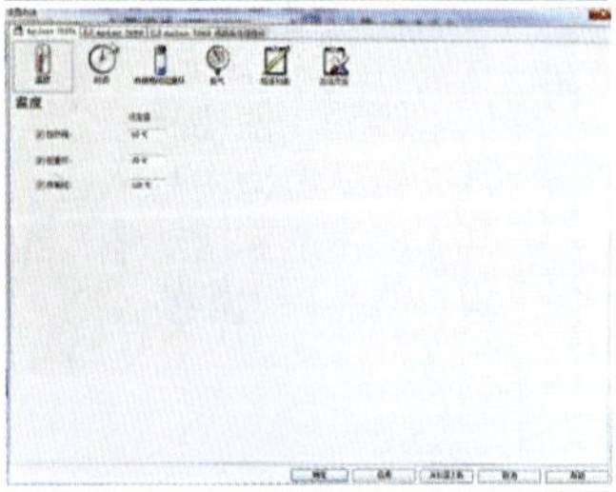 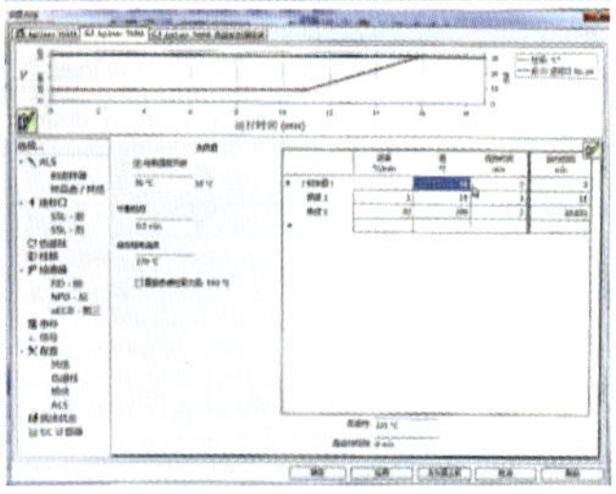	开机，按照国家标准要求设置参数。 ①顶空进样参考条件 平衡时间：30min。 平衡温度：60℃。 平衡时振荡器转速：250r/min。 进样体积：500μL。 ②气相色谱参考条件 色谱柱：含5%苯基的甲基聚硅氧烷的毛细管柱，柱长30m；内径0.25mm；膜厚0.25μm；或相当者。 柱温度程序：50℃保持3min，1℃/min升温至55℃保持3min，30℃/min升温至200℃保持3min。 进样口温度：250℃。 检测器温度：300℃。 进样模式：分流模式，分流比100：1。 载气氮气流速：1mL/min。 氢气流速：25mL/min。 空气流速：300mL/min	—

配图	操作步骤	操作说明
 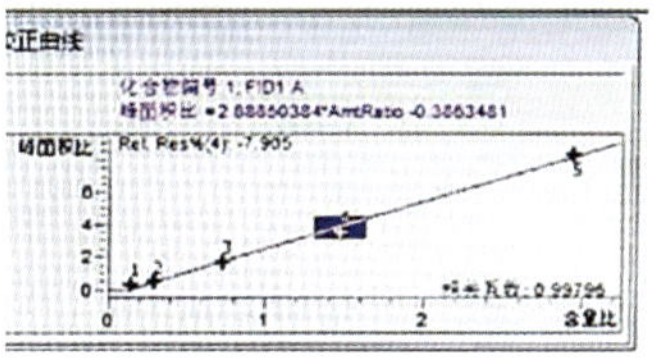	将溶剂残留标准工作液分别注入气相色谱仪中，以标准溶液与内标物浓度比为横坐标，标准溶液总峰面积与内标物峰面积比为纵坐标绘制标准曲线。采用内标法定量	进样针内气泡应排干净

4. 样品测定

配图	操作步骤	操作说明
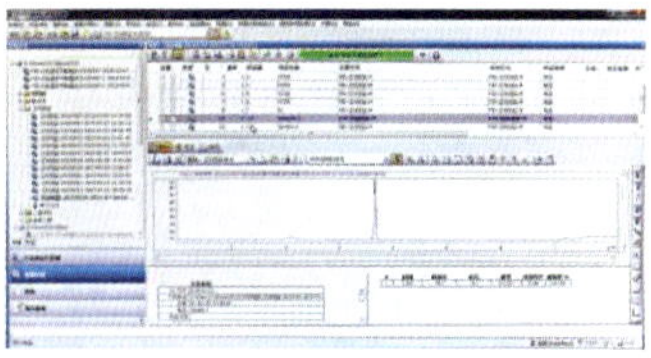	将测定溶液注入气相色谱仪中，以保留时间定性，同时记录峰面积	进样针内气泡应排干净
	根据标准曲线得到测定溶液中的溶剂残留浓度	—

5. 数据记录及处理

“食用油中溶剂残留量的检测”检测记录表

检验样品		检测方法	
仪器名称		检测项目	
仪器编号		检测依据	
	进样方式		
	进样口温度		
气相色谱条件	升温程序		
	检测器温度		
	进样量		
	平衡时间		
顶空进样条件	平衡温度		
	振荡器转速		

续表

绘制标准曲线						
标准溶液与内标物浓度比						
标准溶液与内标物峰面积比						
标准物质线性回归方程			R^2值			

样品测定			
	样Ⅰ	样Ⅱ	样Ⅲ
样品质量/g			
样品与内标物峰面积比			
由标准曲线得到的试样中溶剂残留的含量/（mg/kg）			
试样中溶剂残留的含量/（mg/kg）			
试样中溶剂残留平均含量/（mg/kg）			
精密度/%			
检验结果			

试样中溶剂残留的含量按下式计算：

$$X=\rho$$

式中　X——试样中溶剂残留的含量，mg/kg；

　　　ρ——由标准曲线得到的试样中溶剂残留的含量，mg/kg。

说明：检测结果保留三位有效数字。精密度按照GB/T 6379.2—2004《测量方法与结果的准确度（正确度与精密度）第2部分：确定标准测量方法重复性与再现性的基本方法》规定确定，获得重复性和再现性的值以95%的可信度来计算。

检验人员		复核人员	

评价反馈

“食用油中溶剂残留量的检测”考核评价表

评价方式	考核项目	评价项目	评价要求	评价分数
自我评价10%	实验准备	1. 能正确计算试剂使用量	正确计算试剂（2分）	
		2. 能与小组其他成员协作正确配制实验试剂	正确配制试剂（2分）	
	学习成果	课程目标完成情况	能基本完成课程目标（6分）	

续表

评价方式	考核项目		评价项目		评价要求	评价分数
学生互评20%	检测原理		能用检测原理解释试验结果		口述检测原理（3分）	
	操作技能		1. 能按照操作规范进行溶剂残留含量的检测	仪器准备	操作正确（1分）	
				试剂准备	操作正确（2分）	
				样品制备	操作正确（1分）	
				标准工作液配制	操作正确（1分）	
				检测器的选择	操作正确（1分）	
				参数条件设置	操作正确（1分）	
				进样操作	操作正确（1分）	
				制作标准曲线	操作正确（2分）	
				试样溶液的测定	操作正确（1分）	
				空白溶液的测定	操作正确（2分）	
			2. 能对检验数据进行记录、处理，对结果进行判断		记录原始数据（1分）	
					书写计算过程（1分）	
					结果保留三位有效数字（1分）	
					能判断试样是否合格（1分）	
教师学业评价70%	课前	方法能力	课前学习（5分）	课前能独立通过网络学习资源库获取食品中溶剂残留的检测方法，并归纳检测要点		
	课中	知识素质	相关知识（10分）	1. 能写出本次实验检测依据及方法（2分）		
				2. 能写出食品中溶剂残留的检测原理（2分）		
				3. 能说出样品处理的操作顺序（2分）		
				4. 能写出气相色谱仪的检测操作（2分）		
				5. 能写出操作过程中的思考题（2分）		
		实操能力	实验操作（50分）	1. 能写出工作流程（5分）		
				2. 能完成食品中溶剂残留的检测流程图（5分）		

续表

评价方式	考核项目		评价项目		评价要求	评价分数
教师学业评价70%	课中	实操能力	实验操作（50分）	3. 能按照操作规范进行食用油中溶剂残留的检测（20分）	实验相关器材准备（2分）	
					实验试剂配制（2分）	
					样品处理（2分）	
					标准溶液的制备（4分）	
					气相色谱仪的操作（4分）	
					试样进样测定（4分）	
					空白溶液测定（2分）	
				4. 能对检验结果进行记录（10分）	记录原始数据（5分）	
					书写计算过程（5分）	
				5. 能正确判断试样是否合格（5分）		
				6. 结果记录真实，字迹工整，报告规范（5分）		
	课后	方法能力	任务拓展（5分）	完成粕中溶剂残留量检测的方案设计，或录制检测视频并上交		
总分						

学习心得

拓展训练

- 完成粕中溶剂残留量检测的方案设计，绘制相关操作流程或录制检测视频。（提示：利用互联网、国家标准、微课等。）

巩固反馈

1. 食用油中的溶剂残留主要有（　　）。
   A. 2–甲基戊烷　　B. 3–甲基戊烷
   C. 正己烷　　D. 甲基环戊烷
2. 标准溶液配制过程中添加基体植物油的目的是（　　）。
   A. 使被测组分从复杂的样品中分离出来，制成便于测定的溶液
   B. 除去对于测定有干扰的基体
   C. 进行浓缩富集
   D. 选择不含有残留溶剂的植物油，统一样品与标准曲线的制备条件，同时消除基质效应
3. 实际检测过程中可以选择（　　）作为基体植物油。
   A. 精制植物油　　B. 超声脱气植物油
   C. 压榨植物油　　D. 低温烘烤过的植物油
4. 溶剂残留量的检测采取的进样方式为（　　）。
   A. 固体直接进样　　B. 溶液进样
   C. 顶空进样　　D. 阀进样
5. 含油量比较低的物质一般用（　　）制油。
   A. 压榨法　　B. 浸出法

模块二

食品非法添加物的检测

任务一　乳制品中三聚氰胺的检测

学习目标

知识目标

1. 能根据检测流程演绎高效液相色谱法检测三聚氰胺的原理。
2. 能提炼高效液相色谱法检测乳制品中三聚氰胺的操作要点。
3. 能解释乳制品中加入三聚氰胺的目的。

技能目标

1. 能熟练进行样品的前处理操作。
2. 能够规范配制三聚氰胺标准工作液，并制作标准曲线。
3. 能按照标准及仪器使用规程，使用液相色谱仪对样品中三聚氰胺含量进行测定。
4. 能真实记录原始数据，对检测结果认真计算，仔细审核，客观公正评价乳制品中三聚氰胺的含量是否符合标准。

素养目标

1. 在乳制品中三聚氰胺检测的过程中，要严格按照食品安全标准和检验规范对食品进行检验，尊重科学，恪守职业道德。
2. 在实验操作过程中对原始数据实时客观地记录，培养公平公正、实事求是的职业态度。树立诚信意识和安全意识，守住舌尖上的安全。

任务描述

2008年9月，中国爆发三鹿幼儿配方乳粉事件，食用非法添加乳粉的婴幼儿患肾结石，原因是乳粉中含有三聚氰胺。国家质量监督检验检疫总局对其余109家乳品企业的491批次产品进行了排查，有22家婴幼儿乳粉生产企业的69批次产品含有不同量的三聚氰胺，引起了人们的普遍关注。此任务依据GB/T 22388—2008《原料乳与乳制品中三聚氰胺检测方法》中规定的高效液相色谱法，测定原料乳中是否存在三聚氰胺。如图2-1和图2-2所示，我们将按照以下环节完成学习任务。

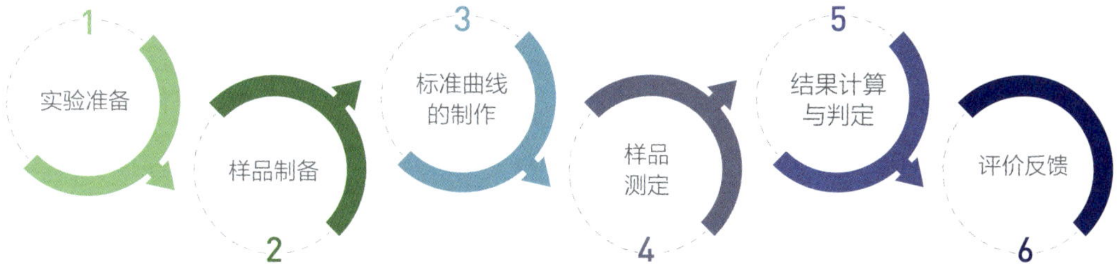

图2-1 “乳制品中三聚氰胺的检测”实施环节

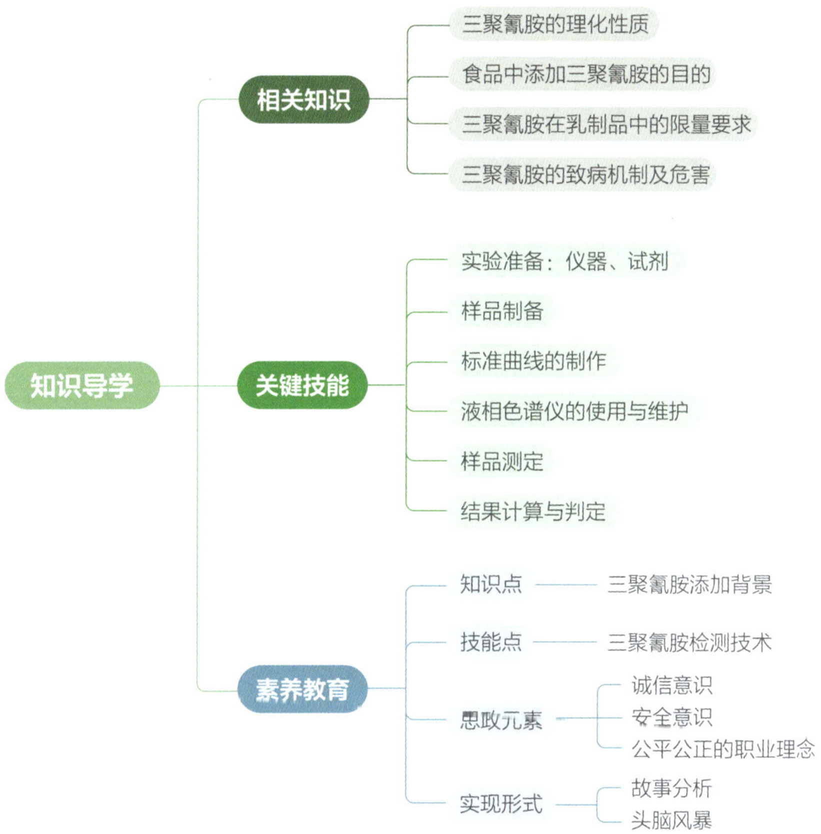

图2-2 “乳制品中三聚氰胺的检测”知识思维导图

任务要求

1. 独立完成乳制品中三聚氰胺的检测任务。
2. 学会回收率的计算和判定。

知识链接

一、资源链接

通过网络资源获取GB/T 22388—2008《原料乳与乳制品中三聚氰胺检测方法》及GB/T 12810—2021《实验室玻璃仪器　玻璃量器的容量校准和使用方法》、GB/T 602—2002《化学试剂　杂质测定用标准溶液的制备》、GB/T 603—2023《化学试剂　试验方法中所用制剂及制品的制备》、GB/T 8170—2008《数值修约规则与极限数值的表示和判定》。

乳制品中三聚氰胺的检测课件

乳制品中三聚氰胺的检测微课

二、相关知识

1. 三聚氰胺的理化性质

三聚氰胺是一种三嗪类含氮杂环有机化合物，分子式为$C_3H_6N_6$，相对分子质量126.12，化学结构式如图2-3所示。英文名称为Melamine，化学名称为2,4,6-三氨基-1,3,5-三嗪，俗称三聚酰胺。三聚氰胺是一种纯白色单斜棱晶体，可溶于热水、甲醇、甲醛等，微溶于冷水，极微溶于热乙醇，不溶于醚、苯和四氯化碳等。三聚氰胺呈弱碱性，遇强酸或强碱水溶液水解；受热升华或燃烧时，分解生成含氢化氰、氮氧化物和氨等有毒和刺激性烟。三聚氰胺是重要的氮杂环有机化工原料，是主要用于制造三聚氰胺-甲醛树脂（密胺塑料）的原料。该树脂被用于制造日用器皿、装饰贴面板、织物整理剂等。三聚氰胺还可以与乙醚配合作纸张处理剂，在一些涂料中作交联剂以及阻燃化学处理剂等。

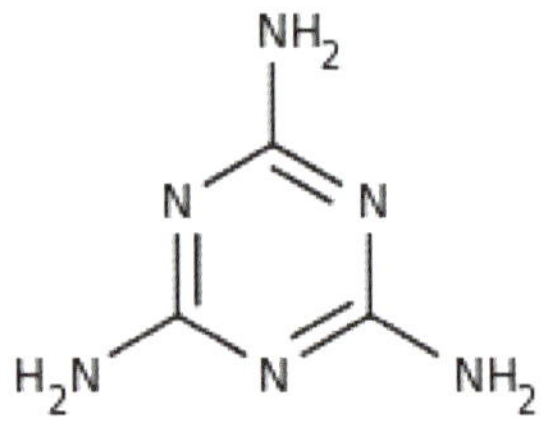

图2-3　三聚氰胺化学结构式

2. 食品中添加三聚氰胺的目的

添加三聚氰胺会造成蛋白质含量高的假象，蛋白质含量是通过测出含氮量来估算的，而三聚氰胺含氮量为66%。添加三聚氰胺增加了乳制品中的氮含量，从而使计算出的蛋白质含量达标。三聚氰胺是一种白色结晶粉末，无特殊气味，掺杂后不易被发现。

3. 三聚氰胺在乳制品中的限量要求

三聚氰胺是一种非食用化工原料，按照国家规定严禁将其添加到食品和饲料中，原未设定残留标准限制。三鹿问题乳粉事件后，相关部门联合发布公告，制定三聚氰胺在乳与乳制品中的临时管理值。

（1）婴幼儿配方乳粉中三聚氰胺的限量值为1mg/kg，高于1mg/kg的产品一律不得销售。

（2）液态乳（包括原料乳）乳粉、其他配方乳粉中三聚氰胺的限量值为2.5mg/kg，高于2.5mg/kg的产品一律不得销售。

（3）含乳15%以上的其他食品中三聚氰胺的限量值为2.5mg/kg，高于2.5mg/kg的产品一律不得销售。

思政园地

2008年的“三聚氰胺”事件，不仅对食用该乳粉的婴幼儿身体造成不同程度伤害，也致使中国乳业遭遇严重的信任危机。因此我们作为食品检测的相关专业技术人员要时刻树立食品安全意识，守住百姓舌尖上的安全。

4. 三聚氰胺的致病机制及危害

三聚氰胺在人体内呈弱碱性，与体内的代谢产物尿酸结合形成尿酸胺，当尿液浓缩或尿液偏酸时，尿酸胺可析出成为小结晶或结石，长期摄入三聚氰胺会造成生殖、泌尿系统的损害，膀胱、肾部结石，并可进一步诱发膀胱癌。婴儿由于饮水量不足及肾功能不及成人，对三聚氰胺的敏感性明显高于成人。

三聚氰胺急性与蓄积性毒性试验研究表明：三聚氰胺属于有毒化学物质。小鼠染毒14h后出现明显的临床症状，主要表现为精神萎靡、食欲不振、静卧、呼吸困难、抽搐，而且染毒剂量越高，症状出现越早，程度越严重，且对肝、脾、肾组织的毒性作用最大。

三、问题探究

1. 三聚氰胺的检测中加入三氯乙酸的目的是什么？

（1）沉淀蛋白。

（2）将三聚氰胺转化为阳离子。

2. 三聚氰胺是一种非法添加物，那么在食品加工或包装过程中一定要杜绝这种物质吗？

我们通常使用的密胺餐具也叫三聚氰胺餐具，它是由三聚氰胺和甲醛组合制成。三聚氰胺餐具通常被认为是安全的，因为三聚氰胺不会迁移到大多数食品中。但是，在制造过程中，少量的三聚氰胺化合物残留物可能残留在餐具中，并且在某些条件下可以缓慢迁移到与餐具接触的食物中。在安全使用环境下，从餐具中迁移到食物中的三聚氰胺含量非常低，因此不会对健康造成危害。

四、预习与讨论

1. 阅读学习相关资源，归纳乳制品中三聚氰胺含量检测的相关知识。
2. 绘制操作流程小报并初拟实验方案。
3. 完成老师发布的预习小测验等相关预习任务，手机扫码完成课前测试。

乳制品中三聚氰胺的检测课前测试

任务实施

提示

在整个任务实施过程中遵守实验室用水、用电安全操作指南及实验室各项规章制度和玻璃器皿的安全使用规范。

一、实验准备

1. 仪器和设备

配图	仪器与设备	说明
	高效液相色谱仪	配紫外检测器
	分析天平：感量为0.1mg和1mg	称量完毕后，及时取出被称物品，并保持天平清洁
	离心机	离心管必须和转头相配，不得替代；离心前样品必须配平
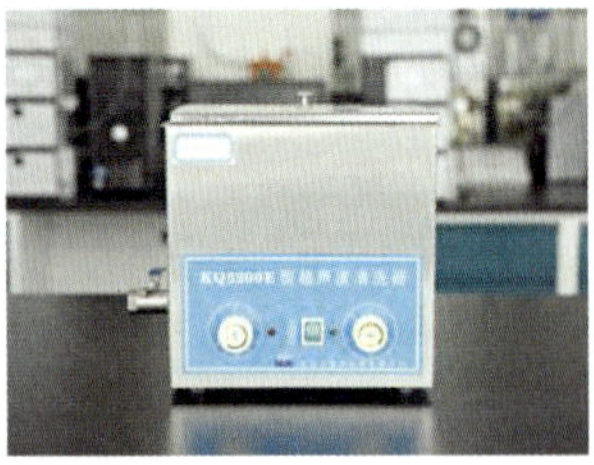	超声波清洗器	清洗器应放置在清洁、干燥以及无强腐蚀气体和环境中使用，并避免剧烈震动；使用蒸馏水

配图	仪器与设备	说明
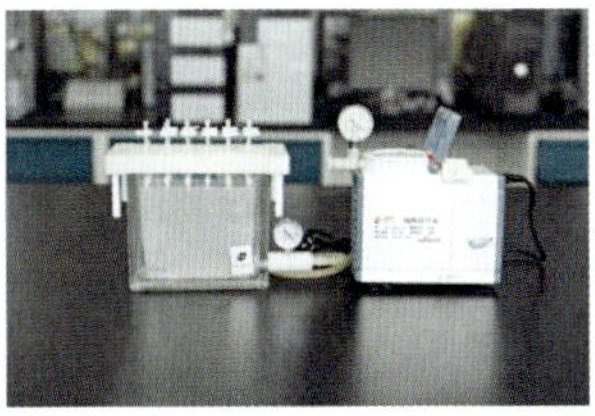	固相萃取装置	（1）向该装置提供的真空压力不应大于0.1MPa。 （2）固相萃取柱与接头应安装配合好，当发现系统总是达不到设定压力时，请检查各接头是否拧紧，气压盖密封垫是否平整
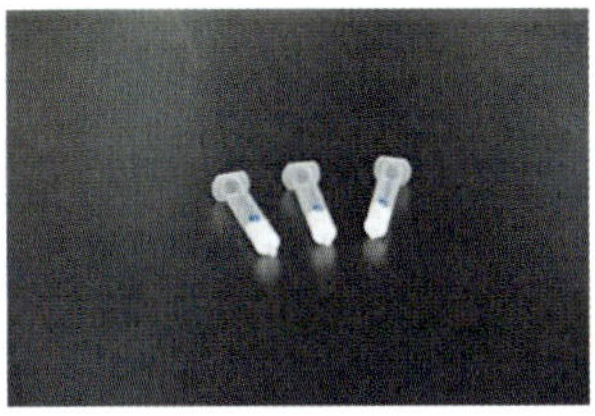	阳离子交换固相萃取柱	—
	氮气吹干仪	（1）氮吹仪应当在通风橱中使用，以保证通风良好。 （2）开始通入氮气时，应缓慢开启阀门，使其压力不超过压力表量程，防止样品溅起，造成损失和污染，也防止损坏压力表。 （3）为防止交叉污染，氮吹仪每次使用后，应及时清洗气针管
	涡旋振荡器	使用时注意工作台面平稳，转速由小变大
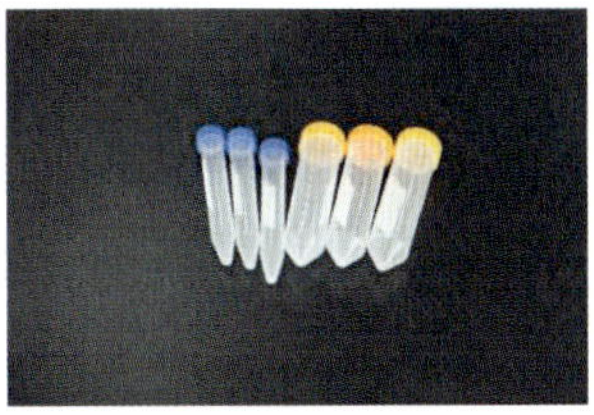	具塞塑料离心管	—
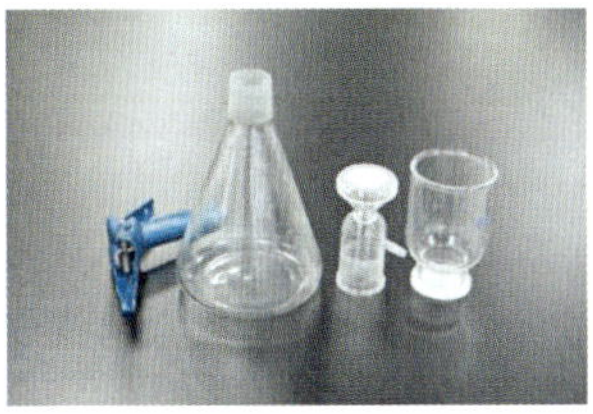	抽滤装置	—

配图	仪器与设备	说明
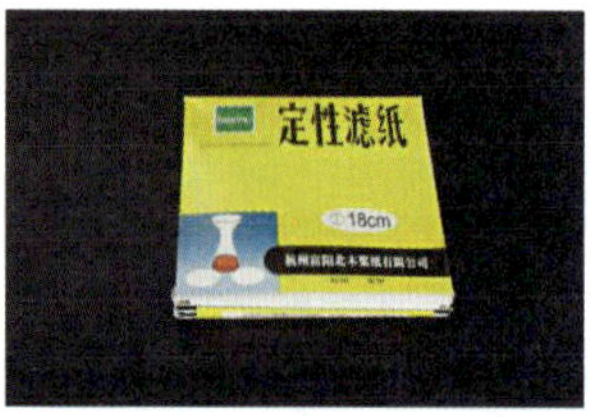	定性滤纸	—
	微孔滤膜	—
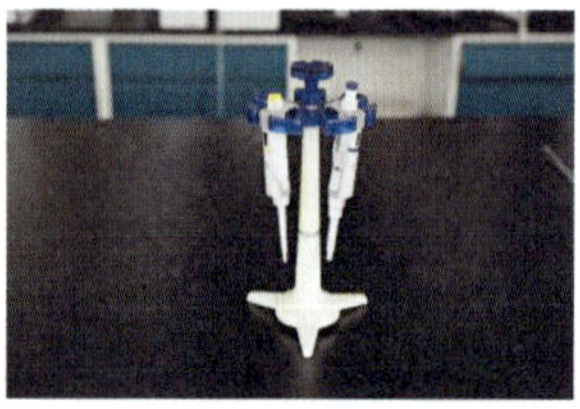	移液器	—
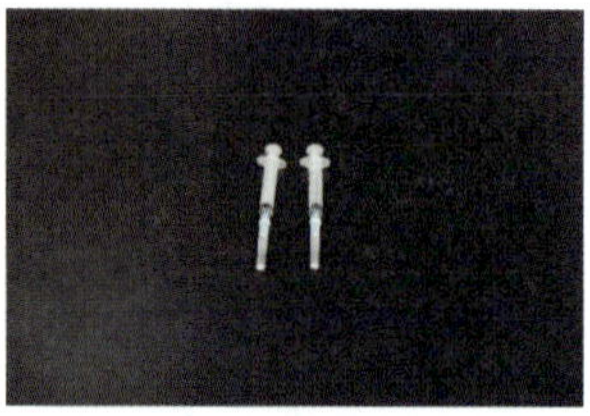	注射器	—
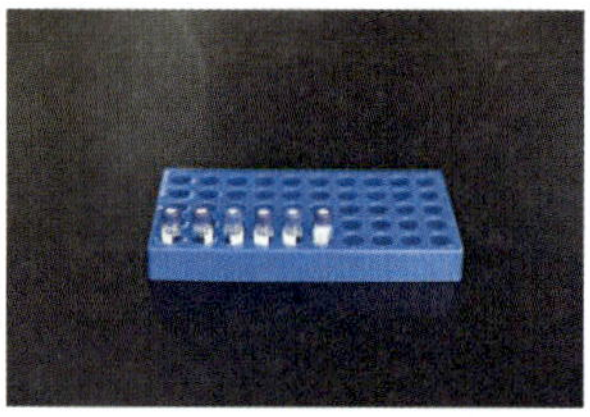	样品瓶	—
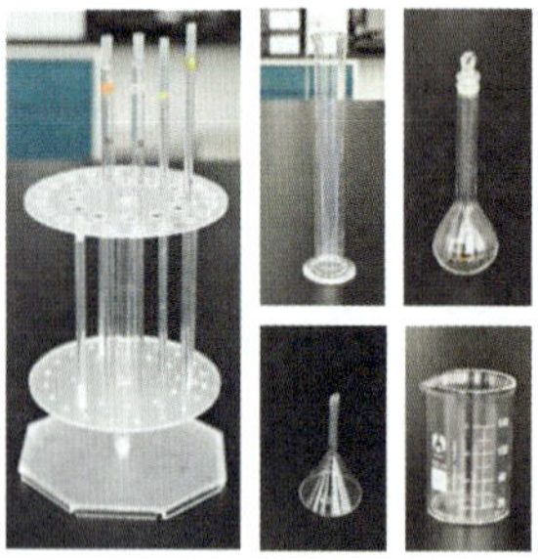	其他（量筒、漏斗、容量瓶、烧杯、吸量管等）	—

2. 样品

配图	样品	说明
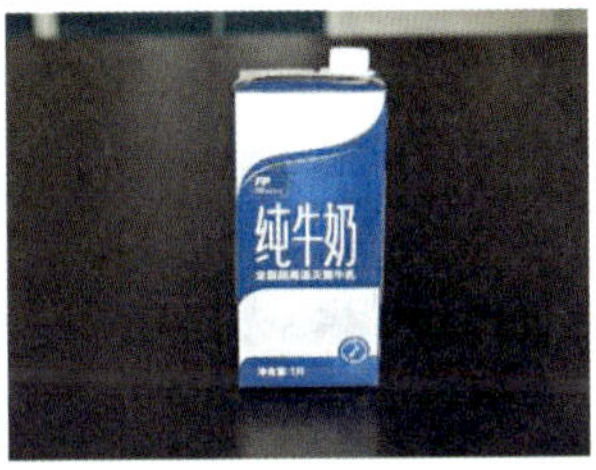	市售牛乳	—

二、实施操作

1. 试剂及配制

本实验所用试剂主要有：甲醇、氨水、柠檬酸、辛烷磺酸钠、三氯乙酸、乙腈、三聚氰胺标准品，甲醇、乙腈为色谱纯，水为一级水。

注意：本着节约环保的原则，计算本次实验试剂用量后，进行溶液配制。

试剂名称	配制方法	操作说明
甲醇水溶液	准确量取50mL甲醇和50mL水，混匀后备用	—
三氯乙酸溶液（10g/L）	准确称取10g三氯乙酸于1L容量瓶中，用水溶解并定容至刻度，混匀后备用	在通风橱中操作，佩戴手套和口罩
氨化甲醇溶液（5%）	准确量取5mL氨水和95mL甲醇，混匀后备用	在通风橱中操作
离子对试剂缓冲液	准确称取2.10g柠檬酸和2.16g辛烷磺酸钠，加入约900mL水溶解，调节pH至3.0后，定容至1L备用	—
三聚氰胺标准储备液（1mg/mL）	准确称取100mg（精确到0.1mg）三聚氰胺标准品于100mL容量中，用甲醇水溶液溶解并定容至刻度，配制成浓度为1mg/mL的标准储备液，于4℃避光保存	注意 4℃避光保存
三聚氰胺标准工作液	取1mg/mL的三聚氰胺标准储备液0.08mL，0.2mL，2mL，4mL，8mL于100mL容量瓶中，用流动相定容制刻度，配制成浓度分别为0.8μg/mL，2μg/mL，20μg/mL，40μg/mL，80μg/mL的标准工作液	—

2. 试样制备

配图	操作步骤	操作说明
	称取2.00g原料乳，置于50mL具塞塑料离心管中	精确到0.01g；注意取样的均一性和代表性
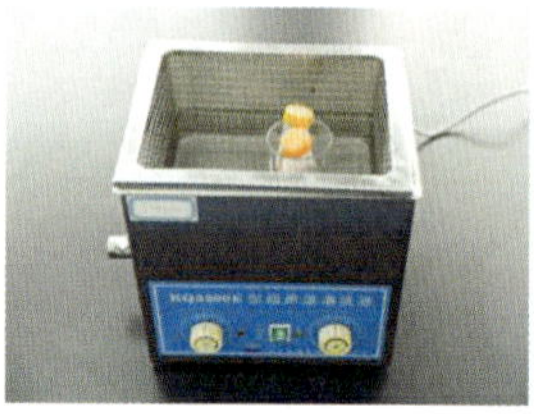 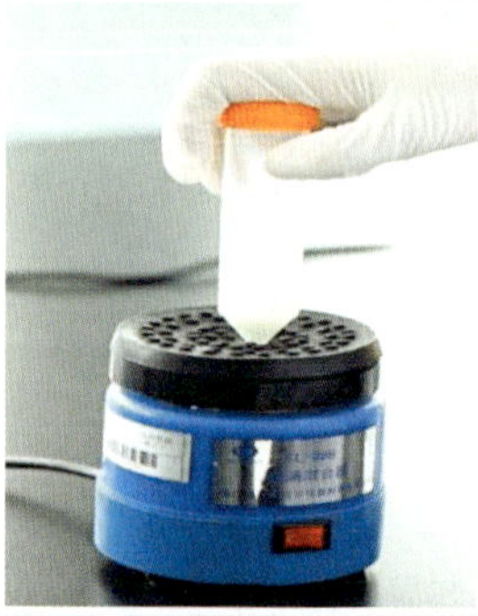 	加入15mL三氯乙酸溶液和5mL乙腈，超声提取10min，再振荡提取10min后，以不低于4000r/min离心10min	操作过程中需防止样品受到污染或残留量发生改变
	上清液经三氯乙酸溶液湿润的滤纸过滤后，用三氯乙酸溶液定容至25mL，移取5mL滤液，加入5mL水混匀后做待净化液	取得样品应尽快检测

配图	操作步骤	操作说明
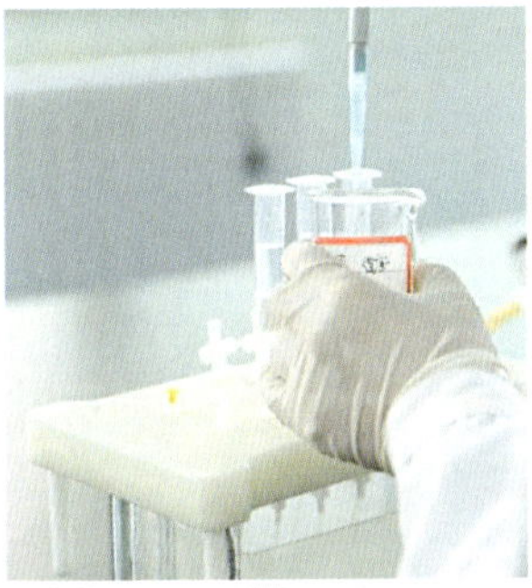 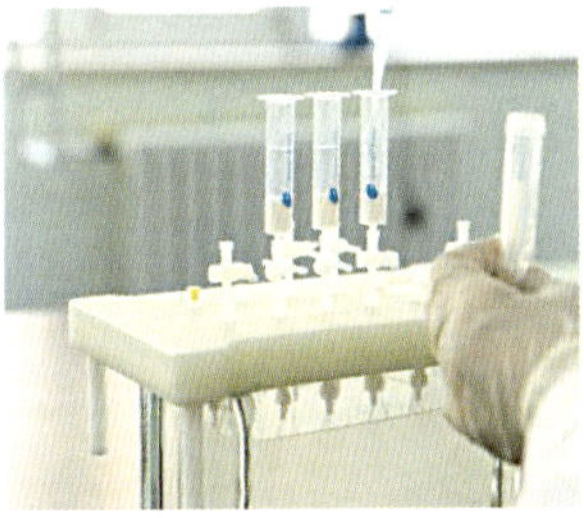 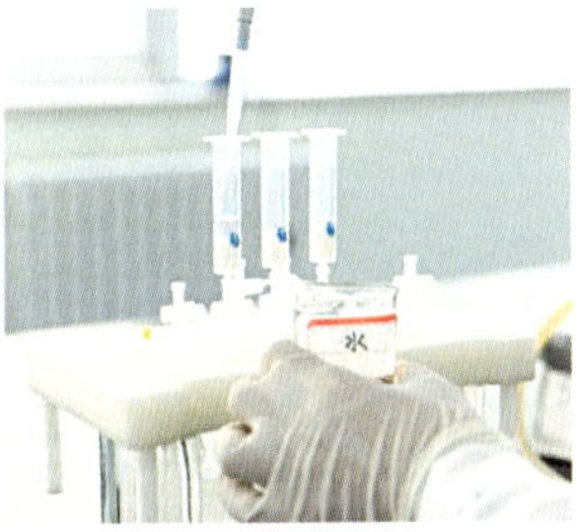	活化：依次加3mL甲醇和3mL水活化。 上样：将上述待净化液转移至经固相萃取柱中。 洗涤：依次用3mL水、3mL甲醇洗涤，抽至近干。 洗脱：用6mL氨化甲醇液洗脱	流出液弃去
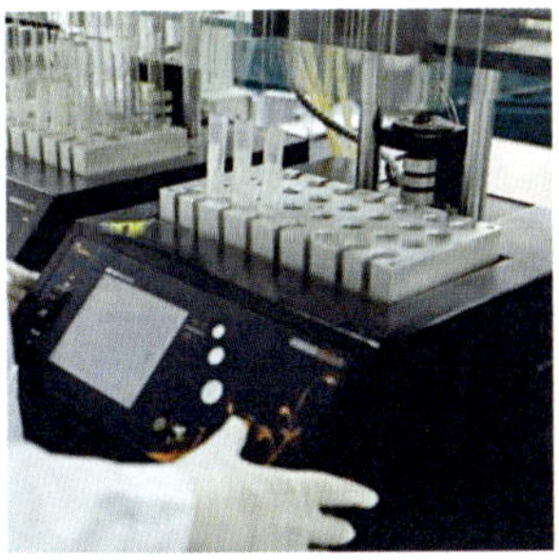	浓缩：洗脱液于50℃下用氮气吹干	整个固相萃取过程流速不超过1mL/min
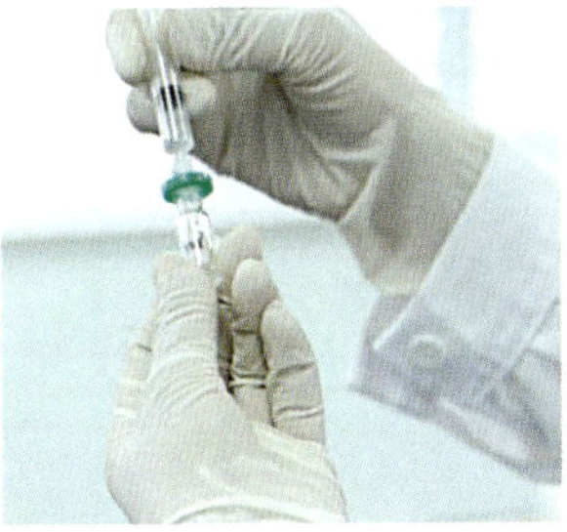	定容：残留物用1mL流动相定容，涡旋混合1min，过微孔滤膜后，供HPLC测定	相当于0.4g样品

3. 样品测定

配图	操作步骤	操作说明
	流动相过滤：离子对试剂缓冲液过0.22μm水系滤膜	乙腈用有机相滤膜，离子对试剂缓冲液用水相滤膜
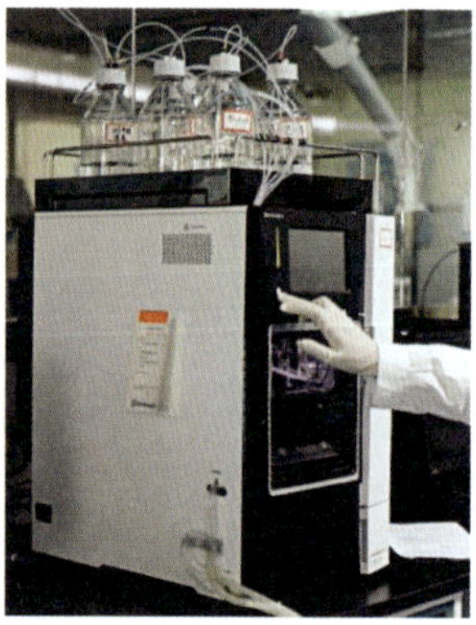	开机、脱气、平衡基线	—
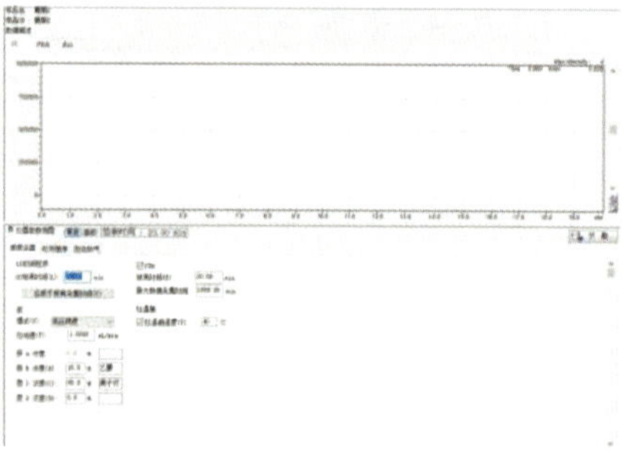	设置三聚氰胺检测参数：流动相比例：离子对试剂缓冲液-乙腈（90+10）、流速1.0mL/min、柱温40℃、进样量20μL、检测波长240nm	操作同苯甲酸、山梨酸检测
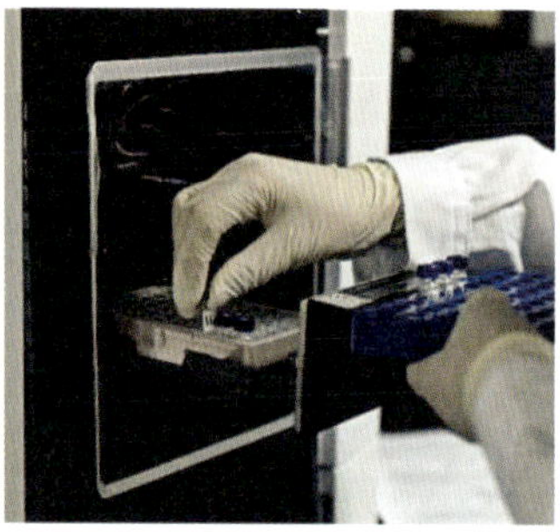	标准曲线及样品溶液进样：待仪器状态就绪后，编辑序列，完成标准曲线和样品进样	—

配图	操作步骤	操作说明
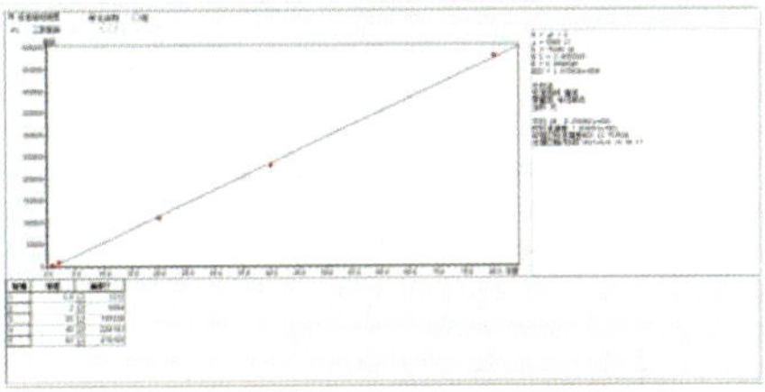	标准曲线制作和样品分析：以峰面积-浓度作图，求出*a*和*b*，得到标准曲线回归方程$y=ax+b$。 通过三聚氰胺标准曲线，工作站计算出三聚氰胺的含量	—
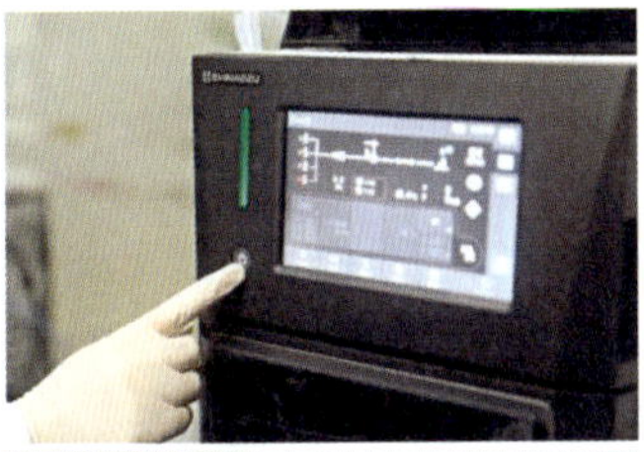 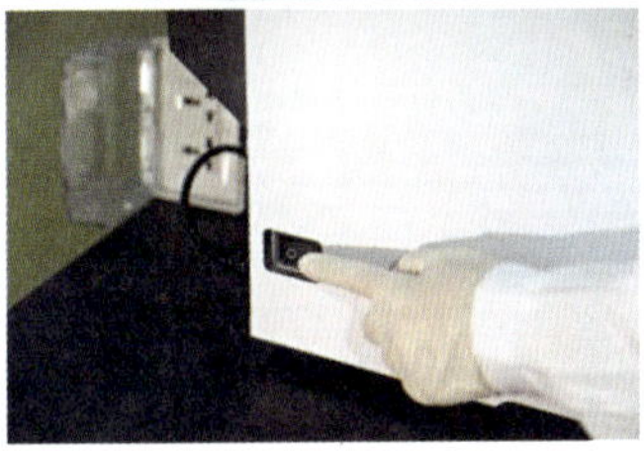	关机：本次分析结束后，应更换流动相。以5%的甲醇和95%超纯水冲洗泵和柱子，约15min，关闭HPLC系统各设备所有电源，并倾倒废液	—

4. 数据记录及处理

“乳制品中三聚氰胺的检测”检测记录表

检验样品				检测方法		
仪器名称				检测项目		
仪器编号				检测依据		
仪器条件	流动相					
	流速					
	柱温					
	波长					
	进样量					
绘制标准曲线						
标准溶液浓度/(μg/mL)						
峰面积						
标准物质线性回归方程			R^2值			

续表

样品测定			
	样Ⅰ	样Ⅱ	样Ⅲ
试样的质量/g			
样液最终定容体积/mL			
样液中三聚氰胺的峰面积			
标准溶液中三聚氰胺的峰面积			
标准溶液中三聚氰胺的浓度/（μg/mL）			
稀释倍数			
试样中三聚氰胺的含量 /（mg/kg）			
试样中三聚氰胺平均含量/（mg/kg）			
精密度/%			
检验结果			

样品中三聚氰胺的含量按下式计算：

$$X=\frac{A\times c\times V\times 1000}{A_s\times m\times 1000}\times f$$

式中 X——试样中三聚氰胺的含量，mg/kg；

A——样液中三聚氰胺的峰面积；

c——标准溶液中三聚氰胺的浓度，μg/mL；

V——样液最终定容体积，mL；

A_s——标准溶液中三聚氰胺的峰面积；

m——试样的质量，g；

f——稀释倍数。

注：①液态乳、酸乳、冰淇淋和奶糖等样品的制备、储存与乳粉相同。

②乳酪、奶油和巧克力等样品的制备与储存的具体步骤为：称取2g（精确到0.01g）试样于研钵中，加入适量海砂（试样质量的4～6倍）研磨成干粉状，转移至50mL具塞塑料离心管中，加入15mL三氯乙酸和5mL乙腈，超声提取10min，再振荡提取10min后，以不低于4000r/min离心10min。上清液经三氯乙酸溶液湿润的滤纸过滤后，用三氯乙酸溶液定容至25mL，移取5mL滤液，加入5mL水混匀后做成净化液。

说明：在添加浓度2~10mg/kg内，回收率在80%～110%，相对标准偏差小于10%。精密度按照GB/T 6379.2—2004《测量方法与结果的准确度（正确度与精密度）第2部分：确定标准测量方法重复性与再现性的基本方法》规定确定，获得重复性和再现性的值以95%的可信度来计算。

检验人员		复核人员	

评价反馈

“乳制品中三聚氰胺的检测”考核评价表

评价方式	考核项目	评价项目		评价要求	评价分数
自我评价10%	实验准备	1. 能正确计算试剂使用量		正确计算试剂（2分）	
		2. 能与小组其他成员协作正确配制实验试剂		正确配制试剂（2分）	
	学习成果	课程目标完成情况		能基本完成课程目标（6分）	
学生互评20%	检测原理	能用检测原理解释试验结果		口述检测原理（3分）	
	操作技能	1. 能按照操作规范进行乳制品中三聚氰胺的检测	仪器准备	操作正确（1分）	
			试剂准备	操作正确（2分）	
			样品制备	操作正确（1分）	
			标准工作液配制	操作正确（1分）	
			检测器的选择	操作正确（1分）	
			参数条件设置	操作正确（1分）	
			进样操作	操作正确（1分）	
			制作标准曲线	操作正确（2分）	
			试样溶液的测定	操作正确（1分）	
			空白溶液的测定	操作正确（2分）	
		2. 能对检验数据进行记录、处理，对结果进行判断		记录原始数据（1分）	
				书写计算过程（1分）	
				结果保留三位有效数字（1分）	
				能判断试样是否合格（1分）	

续表

评价方式	考核项目		评价项目	评价要求		评价分数
教师学业评价70%	课前	方法能力	课前学习（5分）	课前能独立通过网络学习资源库获取乳制品中三聚氰胺的检测方法，并结合微课归纳检测要点		
	课中	知识素质	相关知识（10分）	1. 能写出本次实验检测依据及方法（2分）		
				2. 能写出乳制品中三聚氰胺的检测原理（2分）		
				3. 能说出样品处理的操作顺序（2分）		
				4. 能写出液相色谱仪的检测操作（2分）		
				5. 能写出操作过程中的思考题（2分）		
		实操能力	实验操作（50分）	1. 能写出工作流程（5分）		
				2. 能通过观看微课，完成乳制品中三聚氰胺的检测流程图（5分）		
				3. 能按照操作规范进行乳制品中三聚氰胺的检测（20分）	实验相关器材准备（2分）	
					实验试剂配制（2分）	
					样品处理（2分）	
					标准溶液的制备（4分）	
					液相色谱仪的操作（4分）	
					试样进样测定（4分）	
					空白溶液测定（2分）	
				4. 能对检验结果进行记录（10分）	记录原始数据（5分）	
					书写计算过程（5分）	
				5. 能正确判断试样是否合格（5分）		
				6. 结果记录真实，字迹工整，报告规范（5分）		
	课后	方法能力	任务拓展（5分）	完成巧克力中三聚氰胺检测的方案设计，或录制检测视频并上交		
总分						

学习心得

拓展训练

- 完成巧克力中三聚氰胺检测的方案设计，绘制相关操作流程或录制检测视频。（提示：利用互联网、国家标准、微课等。）

巩固反馈

1. 在乳粉中添加三聚氰胺能使蛋白质含量增高，是因为（　　）。
   A. 三聚氰胺中含磷量高　　B. 三聚氰胺中含氧量高
   C. 三聚氰胺中含氮量高　　D. 三聚氰胺中含钾量高
2. 三聚氰胺之所以被掺入乳粉来“提高”蛋白质的含量，是因为（　　）。
   A. 三聚氰胺是一种蛋白质
   B. 三聚氰胺是乳粉的一种组成成分
   C. 三聚氰胺和蛋白质具有相同的性质
   D. 检测乳粉中蛋白质含量的凯氏定氮法不能区分氮的来源是三聚氰胺还是蛋白质

3. 三聚氰胺是一种（　　）。

   A. 食品添加剂　　B. 非法添加物　　C. 食品营养物质

4. 三聚氰胺检测中加入三氯乙酸的作用是（　　）。

   A. 将三聚氰胺转换为阳离子

   B. 沉淀蛋白

   C. 降低三聚氰胺的极性，将强极性的三聚氰胺转化为中极性的离子对物质

   D. 除去杂质

5. 三聚氰胺的净化经（　　）离子交换固相萃取柱净化后，用高效液相色谱测定，外标法定量。

   A. 阳　　B. 阴

任务二　辣椒粉中苏丹红的检测

学习目标

知识目标

1. 能通过查阅资料，正确说出苏丹红的理化性质和危害。
2. 能正确叙述固相萃取装置的特点。
3. 能通过学习国家标准，正确绘制辣椒粉中苏丹红含量检测流程图。

技能目标

1. 能通过固相萃取装置完成样品的处理。
2. 能根据国家标准，正确设定高效液相色谱仪的检测参数。
3. 能根据国家标准，正确判断辣椒粉中苏丹红含量是否符合标准。

素养目标

1. 能通过苏丹红的反面案例分析，强化食品安全意识和法律意识。
2. 能在检测辣椒粉中苏丹红含量的过程中，加强团结协作的能力。
3. 能在实验过程中，严格遵守实验现场8S管理规范，形成良好的工作习惯。

任务描述

苏丹红是一种工业染料，是不允许添加到食品中的，全球多数国家都禁止将苏丹红用于食品中。然而由于苏丹红化学合成色素性质稳定，受到光照不容易褪色，容易保持鲜红色，而且价格比胭脂红、苋菜红等食用色素便宜得多，所以有的不法分子将其添加在食品等产品中用于增色。作为食品安全检测从业人员，需要用“良心标准”进行检测，用法律标准规范食品安全，守护人民“舌尖上的安全”。

本任务以辣椒粉为例，检测其中是否含有苏丹红。以GB/T 19681—2005《食品中苏丹红染料的检测方法　高效液相色谱法》为检测依据，采用Cleanert® Sudan（苏丹红专用固相萃取柱）对样品进行萃取，测定辣椒粉中是否存在苏丹红。如图2-4和图2-5所示，我们将按照以下环节完成学习任务。

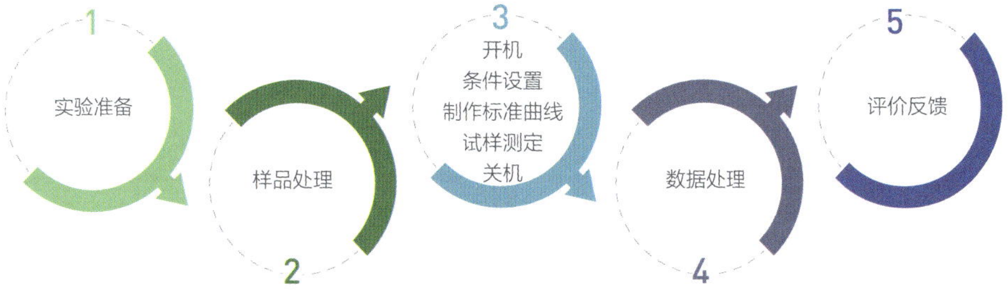

图2-4 “辣椒粉中苏丹红的检测”实施环节

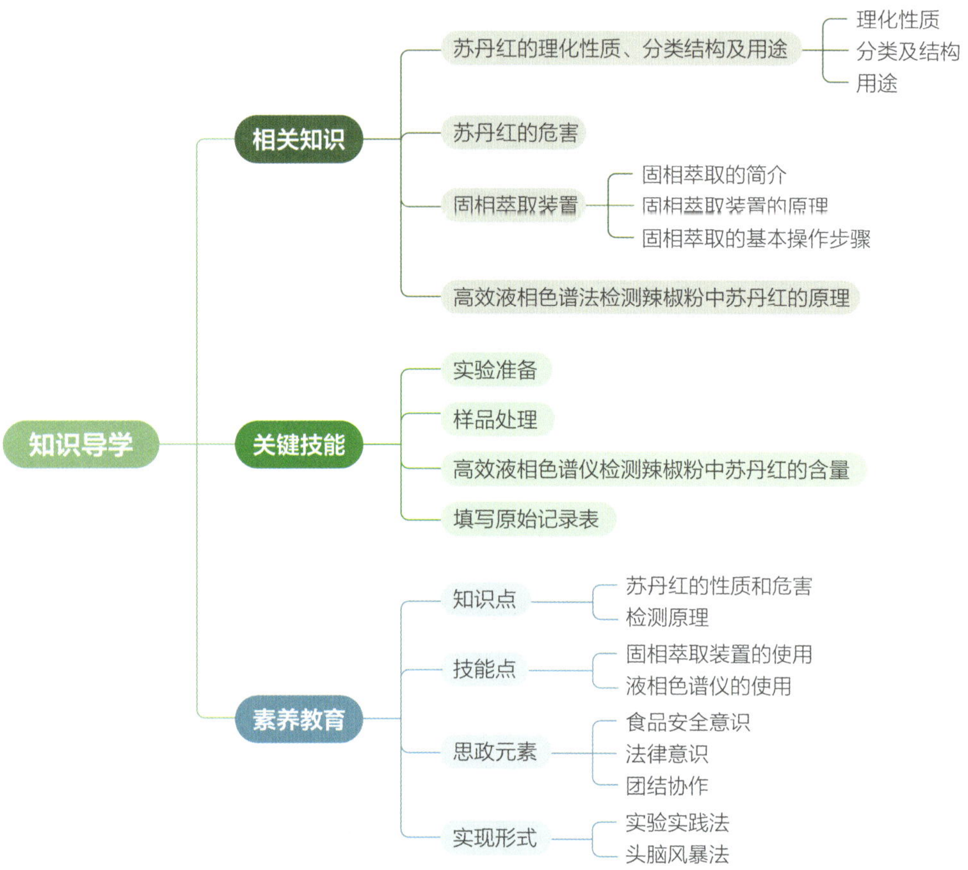

图2-5 “辣椒粉中苏丹红的检测”知识思维导图

任务要求

1. 独立完成辣椒粉中苏丹红的检测任务。
2. 学会固相萃取装置和液相色谱仪的使用。

知识链接

一、资源链接

通过网络资源获取GB/T 19681—2005《食品中苏丹红染料的检测方法 高效液相色谱法》、GB/T 12810—2021《实验室玻璃仪器 玻璃量器的容量校准和使用方法》、GB/T 602—2002《化学试剂 杂质测定用标准溶液的制备》、GB/T 603—

辣椒粉中苏丹红的检测课件

辣椒粉中苏丹红的检测微课

2023《化学试剂　试验方法中所用制剂及制品的制备》、GB/T 8170—2008《数值修约规则与极限数值的表示和判定》等相关资料。

二、相关知识

（一）苏丹红的理化性质、分类结构及用途

1. 理化性质

苏丹红是一种黄色粉末，熔点为134℃，不溶于水，微溶于乙醇，易溶于丙酮、苯、氯仿等有机溶剂及脂肪中。在乙醇中呈紫红色，在浓硫酸中呈品红色，稀释后为橙色沉淀。

2. 分类及结构

苏丹红为亲脂性偶氮化合物，是一种人工合成的化学染色剂，化学成分中含有一种叫萘的化合物，具有偶氮结构，分为Ⅰ、Ⅱ、Ⅲ、Ⅳ四种类型。

苏丹红Ⅰ的化学名称为1-苯基偶氮-2-萘酚，分子式为$C_{16}H_{12}N_2O$；苏丹红Ⅱ的化学名称为1-［（2,4-二甲基苯）偶氮］-2-萘酚，分子式为$C_{18}H_{16}N_2O$；苏丹红Ⅲ的化学名称为1-［4-（苯基偶氮）苯基］偶氮-2-萘酚，分子式为$C_{22}H_{16}N_4O$；苏丹红Ⅳ的化学名称1-2-甲基-4-［（2-甲基苯）偶氮］苯基偶氮-2-萘酚，分子式为$C_{24}H_{20}N_4O$。苏丹红结构式见图2-6。

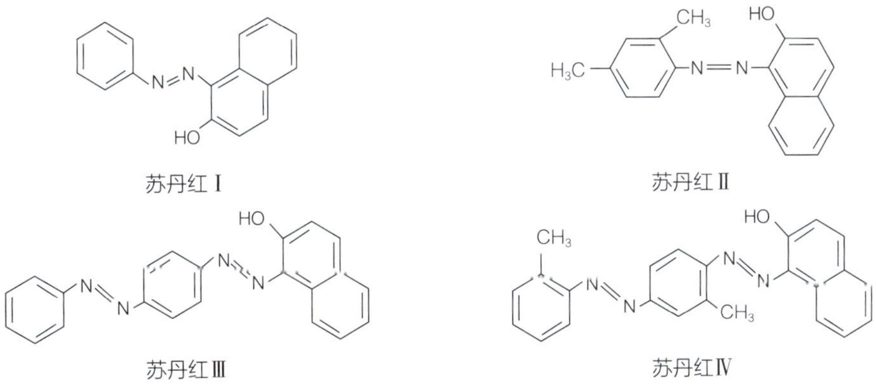

图2-6　苏丹红结构式

3. 用途

苏丹红常用作工业染料。由于苏丹红能够产生鲜亮的色彩，而且不容易褪色，被广泛用于石油、机油等工业溶剂的增色以及鞋、地板等增光方面。

（二）苏丹红的危害

苏丹红本身不会直接对人体产生有害的影响。然而，苏丹红含有偶氮结构，在体内分解

代谢后会产生苯胺或萘酚类致癌物质。进入体内的苏丹红主要通过胃肠道微生物还原酶、肝和肝外组织微粒体和细胞质的还原酶进行代谢。

苏丹红Ⅰ在体内可以被还原代谢为初级产物苯胺和1-氨基-2-萘酚。苏丹红Ⅱ在体内代谢可产生三类致癌物二甲基苯胺和1-氨基-2萘酚。苏丹红Ⅲ在体内代谢可产生4－氨基偶氮苯、1-氨基-2萘酚、苯胺、对苯二胺和1-4氨基-苯基偶氮-2萘酚。苏丹红Ⅳ在体内代谢可产生邻－氨基偶氮甲苯、4-氨基-2-甲苯基偶氮-2-萘酚、2,5-二氨基甲苯、1-氨基-2萘酚和邻-甲苯胺。苏丹红系列染色剂含有偶氮苯，当偶氮苯被降解后，就会产生苯胺，这是一种中等毒性的致癌物。过量的苯胺进入人体，可能会造成组织缺氧，呼吸不畅，引起中枢神经系统、心血管系统和其他脏器受损，甚至导致不孕症。还会诱发肝脏细胞的基因发生变异，增加人类患癌症的危险性。如果大量接触苯胺，还有可能使人患高铁血红蛋白症。国际癌症研究机构对苏丹红的致癌作用进行了分析评价，将苏丹红Ⅰ、苏丹红Ⅱ、苏丹红Ⅲ、苏丹红Ⅳ号归为三类致癌物，即动物致癌物。但这种致癌物进入体内可代谢为二类致癌物，即人类可能致癌物。此外，苏丹红还有遗传性致突变作用。

（三）固相萃取装置

1. 固相萃取的简介

固相萃取（Solid Phase Extraction，SPE）是从20世纪80年代中期开始发展起来的一项样品前处理技术，由液固萃取和液相色谱技术相结合发展而来。主要通过固相填料对样品组分的选择性吸附及解吸过程，实现对样品的分离、纯化和富集。主要目的在于降低样品基质干扰，提高检测灵敏度。固相萃取装置示意图见图2-7。

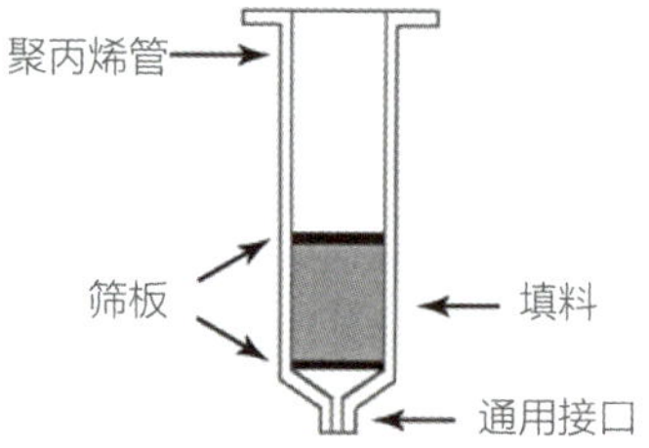

图2-7　固相萃取装置示意图

2. 固相萃取装置的原理

固相萃取利用的原理是选择性洗脱和选择性吸附。一种是使液体样品通过吸附剂，保留其中被测物质，再选用适当强度溶剂冲去杂质，然后用少量溶剂洗脱被测物质，从而达到快速分离净化与浓缩的目的。另一种是选择性吸附干扰杂质，而让被测物质流出；或同时吸附杂质和被测物质，再使用合适的溶剂选择性洗脱被测物质。

3. 固相萃取的基本操作步骤

（1）填料保留目标化合物　活化→上样→淋洗→洗脱。

（2）填料保留杂质　活化→上样→洗脱。

（四）高效液相色谱法检测辣椒粉中苏丹红的原理

GB/T 19681—2005《食品中苏丹红染料的检测方法　高效液相色谱法》适用于食品中

苏丹红染料的检测。其原理是待测样品经溶剂提取、固相萃取净化后，利用反相高效液相色谱－紫外可见光检测器进行色谱分析，根据保留时间和峰面积进行定性和定量分析。该方法苏丹红Ⅰ、苏丹红Ⅱ、苏丹红Ⅲ、苏丹红Ⅳ最低检测限均为10μg/kg。

三、问题探究

在样品处理过程中，为什么没有采用氧化铝层析柱？

GB/T 19681—2005《食品中苏丹红染料的检测方法　高效液相色谱法》是现行有效的国家标准方法。但国家标准方法样品处理采用氧化铝固相萃取柱净化，过程复杂且氧化铝活性不易控制，回收率难以得到保证。Cleanert® Sudan（苏丹红专用固相萃取柱）检测以具有芳香性功能基团的聚合物材料萃取样品，回收率更稳定，溶剂用量更少更环保，方法更简便。

四、预习与讨论

1. 阅读学习相关资源，归纳辣椒粉中苏丹红的检测相关知识。
2. 绘制操作流程小报并初拟实验方案。
3. 完成老师发布的预习小测验等相关预习任务，手机扫码完成课前测试。

辣椒粉中苏丹红的检测课前测试

提示

在整个任务实施过程中遵守实验室用水、用电安全操作指南及实验室各项规章制度和玻璃器皿的安全使用规范。除非另有说明，所用试剂均为分析纯，水为 GB/T 6682—2008《分析实验室用水规格和试验方法》规定的一级水。

任务实施

一、实验准备

1. 仪器和设备

配图	仪器与设备	说明
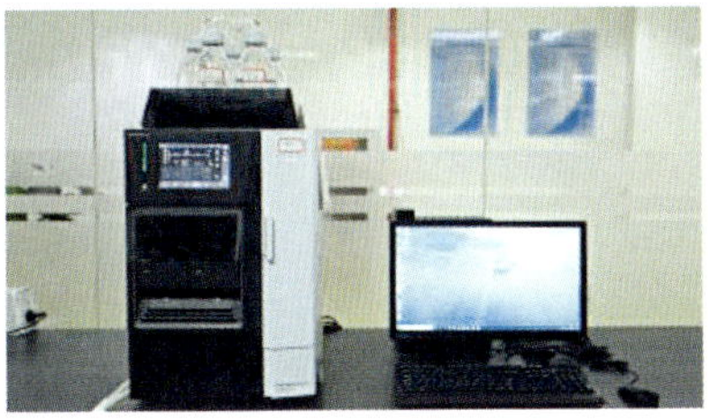	高效液相色谱仪	配有紫外可见光检测器

配图	仪器与设备	说明
	分析天平：感量为0.0001g	称量完毕后，及时取出被称物品，并保持天平清洁
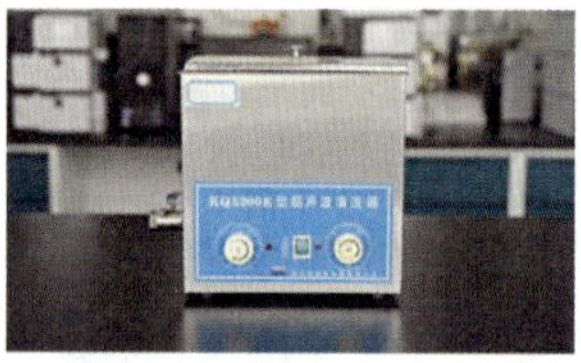	超声波清洗器	—
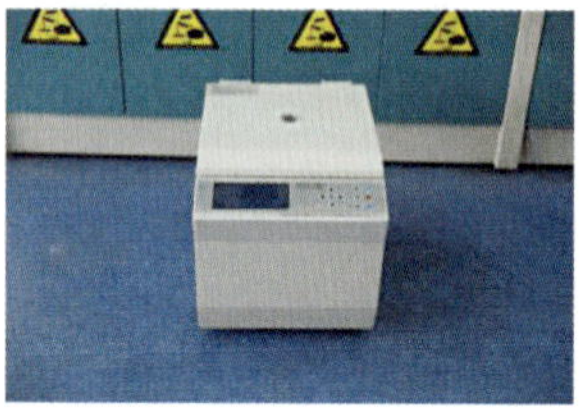	离心机	—
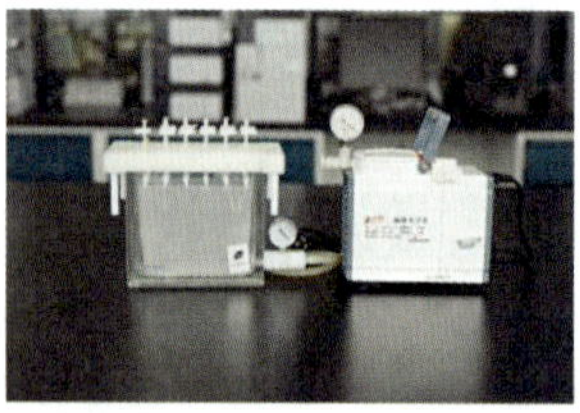	固相萃取装置	—
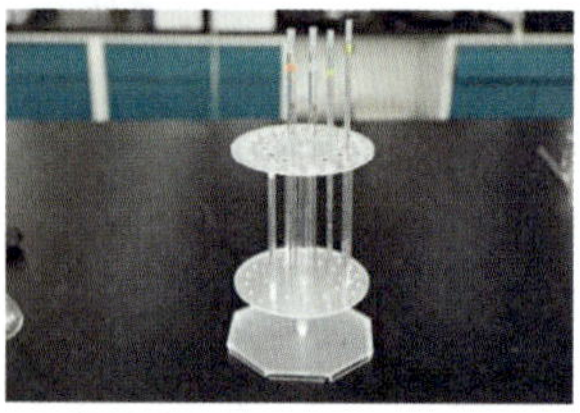	吸量管	—
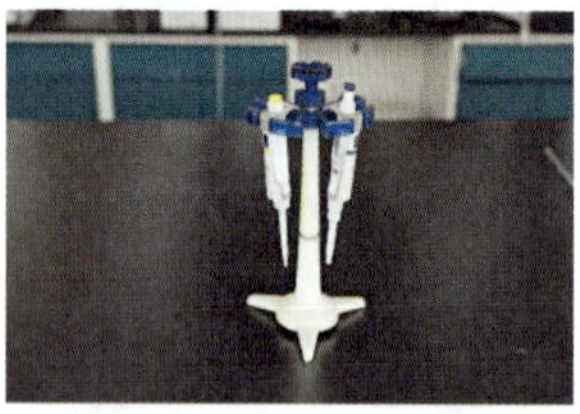	移液枪	—
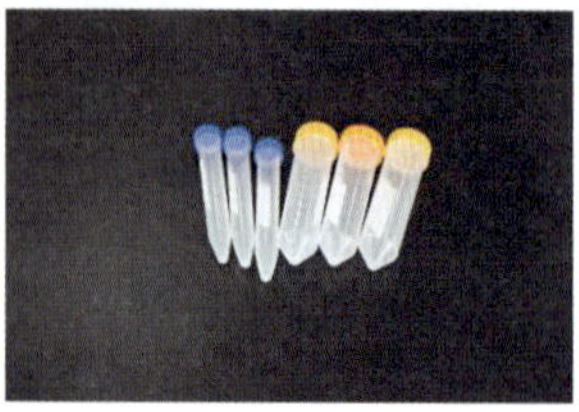	离心管	—

配图	仪器与设备	说明
 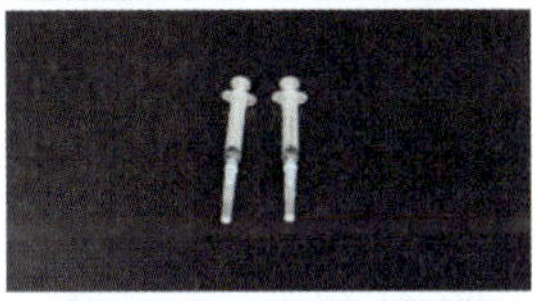 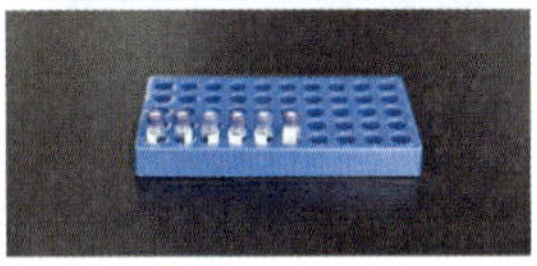	其他：0.22μm有机滤膜，注射器，样品瓶	—

2. 检测样品

配图	样品	说明
	市售辣椒粉	—

二、实施操作

1. 试剂及配制

本实验所用试剂主要有：乙腈、甲酸、正己烷、二氯甲烷、异丙醇、乙醚、丙酮、苏丹红Ⅰ、苏丹红Ⅱ、苏丹红Ⅲ、苏丹红Ⅳ标准品（纯度≥95%），水为一级水，乙腈为色谱纯，其余为分析纯试剂。

注意：本着节约环保的原则，计算本次实验试剂用量后，进行溶液配制。

试剂名称	配制方法	操作说明
5%丙酮的正己烷液 	吸取50mL丙酮用正己烷定容至1L	—

试剂名称	配制方法	操作说明
标准储备液 	分别称取苏丹红Ⅰ、苏丹红Ⅱ、苏丹红Ⅲ及苏丹红Ⅳ各10.0mg（按实际含量折算），用乙醚溶解后用乙腈定容至250mL	—
系列标准工作溶液 	吸取标准储备液0mL，0.1mL，0.2mL，0.4mL，0.8mL，1.6mL，用乙腈定容至25mL，此溶液系列标准浓度为0μg/mL，0.16μg/mL，0.32μg/mL，0.64μg/mL，1.28μg/mL，2.56μg/mL	—

2. 样品处理

配图	操作步骤	操作说明
	称取0.5g（准确至0.001g）样品于离心管中，同时做空白实验	精确到0.001g。除不加试样外，空白试验应与样品测定平行进行，并采用相同的分析步骤分析
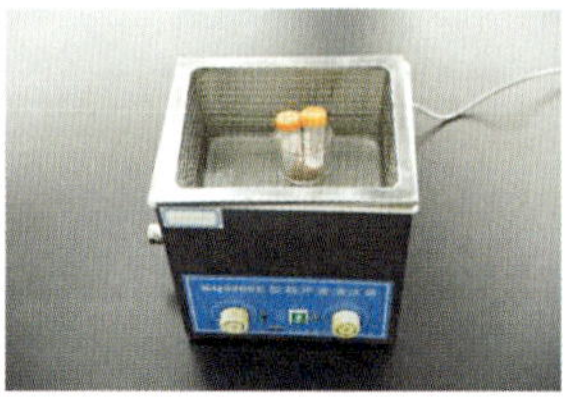	加入5mL正己烷，超声10min，过滤	—
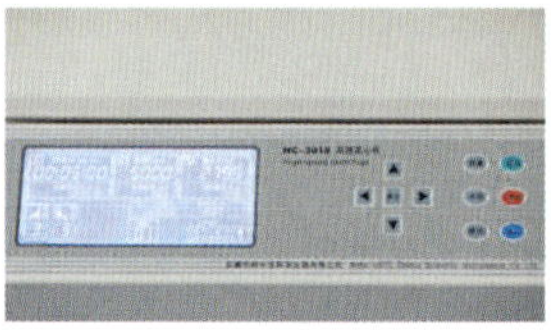	将滤液于5000r/min下离心5min	—
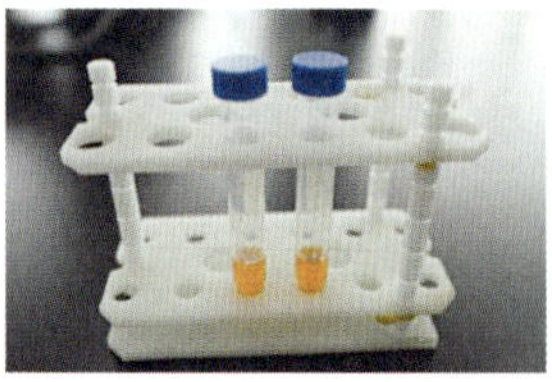	离心后，取3mL上清液，待净化	—

配图	操作步骤	操作说明
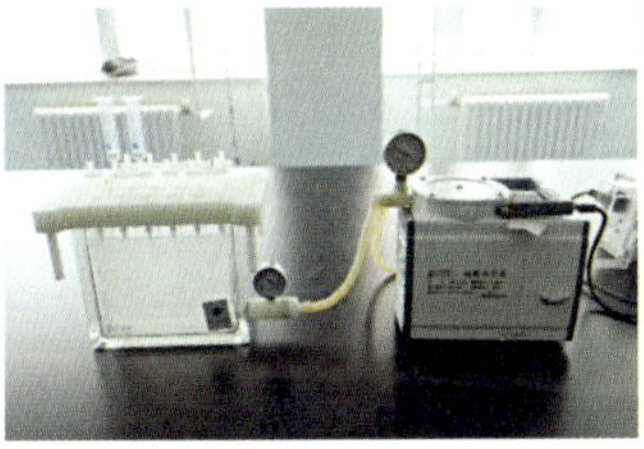	活化：在Cleanert® Sudan苏丹红专用柱中依次加入 5mL二氯甲烷和5mL正己烷	注意调整流速为3滴/min
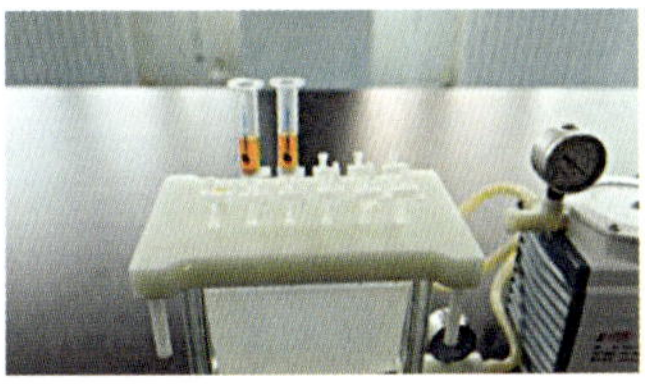	上样：将待净化液加入Cleanert® Sudan柱中，弃去流出液	—
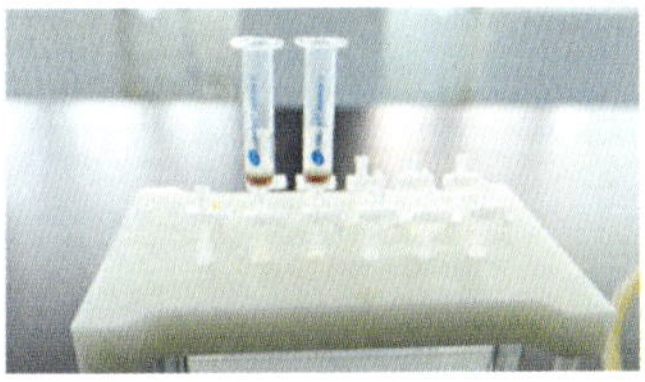	淋洗：待上样液完全流出后，用3mL 3%异丙醇-正己烷溶液淋洗，弃去淋洗液，开启真空泵，将小柱抽干	在萃取全过程中不应使柱干涸
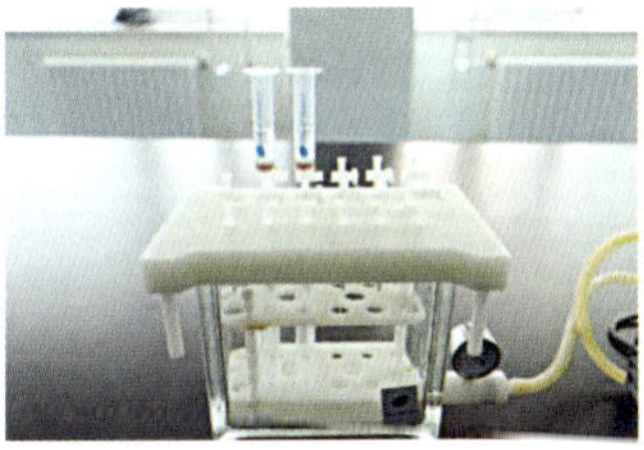	洗脱：3mL二氯甲烷洗脱，收集洗脱液	—
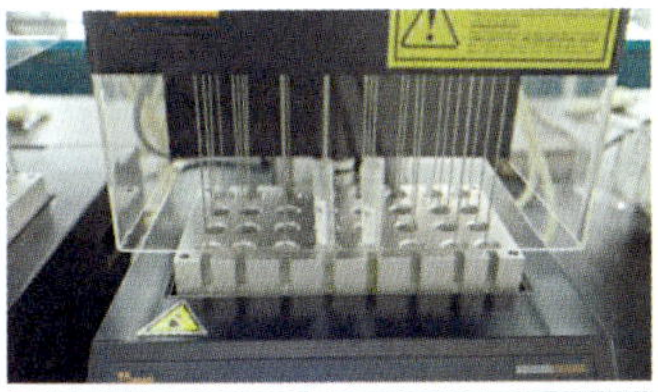 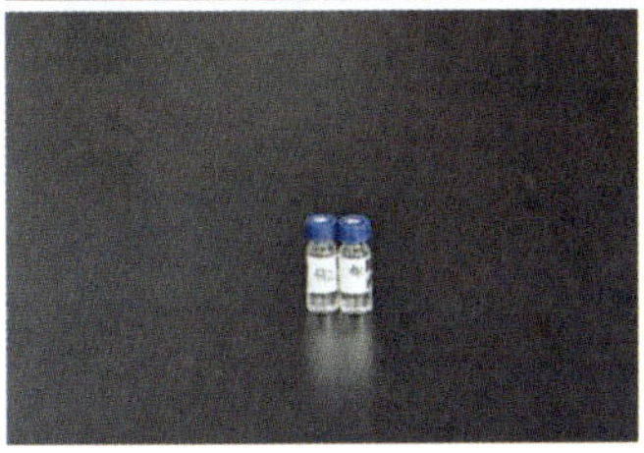	吹干与定容：将洗脱液于50℃下氮气吹干，加入1mL乙腈溶解，使用0.22μm有机滤膜过滤后，进行HPLC分析	—

3. 样品检测

配图	操作步骤	操作说明
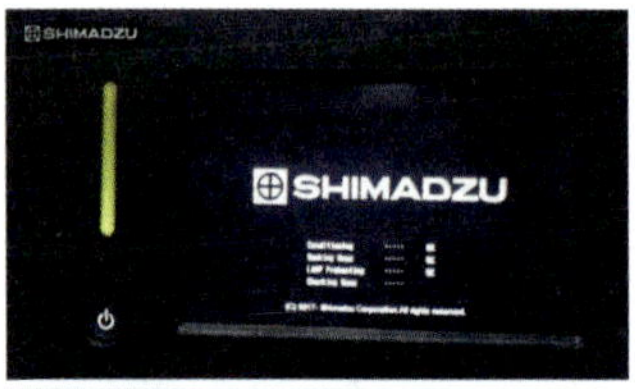	开机 ①按顺序依次打开液相色谱仪开关。 ②打开电脑，进入“Lab Solutions”工作站	—
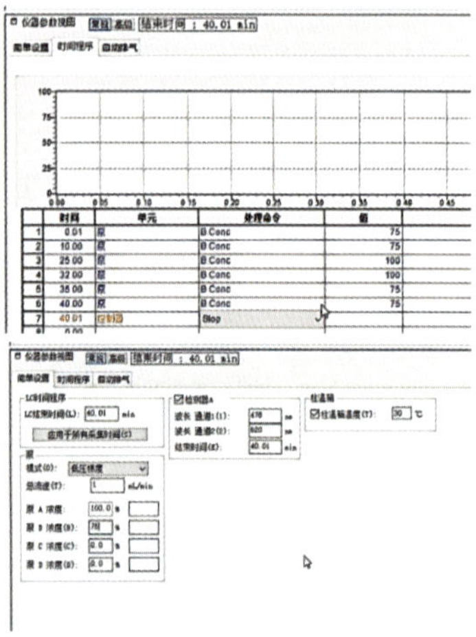	依照国标设定仪器参数。 流动相： ①溶剂A：0.1%甲酸的水溶液：乙腈=85：15（v/v）。 ②溶剂B：0.1%甲酸的乙腈溶液：丙酮=80：20。 梯度洗脱： 流速：1.0mL/min。 柱温：30℃。 检测波长：苏丹红Ⅰ478nm；苏丹红Ⅱ、苏丹红Ⅲ、苏丹红Ⅳ520nm；于苏丹红Ⅰ出峰后切换	色谱柱：ZorbaxSB-C_{18}，3.5μm 4.6mm×150mm（或相当型号色谱柱）。 梯度条件见表2-1
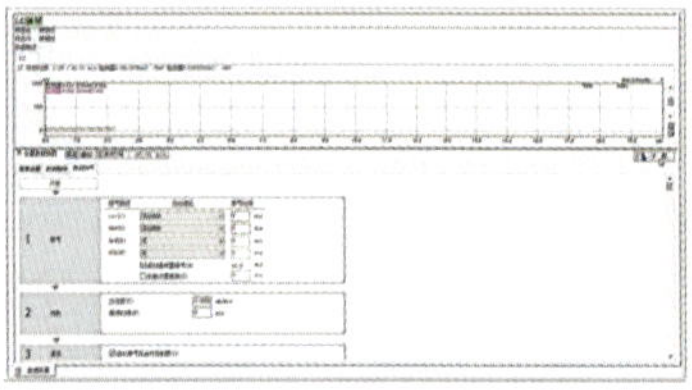	点击右上角“下载”，如需保存次方法，将本次方法另存为即可	下次做同样检测时，调出本方法即可
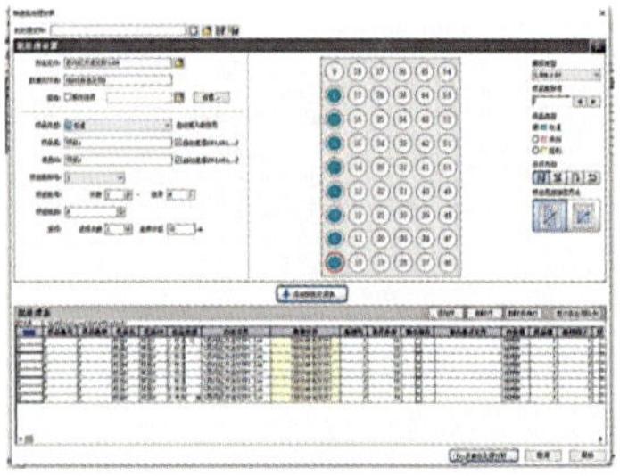	待基线平衡后，采用批处理进行样品采集。输入样品保存位置、样品名称、进样量（10μL），点击批处理开始	—

配图	操作步骤	操作说明
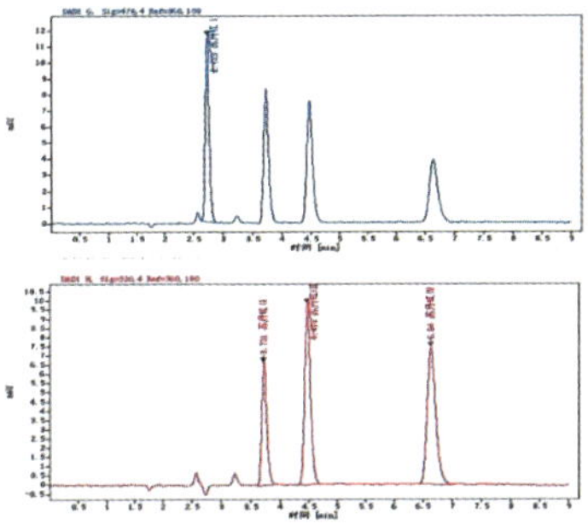	打开离线软件对检测结果的色谱图进行积分计算。在上述操作条件下，苏丹红标液的色谱图参考	苏丹红Ⅰ、苏丹红Ⅱ、苏丹红Ⅲ、苏丹红Ⅳ最低检测限均为10μg/kg
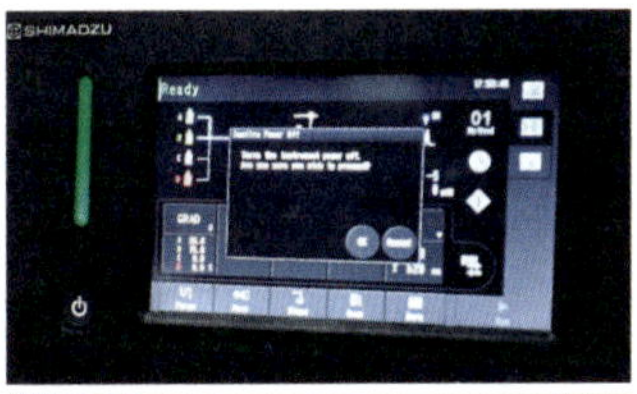 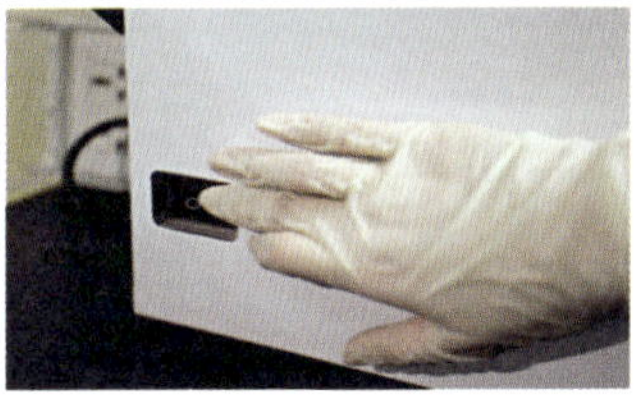	分析结束后，关机、清洗仪器	—

表2-1　梯度条件

时间/min	流动相		曲线
	A%	B%	
0	25	75	线性
10.0	25	75	线性
25.0	0	100	线性
32.0	0	100	线性
35.0	25	75	线性
40.0	25	75	线性

4. 数据记录及处理

“辣椒粉中苏丹红的检测”检测记录表

<table>
<tr><td>检验样品</td><td colspan="3"></td><td colspan="2">检测方法</td><td colspan="3"></td></tr>
<tr><td>仪器名称</td><td colspan="3"></td><td colspan="2">检测项目</td><td colspan="3"></td></tr>
<tr><td>仪器编号</td><td colspan="3"></td><td colspan="2">检测依据</td><td colspan="3"></td></tr>
<tr><td rowspan="9">仪器条件</td><td colspan="3">色谱柱</td><td colspan="5"></td></tr>
<tr><td colspan="3">流动相</td><td colspan="5"></td></tr>
<tr><td colspan="3">进样量</td><td colspan="5"></td></tr>
<tr><td colspan="3">流速</td><td colspan="5"></td></tr>
<tr><td colspan="3">柱温</td><td colspan="5"></td></tr>
<tr><td colspan="3">苏丹红Ⅰ波长</td><td colspan="5"></td></tr>
<tr><td colspan="3">苏丹红Ⅱ波长</td><td colspan="5"></td></tr>
<tr><td colspan="3">苏丹红Ⅲ波长</td><td colspan="5"></td></tr>
<tr><td colspan="3">苏丹红Ⅳ波长</td><td colspan="5"></td></tr>
<tr><td colspan="9">绘制标准曲线</td></tr>
<tr><td>苏丹红Ⅰ系列标准溶液浓度/（μg /mL）</td><td></td><td></td><td></td><td colspan="2"></td><td colspan="2"></td><td></td></tr>
<tr><td>苏丹红Ⅱ系列标准溶液浓度/（μg /mL）</td><td></td><td></td><td></td><td colspan="2"></td><td colspan="2"></td><td></td></tr>
<tr><td>苏丹红Ⅲ系列标准溶液浓度/（μg /mL）</td><td></td><td></td><td></td><td colspan="2"></td><td colspan="2"></td><td></td></tr>
<tr><td>苏丹红Ⅳ系列标准溶液浓度/（μg /mL）</td><td></td><td></td><td></td><td colspan="2"></td><td colspan="2"></td><td></td></tr>
<tr><td colspan="2">标准物质线性回归方程</td><td colspan="3"></td><td colspan="2">R^2值</td><td colspan="2"></td></tr>
<tr><td>苏丹红Ⅰ峰面积</td><td></td><td></td><td></td><td colspan="2"></td><td colspan="2"></td><td></td></tr>
<tr><td>苏丹红Ⅱ峰面积</td><td></td><td></td><td></td><td colspan="2"></td><td colspan="2"></td><td></td></tr>
<tr><td>苏丹红Ⅲ峰面积</td><td></td><td></td><td></td><td colspan="2"></td><td colspan="2"></td><td></td></tr>
<tr><td>苏丹红Ⅳ峰面积</td><td></td><td></td><td></td><td colspan="2"></td><td colspan="2"></td><td></td></tr>
</table>

续表

样品测定												
	样Ⅰ				样Ⅱ				样Ⅲ			
样品质量/g												
样液定容体积/mL												
样品中苏丹红含量/（mg/kg）	苏丹红Ⅰ	苏丹红Ⅱ	苏丹红Ⅲ	苏丹红Ⅳ	苏丹红Ⅰ	苏丹红Ⅱ	苏丹红Ⅲ	苏丹红Ⅳ	苏丹红Ⅰ	苏丹红Ⅱ	苏丹红Ⅲ	苏丹红Ⅳ
样品中苏丹红Ⅰ平均含量/（mg/kg）												
样品中苏丹红Ⅱ平均含量/（mg/kg）												
样品中苏丹红Ⅲ平均含量/（mg/kg）												
样品中苏丹红Ⅳ平均含量/（mg/kg）												
精密度/%												
检验结果												

样品中相应苏丹红的含量，按下式计算：

$$R = C \times \frac{V}{M} \times \frac{5}{3}$$

式中　R——样品中苏丹红含量，mg/kg；

C——由标准曲线得出的样液中苏丹红的浓度，μg/mL；

V——样液定容体积，mL；

M——样品质量，g；

5/3——稀释倍数，即样品提取液体积/净化时取上清液的体积。

检验人员		复核人员	

评价反馈

“辣椒粉中苏丹红的检测”考核评价表

评价方式	考核项目	评价项目		评价要求	评价分数
自我评价10%	实验准备	1. 能正确计算试剂使用量		正确计算试剂（2分）	
		2. 能与小组其他成员协作正确配制实验试剂		正确配制试剂（2分）	
	学习成果	课程目标完成情况		能基本完成课程目标（6分）	
学生互评20%	检测原理	能用检测原理解释试验结果		口述检测原理（3分）	
	操作技能	1. 能按照操作规范进行辣椒粉中苏丹红的测定	标准溶液配制	操作正确（1分）	
			样品处理	操作正确（1分）	
			仪器准备、开机	检查色谱柱、检测器、输液泵等（1分）	
				检查流动相等（1分）	
				正确开启液相色谱仪（1分）	
			参数设置	流动相比例设置正确（1分）	
				梯度洗脱程序设置正确（1分）	
				检测器，柱温箱条件设置正确（1分）	
				方法保存、命名、下载正确（1分）	
			上机测试	单次分析信息填写正确（1分）	
				润洗三次，进样针无气泡（1分）	
				进样操作正确（1分）	
			仪器关机	降温、关机操作正确（1分）	
		2. 能对检验结果进行记录和数据处理		再解析-标准曲线制作（1分）	
				再解析-样品测试（1分）	
				记录原始数据，书写计算过程，结果保留三位有效数字（1分）	
				结果判断（1分）	

续表

<table>
<tr><th>评价方式</th><th colspan="2">考核项目</th><th>评价项目</th><th>评价要求</th><th>评价分数</th></tr>
<tr><td rowspan="14">教师学业评价70%</td><td>课前</td><td>方法能力</td><td>课前学习（5分）</td><td>课前能独立通过网络学习资源库获取辣椒粉中苏丹红的检测标准，并结合微课归纳检测要点</td><td></td></tr>
<tr><td rowspan="12">课中</td><td rowspan="5">知识素质</td><td rowspan="5">相关知识（10分）</td><td>1. 能写出本次实验检测依据及方法（2分）</td><td></td></tr>
<tr><td>2. 能说出苏丹红的理化性质及用途（2分）</td><td></td></tr>
<tr><td>3. 能写出食品中苏丹红的检测原理（2分）</td><td></td></tr>
<tr><td>4. 能说出苏丹红的危害（2分）</td><td></td></tr>
<tr><td>5. 能写出操作过程中的思考题（2分）</td><td></td></tr>
<tr><td rowspan="7">实操能力</td><td rowspan="7">实验操作（50分）</td><td>1. 能写出工作流程（5分）</td><td></td></tr>
<tr><td>2. 能通过观看微课，完成苏丹红的检测流程图（5分）</td><td></td></tr>
<tr><td>3. 能按照操作规范进行食品（辣椒粉）中苏丹红的检测，能正确使用液相色谱仪（20分）</td><td></td></tr>
<tr><td>4. 能对检验结果进行记录和数据处理（10分）</td><td></td></tr>
<tr><td>5. 能正确判断苏丹红的含量是否合格（2分）</td><td></td></tr>
<tr><td>6. 结果保留正确的有效数字（3分）</td><td></td></tr>
<tr><td>7. 结果记录真实，字迹工整，报告规范（5分）</td><td></td></tr>
<tr><td>课后</td><td>方法能力</td><td>任务拓展（5分）</td><td>完成蛋黄中苏丹红测定的方案设计，或录制检测视频并上交</td><td></td></tr>
<tr><td colspan="5">总分</td><td></td></tr>
</table>

注：每个评分项目里，如一旦出现安全问题皆为0分。

学习心得

拓展训练

○ 完成蛋黄中苏丹红检测的方案设计，绘制相关操作流程或录制检测视频。（提示：利用互联网、国家标准、微课等。）

巩固反馈

1. 苏丹红是一种工业染料，不允许添加到________中。
2. 在高效液相色谱流程中，试样混合物在（　　）中被分离。

   A. 检测器　　B. 记录器　　C. 色谱柱　　D. 进样器
3. 请填写固相萃取柱的结构。

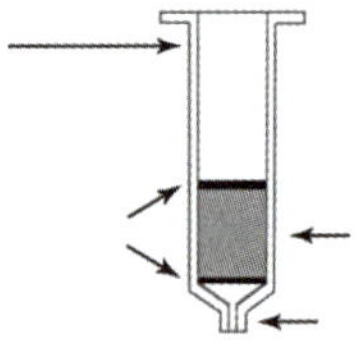

4. 与老师和同学进行交流讨论，总结辣椒粉中苏丹红检测的技术要点。

模块三

食品中农药残留的检测

任务一　果蔬中有机磷农药残留的检测

学习目标

知识目标

1. 能说出果蔬中有机磷农药残留常用的检测方法及其适用范围和特点。
2. 能理解气相色谱法测定果蔬中有机磷农药残留的原理。
3. 能说出有机磷农药残留测定中各种试剂的作用。

技能目标

1. 能根据果蔬中有机磷农药残留的特点及食品性质，选择合适的测定方法。
2. 能按照要求配制有机磷农药残留检测的实验试剂。
3. 能根据要求对样品进行处理。
4. 能熟练的使用气相色谱仪对处理后的样品进行色谱检测，并对检测后的数据进行处理。
5. 能准确进行数据记录与报告，并正确评价食品中有机磷农药残留是否符合标准。

素养目标

1. 能严格遵守实验现场8S管理规范。
2. 能正确表达自我意见，并与他人良好沟通、合作。
3. 具有严谨、求实的工作作风，精益求精的工匠精神，时刻关注食品安全、保障人民身体健康的职业素养。

任务描述

我国作为世界上的人口大国，要用占世界7%的耕地及6%的淡水资源，供养占世界22%的人口，新型农药使用的投入产出比已高达1∶10，一般农药品种的投入产出比也达1∶4。农药为我国农业的稳步发展做出了巨大的贡献，但农药的不规范用药和不合理使用以及环境污染也造成了农药残留超标的现象，成为影响食品安全的重要因素之一。2010年1月，武汉市农业局在抽检中发现来自南方某地的豇豆样品多次抽检均发现禁用高毒农药——水胺硫磷。随后，广州等地也先后查出了“毒豇豆”。相关部门依照有关法律法规的规定立即对不合格豇豆予以销毁，并根据农产品市场准入的规定采取了相应的市场监管措施。由于发现的及时，未对人民身体健康造成严重危害。

本次任务依据NY/T 761—2008《蔬菜和水果中有机磷、有机氯、拟除虫菊酯和氨基甲酸酯类农药多残留的测定》中蔬菜水果有机磷的检测气相色谱法（第二法）进行检测。如图3-1和图3-2所示，我们将按照以下环节完成学习任务。

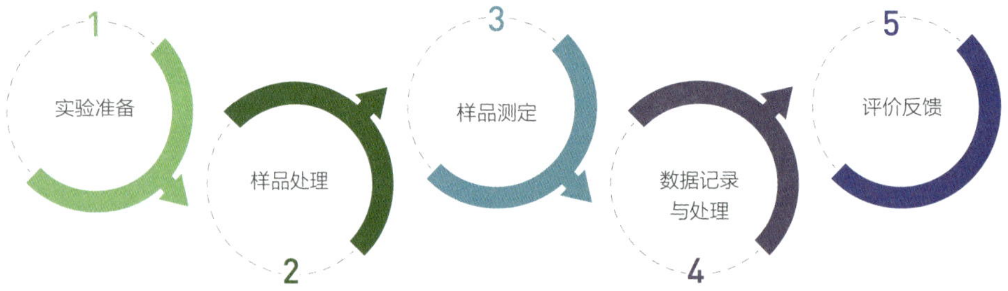

图3-1 “果蔬中有机磷农药残留的测定”实施环节

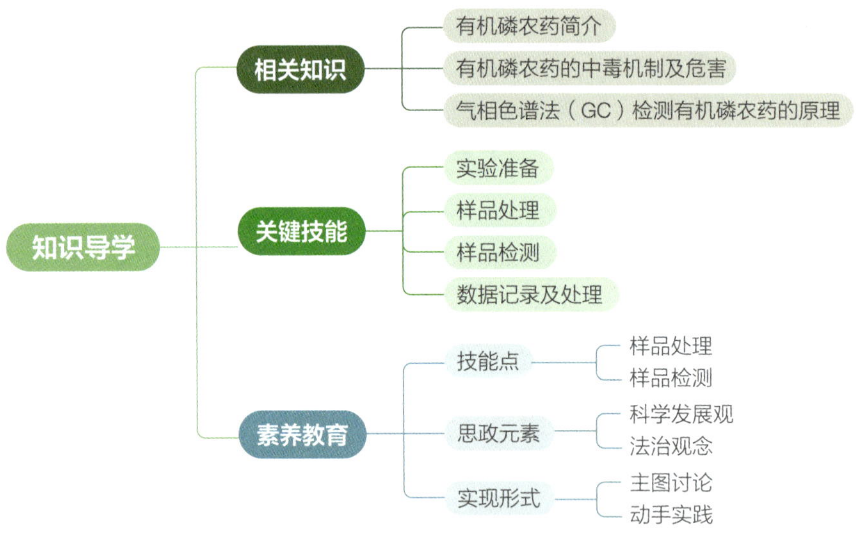

图3-2 “果蔬中有机磷农药残留的测定”知识思维导图

任务要求

1. 独立完成白菜中有机磷农药残留的检测任务。

2. 根据检测结果判断白菜是否符合GB 2763—2021《食品安全国家标准 食品中农药最大残留限量》中规定的有机磷残留限量。

知识链接

一、资源链接

通过网络资源获取NY/T 761—2008《蔬菜和水果中有机磷、有机氯、拟除虫菊酯和氨基甲酸酯类农药多残留的测定》、GB 2763—2021《食品安全国家标准　食品中农药最大残留限量》、JJG 196—2006《常用玻璃量器检定规程》、GB/T 602—2002《化学试剂　杂质测定用标准溶液的制备》、GB/T 603—2023《化学试剂　试验方法中所用制剂及制品的制备》、GB/T 8170—2008《数值修约规则与极限数值的表示和判定》等相关资料。

果蔬中有机磷农药残留的检测课件

果蔬中有机磷农药残留的检测微课

二、相关知识

（一）有机磷农药简介

有机磷农药是一种含磷的有机化合物，含有P=O或P=S基团，其结构通式如图3-3所示。其中R_1、R_2在我国目前生产的品种中多为甲氧基（CH_3O）或乙氧基（C_2H_5O）；X为氧（O）或硫（S）原子；Z为烷氧基、苯氧基或其他更为复杂的取代基团。

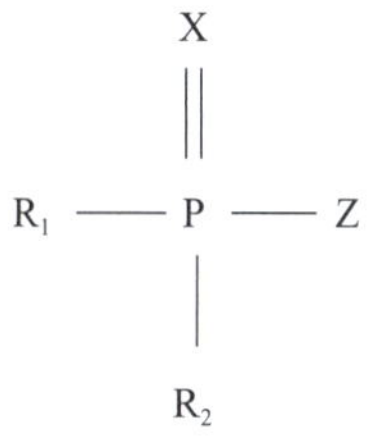

图3-3　有机磷农药结构通式

有机磷农药大多呈油状或结晶状，工业品呈淡黄色至棕色，除敌百虫和敌敌畏之外，大多有蒜臭味。一般不溶于水，易溶于有机溶剂如苯、丙酮、乙醚、三氮甲烷及油类，对光、热、氧不稳定，遇碱易分解破坏。敌百虫除外，敌百虫为白色结晶，能溶于水，遇碱可转变为毒性较大的敌敌畏。

有机磷农药具有用药量小、易分解、在作物上残留时间短、在人畜体内不蓄积等优点，逐渐取代了有机氯农药，但有机磷农药的不规范使用很容易造成蔬菜中有机磷农药残留量超标。有机磷农药一般在根茎类作物比在叶菜类或豆类残留时间长，受有机磷农药污染的蔬菜、水果经7～10d大致能消失一半，低毒性有机磷农药残留在植物性食品上经数天至2～3周可全部降解。通过改进食品加工制作方式也可减少农药的残留，将蔬菜、瓜果等农产品在食用前彻底清洗、浸泡、削皮、加热、烹饪等，可明显减少农药残留量。

（二）有机磷农药的中毒机制及危害

有机磷农药经皮肤、呼吸和胃肠中毒，特别是脂溶性溶液经皮肤吸收得更快，很容易与人、畜体内的胆碱酯酶结合，使胆碱酯酶的活性受到抑制，降低或丧失其分解乙酰胆碱的能力，导致乙酰胆碱在体内大量蓄积而造成腺体分泌增加，以及支气管黏液腺大量分泌，可引起肺水肿造成人呼吸窘迫综合征。有机磷农药也是一种神经性毒物，能够直接损害中枢神经系统，哺乳动物中毒后，表现瞳孔缩小、流涎、出汗、呼吸困难等症状，严重者可发生昏迷、抽搐甚至因呼吸衰竭而死亡。

（三）气相色谱法（GC）检测有机磷农药的原理

试样中有机磷类农药用乙腈提取，提取液经过过滤、浓缩后，用丙酮定容，注入气相色谱仪，农药组分经毛细管柱分离，用火焰光度检测器（FPD）检测，以保留时间定性、外标法定量。火焰光度检测器工作原理示意图如图3-4所示。

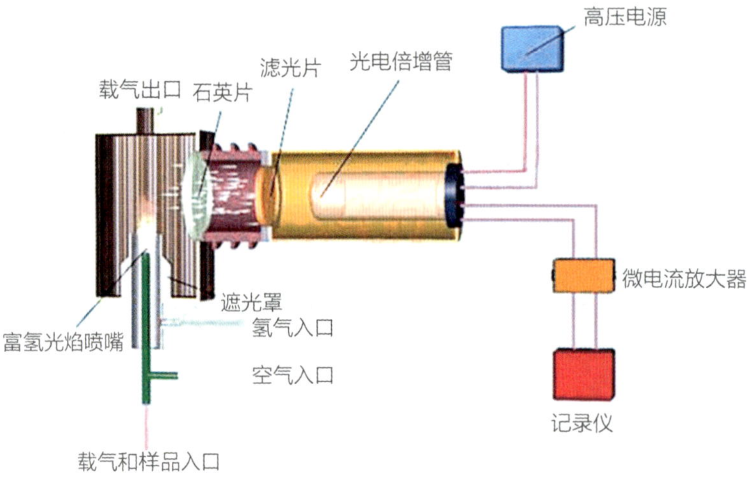

图3-4　火焰光度检测器工作原理示意图

三、问题探究

1. 有机磷农药标准品为什么要用棕色瓶盛装?

有机磷农药具有对光、热、氧不稳定，见光易分解的特点，在检测过程中为了避免标准品的损失常用棕色瓶盛装。

2. 有机磷农药残留的检测方法有哪些?

目前检测有机磷农药残留的方法主要有气相色谱法（GC）、气相色谱-质谱法（GC-MS）、薄层酶抑制法、刚果红法（定性）、纸上斑点法（定性）。

四、预习与讨论

1. 阅读学习相关资源，了解有机磷农药残留的检测意义，归纳有机磷农药残留测定的相关知识。

2. 绘制操作流程小报并初拟实验方案。

3. 完成老师发布的预习小测验等相关预习任务，手机扫码完成课前测试。

果蔬中有机磷农药残留的检测课前测试

提示

在整个任务实施过程中遵守实验室用水、用电安全操作指南及实验室各项规章制度和玻璃器皿的安全使用规范。

任务实施

一、实验准备

1. 仪器和设备

配图	仪器与设备	说明
	气相色谱仪（带有火焰光度检测器）、粉碎机、旋转蒸发仪、组织捣碎机、分析天平等分析实验室常用仪器设备	本节实验选用岛津公司 GC-2014C

2. 检测样品

配图	样品	说明
	从农贸市场买回的新鲜蔬菜约 500g	本实验以大白菜为例

二、实施操作

1. 试剂及配制

本实验所用试剂主要有：乙腈、丙酮、二氯甲烷、氯化钠、无水硫酸钠、助滤剂Celite 545，水为一级水，乙腈、丙酮为色谱纯，其余为分析纯。

注意：本着节约环保的原则，计算实验试剂用量后，进行溶液配制。

试剂名称	配制方法	操作说明
单一农药标准溶液 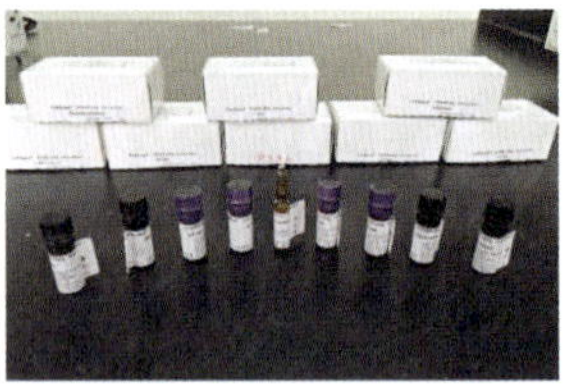	将有机磷农药标准品敌百虫、敌敌畏、甲胺磷、乐果、毒死蜱、马拉硫磷和水胺硫磷用丙酮做溶剂配制成浓度为1000μg/mL的单一农药标准储备液	（1）购自中国标准物质中心，存放在4℃冰箱中。 （2）农药标准品有溶液和粉剂两种形式，使用前需要配制。配制应在通风橱中进行
农药混合标准溶液	以丙酮为稀释制作梯度浓度分别为2.0μg/mL，4.0μg/mL，6.0μg/mL，8.0μg/mL，10.0μg/mL的农药混合标准溶液于25mL容量瓶	—

2. 试样制备

配图	操作步骤	操作说明
	将抽取的白菜切碎，放入粉碎机中并盖好盖子，充分粉碎后装入样品袋中，贴好标签，制成待测样品	样品粉碎尽量均匀
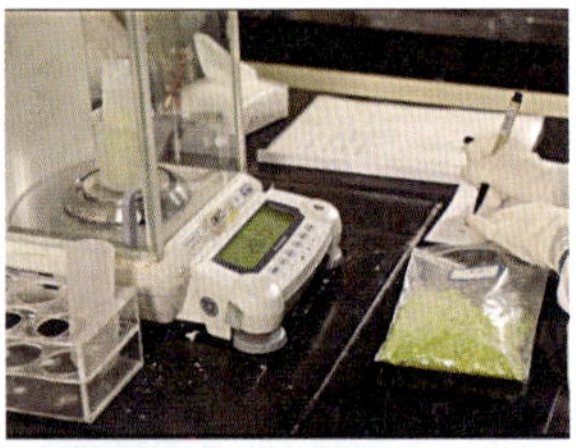 	称取约25.0g（精确至小数点后三位）试样于80mL离心管中，加入50.0mL乙腈，经涡旋震荡2min后用滤纸过滤。 滤液收集到装有5~7g氯化钠的具塞玻璃管中，盖好盖子，剧烈震荡1min，在室温下静置30min，使乙腈相和水相分层，同时做空白对照	（1）称取精确到0.001g。 （2）如果分层不明显可以使用离心机，6000r/min，5min

配图	操作步骤	操作说明
 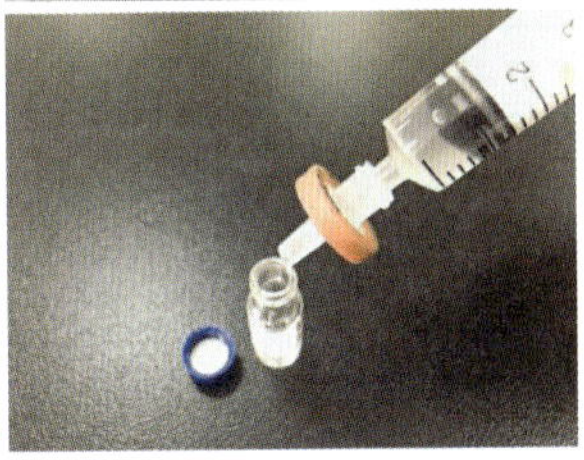	样品净化：从具塞玻璃管中吸取10.00mL乙腈溶液于梨形烧瓶中，在旋转蒸发仪中以45℃水浴蒸发近干，再用约3mL丙酮分次冲洗烧瓶并转移至5.0mL容量瓶，最后用丙酮定容，溶液经0.45μm有机滤膜过滤后供气相色谱检测	旋蒸前，先预热旋蒸瓶，待真空度达到后再开始旋蒸

3. 样品检测

配图	操作步骤	操作说明
	接通电源，依次打开氮氢空一体机上的氮气、氢气、空气电源键，待相应气体压力显示表盘至工作压力	（1）整个滴定过程应在90s内完成。 （2）注意滴定管的规范操作并规范读数
	调节气相色谱空气、氢气流量阀为设定值	—
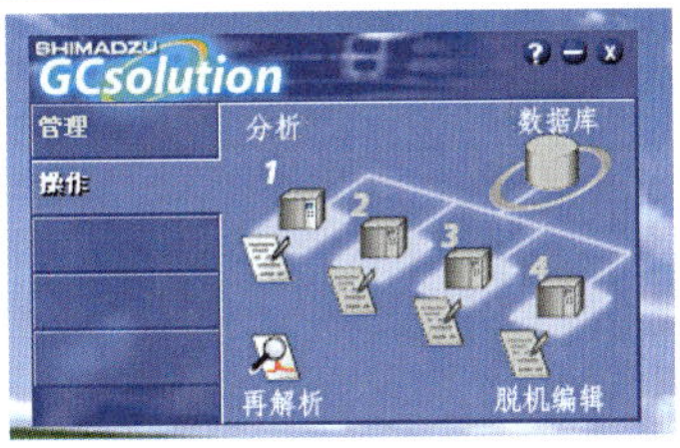	打开色谱仪电源开关，待GC进入自检，自检完成后开启计算机，进入Windows系统后，双击电脑桌面的工作站软件	—

<table>
<tr><th>配图</th><th>操作步骤</th><th>操作说明</th></tr>
<tr><td>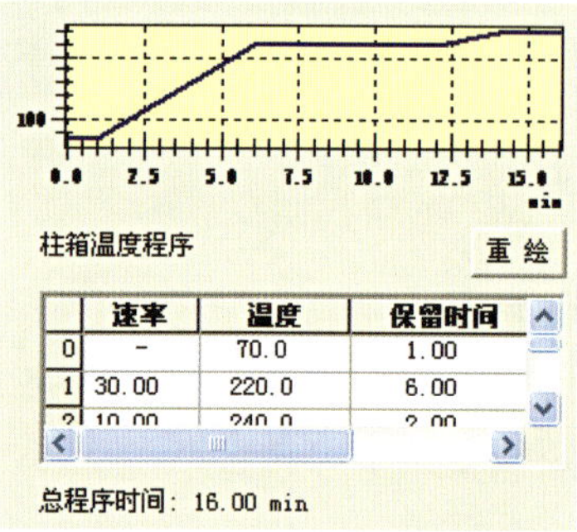
</td><td>仪器参数的设置：在工作站软件“分析”窗口中设定仪器测定条件。进样口温度为220℃，检测器温度250℃。柱子温度程序升温：柱温150℃，保持2min，以8℃/min升至250℃，保持12min。氮气（N_2）：1.0mL/min。进样量：1μL，不分流</td><td>窗口不要选择错误，注意观察检测器是否点火成功</td></tr>
<tr><td>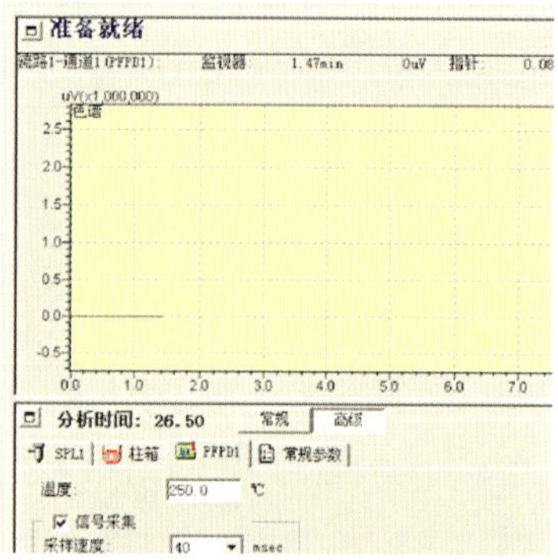
</td><td>样品分析：观察工作站，大约30min后基线变得很平稳，即仪器系统稳定，基线调零后即可以进样</td><td>—</td></tr>
<tr><td></td><td>标准曲线制作：选取有机磷标准品，制作梯度浓度分别为2.0μg/mL，4.0μg/mL，6.0μg/mL，8.0μg/mL，10μg/mL分别上机测定，进样量1μL</td><td>注意手动进样的规范操作和保存数据文件</td></tr>
<tr><td>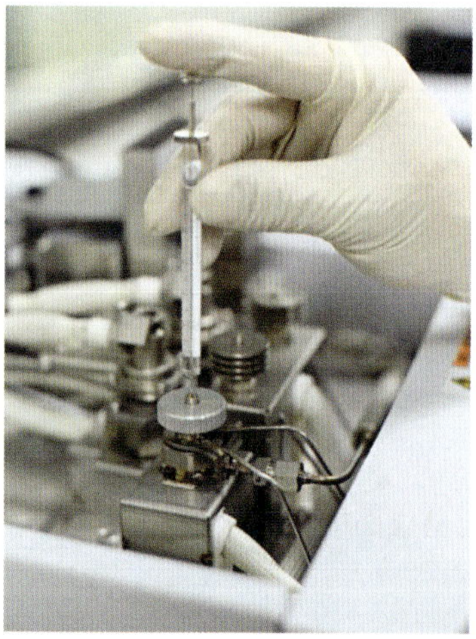</td><td>样品检测：取处理液1μL手动注入气相色谱仪进行分离，以其标准溶液峰的保留时间为依据做定性分析，并依据标准曲线求出样品液中被测物质的含量做定量分析</td><td>注意保存方法文件</td></tr>
</table>

<table>
<tr><th>配图</th><th>操作步骤</th><th>操作说明</th></tr>
<tr><td>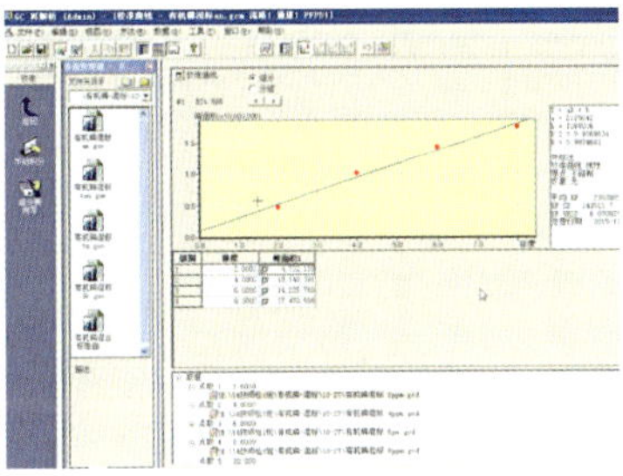</td><td>数据处理：在工作站软件“再解析”窗口中绘制标准曲线，将标准曲线方法文件拖入样品色谱图得到样品中有机磷农药原始含量</td><td>注意保存方法文件</td></tr>
<tr><td>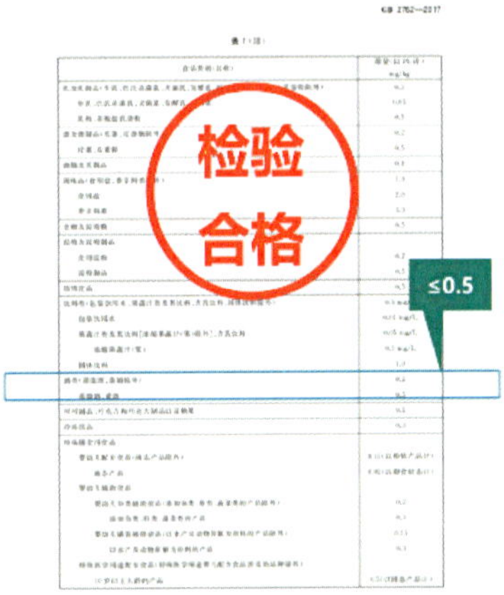</td><td>结果判定：将数据处理中的结果与GB 2763—2021《食品安全国家标准　食品中农药最大残留限量》中相对应的有机磷农药残留标准做对比，判定产品是否合格</td><td>—</td></tr>
<tr><td>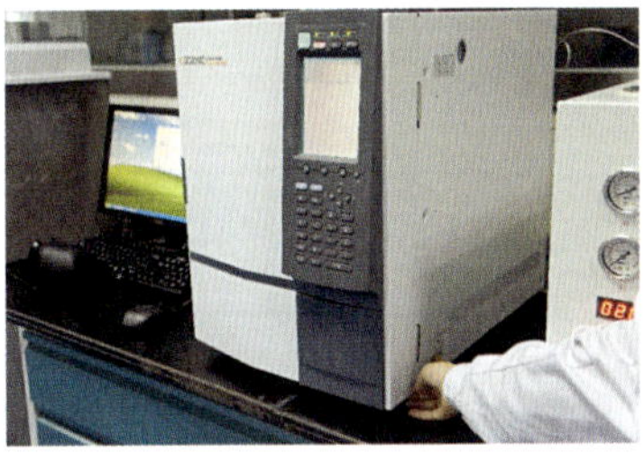</td><td>关机：将检测器关闭，将进样口、柱温箱降至50℃以下，待检测器温度降至100℃以下，关闭软件，关闭主机及电脑，最后关闭氮氢空一体机上的氮气、氢气、空气开关</td><td>注意载气氮气应最后关闭；按照8S相关规范，整理现场和处理废弃物，并做好仪器使用记录</td></tr>
</table>

4. 数据记录及处理

“果蔬中有机磷农药残留检测”检测记录表

<table>
<tr><td>检验样品</td><td colspan="2"></td><td>检测方法</td><td></td></tr>
<tr><td>仪器名称</td><td colspan="2"></td><td>检测项目</td><td></td></tr>
<tr><td>仪器编号</td><td colspan="2"></td><td>检测依据</td><td></td></tr>
<tr><td rowspan="5">仪器条件</td><td>进样方式</td><td colspan="3"></td></tr>
<tr><td>进样口温度</td><td colspan="3"></td></tr>
<tr><td>升温程序</td><td colspan="3"></td></tr>
<tr><td>检测器温度</td><td colspan="3"></td></tr>
<tr><td>进样量</td><td colspan="3"></td></tr>
</table>

续表

<table>
<tr><td colspan="7">绘制标准曲线</td></tr>
<tr><td>标准溶液浓度/（mg/L）</td><td></td><td></td><td></td><td></td><td></td><td></td></tr>
<tr><td>峰面积</td><td></td><td></td><td></td><td></td><td></td><td></td></tr>
<tr><td colspan="2">标准物质线性回归方程</td><td colspan="2"></td><td colspan="2">R^2值</td><td></td></tr>
<tr><td colspan="7">样品测定</td></tr>
<tr><td colspan="2"></td><td colspan="2">样Ⅰ</td><td colspan="2">样Ⅱ</td><td>样Ⅲ</td></tr>
<tr><td colspan="2">试样的质量/g</td><td colspan="2"></td><td colspan="2"></td><td></td></tr>
<tr><td colspan="2">提取溶剂总体积/mL</td><td colspan="2"></td><td colspan="2"></td><td></td></tr>
<tr><td colspan="2">吸取出用于检测的提取溶液的体积/mL</td><td colspan="2"></td><td colspan="2"></td><td></td></tr>
<tr><td colspan="2">样品溶液定容体积/mL</td><td colspan="2"></td><td colspan="2"></td><td></td></tr>
<tr><td colspan="2">试样中有机磷农药的含量/（mg/kg）</td><td colspan="2"></td><td colspan="2"></td><td></td></tr>
<tr><td colspan="2">试样中有机磷农药的平均含量/（mg/kg）</td><td colspan="5"></td></tr>
<tr><td colspan="2">空白样品有机磷含量/（mg/kg）</td><td colspan="5"></td></tr>
<tr><td colspan="2">精密度/%</td><td colspan="5"></td></tr>
<tr><td colspan="2">检验结论</td><td colspan="5"></td></tr>
</table>

样品中有机磷农药的含量按下式计算：

$$\omega = \frac{V_1 \times A \times V_3}{V_2 \times A_s \times m} \times \rho$$

式中 ω——试样中有机磷农药的含量，mg/kg；

ρ——标准溶液中农药的质量浓度，mg/L；

A——样品溶液中被测农药的峰面积；

A_S——农药标准液总被测农药的峰面积；

V_1——提取溶剂总体积，mL；

V_2——吸取出用于检测的提取溶液的体积，mL；

V_3——样品溶液定容体积，mL；

m——试样的质量，g。

说明：检测结果保留三位有效数字。精密度按照GB/T6379.2—2004《测量方法与结果的准确度（正确度与精密度）第2部分：确定标准测量方法重复性与再现性的基本方法》规定确定，获得重复性和再现性的值以95%的可信度来计算。

检验人员		复核人员	

评价反馈

“果蔬中有机磷农药残留的测定”考核评价表

<table>
<tr><th>评价方式</th><th>考核项目</th><th colspan="2">评价项目</th><th>评价要求</th><th>评价分数</th></tr>
<tr><td rowspan="3">自我评价10%</td><td rowspan="2">实验准备</td><td colspan="2">1. 能正确计算试剂使用量</td><td>正确计算试剂（2分）</td><td></td></tr>
<tr><td colspan="2">2. 能与小组其他成员协作正确配制实验试剂</td><td>正确配制试剂（2分）</td><td></td></tr>
<tr><td>学习成果</td><td colspan="2">课程目标完成情况</td><td>能基本完成课程目标（6分）</td><td></td></tr>
<tr><td rowspan="18">学生互评20%</td><td>检测原理</td><td colspan="2">能用检测原理解释结果</td><td>口述检测原理（3分）</td><td></td></tr>
<tr><td rowspan="17">操作技能</td><td rowspan="13">1. 能按照操作规范进行食品（白菜）中有机磷农药残留的检测</td><td>标准溶液配制</td><td>操作正确（1分）</td><td></td></tr>
<tr><td>样品处理</td><td>操作正确（1分）</td><td></td></tr>
<tr><td rowspan="3">仪器准备开机</td><td>检查色谱柱、检测器（1分）</td><td></td></tr>
<tr><td>正确开启气路系统（1分）</td><td></td></tr>
<tr><td>正确开启气相色谱仪（1分）</td><td></td></tr>
<tr><td rowspan="4">参数设置</td><td>进样口温度、检测器温度设置正确（1分）</td><td></td></tr>
<tr><td>升温程序设置正确（1分）</td><td></td></tr>
<tr><td>载气流量、进样量、分流比设置（1分）</td><td></td></tr>
<tr><td>方法保存、命名、下载正确（1分）</td><td></td></tr>
<tr><td rowspan="3">上机测试</td><td>单次分析信息填写正确（1分）</td><td></td></tr>
<tr><td>进样针润洗三次，无气泡（1分）</td><td></td></tr>
<tr><td>进样操作正确（1分）</td><td></td></tr>
<tr><td>仪器关机</td><td>降温、关机操作正确（1分）</td><td></td></tr>
<tr><td colspan="2" rowspan="4">2. 能对检验结果进行记录和数据处理</td><td>再解析-标准曲线制作（1分）</td><td></td></tr>
<tr><td>再解析-样品测试（1分）</td><td></td></tr>
<tr><td>记录原始数据，书写计算过程，结果保留三位有效数字（1分）</td><td></td></tr>
<tr><td>结果判断（1分）</td><td></td></tr>
</table>

续表

<table>
<tr><th>评价方式</th><th colspan="2">考核项目</th><th>评价项目</th><th>评价要求</th><th>评价分数</th></tr>
<tr><td rowspan="15">教师学业评价70%</td><td>课前</td><td>方法能力</td><td>课前学习（5分）</td><td>课前能独立通过网络学习资源库获取食品中有机磷农药残留检测标准，并结合微课归纳检测要点（5分）</td><td></td></tr>
<tr><td rowspan="12">课中</td><td rowspan="5">知识素质</td><td rowspan="5">相关知识（10分）</td><td>1. 能写出本次实验检测依据及方法（2分）</td><td></td></tr>
<tr><td>2. 能写出食品中有机磷农药的特点（2分）</td><td></td></tr>
<tr><td>3. 能写出食品中有机磷农药残留的检测原理（2分）</td><td></td></tr>
<tr><td>4. 能写出食品中有机磷农药残留的检测意义（2分）</td><td></td></tr>
<tr><td>5. 能写出操作过程中的思考题（2分）</td><td></td></tr>
<tr><td rowspan="7">实操能力</td><td rowspan="7">实验操作（50分）</td><td>1. 能写出工作流程（5分）</td><td></td></tr>
<tr><td>2. 能通过观看微课，完成检测流程图（5分）</td><td></td></tr>
<tr><td>3. 能按照操作规范进行食品中有机磷农药残留的检测，能正确使用气相色谱仪（20分）</td><td></td></tr>
<tr><td>4. 能对检验结果进行记录和数据处理（10分）</td><td></td></tr>
<tr><td>5. 能正确进行气相色谱仪的维护（2分）</td><td></td></tr>
<tr><td>6. 能正确进行再解析（3分）</td><td></td></tr>
<tr><td>7. 结果记录真实，字迹工整，报告规范（5分）</td><td></td></tr>
<tr><td>课后</td><td>方法能力</td><td>任务拓展（5分）</td><td>完成鸭梨中有机磷农药残留成分测定的方案设计，或录制检测视频并上交</td><td></td></tr>
<tr><td colspan="4">总分</td><td></td></tr>
</table>

注：每个评分项目里，如一旦出现安全问题皆为0分。

学习心得

拓展训练

- 完成鸭梨中有机磷农药残留检测的方案设计，绘制相关操作流程或录制检测视频。（提示：利用互联网、国家标准、微课等。）

巩固反馈

1. 本次气相色谱检验需要配置的检测器是（　　）。

   A. 氢火焰离子化检测器（FID）　　B. 电子捕获检测器（ECD）

   C. 火焰光度检测器（FPD）　　D. 氮磷检测器（NPD）

2. 样品处理中加入无水硫酸钠的目的是____________。

3. 在有机磷农药残留的测定中，蔬菜经乙腈匀浆萃取，过滤，滤液加入数克（　　）剧烈振荡后静置分层。

   A. 氯化钠　　B. 碳酸钠

   C. 碳酸氢钠　　D. 氢氧化钠

4. 样品前处理过程中加入氯化钠的目的是____________；加入量过少的现象是____________。

5. 蔬菜水果中有机磷农药残留对人体有哪些危害？应如何避免？

6. 与老师和同学进行交流讨论，总结果蔬中有机磷农药残留检测技术要点。

任务二　果蔬中常见有机氯、拟除虫菊酯农药残留的检测

学习目标

知识目标

1. 能说出食品中有机氯、拟除虫菊酯农药残留常用的检测方法及其适用范围。
2. 能说出气相色谱法测定食品中有机氯、拟除虫菊酯农药残留的原理。
3. 能说出有机氯、拟除虫菊酯农药残留测定中各种试剂的作用。

技能目标

1. 能根据食品中有机氯、拟除虫菊酯农药残留的特点及食品性质，选择合适的测定方法。
2. 能按照要求配制有机氯、拟除虫菊酯农药残留检测的实验试剂。
3. 能根据要求对样品进行处理。
4. 绘制操作流程小报并初拟实验方案。
5. 能熟练的使用气相色谱仪对处理后的样品进行色谱检测，并对检测后的数据进行处理。
6. 能准确进行数据记录与报告，并正确评价食品中有机氯、拟除虫菊酯农药残留是否符合标准。

素养目标

1. 通过有机氯相关知识的学习，认识到民以食为天，食以安为先的重要性；倡导遵纪守法，树立公平公正的食品职业价值观。
2. 严格遵守8S管理规范，及时清理整理，进行养成教育，加速自我成长。

任务描述

有机氯农药化学性质稳定，不易降解，易在脂肪中蓄积，造成慢性中毒，严重危机人体健康。某市场现有一批水果需要检测其中常见有机氯农残的含量，本任务依据GB/T 5009.19—2008《食品中有机氯农药多组分残留量的测定》进行检测。如图3-5和图3-6所示，我们将按照以下环节完成学习任务。

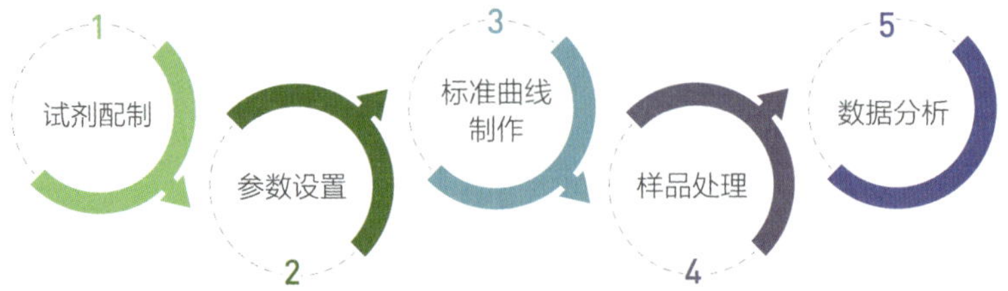

图3-5 “果蔬中常见有机氯、拟除虫菊酯农药残留的检测”实施环节

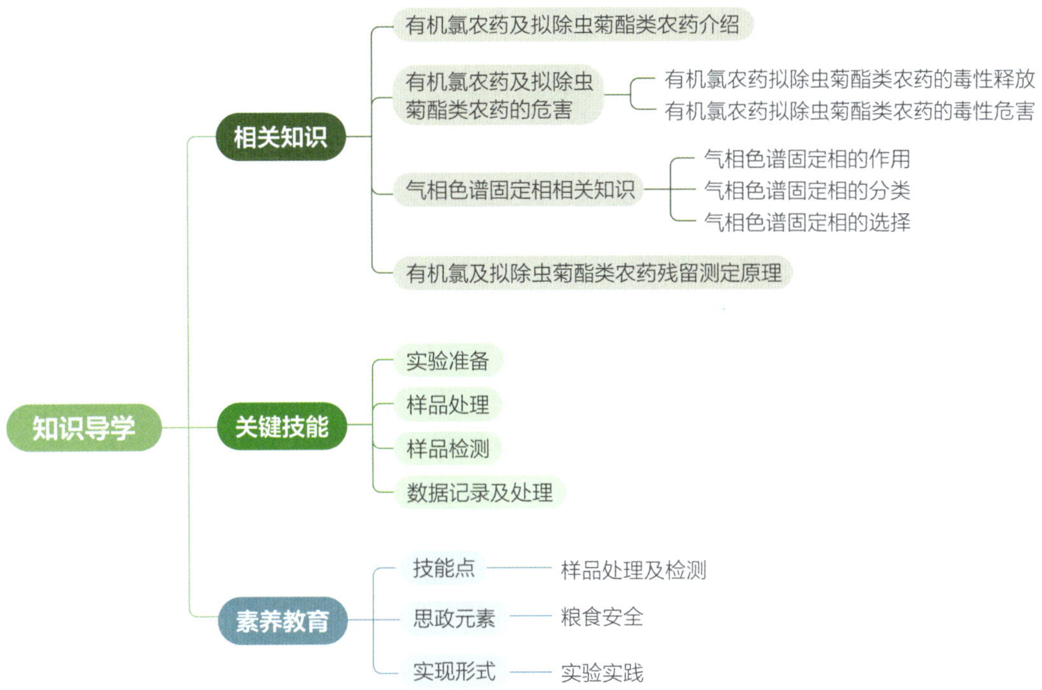

图3-6 “果蔬中常见有机氯、拟除虫菊酯农药残留的检测”知识思维导图

任务要求

1. 独立完成果蔬中常见有机氯、拟除虫菊酯农药残留的检测任务。
2. 学会判断果蔬中常见有机氯、拟除虫菊酯农药残留是否符合国家标准。

知识链接

一、资源链接

通过网络资源获取GB/T 5009.19—2008《食品中有机氯农药多组分残留量的测定》及GB 2763—2021《食品安全国家标准　食品中农药最大残留量》等相关资料。

果蔬中常见有机氯、拟除虫菊酯农药残留的检测课件

二、相关知识

（一）有机氯农药及拟除虫菊酯类农药介绍

有机氯农药和拟除虫菊酯农药结构较稳定，生物体内酶对其难于降解，所以积存在动、植物体内的有机氯农药分子消失缓慢。由于这一特性，通过生物富集和食物链的作用，环境中的残留农药会进一步得到富集。通过食物链进入人体的农药，会在肝、肾、心脏等组织中蓄积。特别是由于这类农药脂溶性强，所以在体内脂肪中的储存更多。蓄积的残留农药也能通过母乳排出，或转入卵、蛋等组织，影响后代。

拟除虫菊酯类杀虫剂是仿效天然除虫菊化学结构制成的合成农药。由于其杀虫谱广、药效高，对哺乳类动物毒性一般较低（对水生动物毒性较大），环境中残留时间较短，所以，目前市售的各种家庭用杀虫剂大多含此类农药。拟除虫菊酯类农药除具有杀虫作用外，还有杀螨、杀菌和抑制霉菌作用。目前已合成的拟除虫菊酯有上千种，我国使用的有20多种，如氯氰菊酯、溴氰菊酯、氰戊菊酯、二氯苯醚菊酯、氯菊酯、杀虫菊酯、甲醚菊酯等。前两种也称敌杀死，其结构图见图3-7。

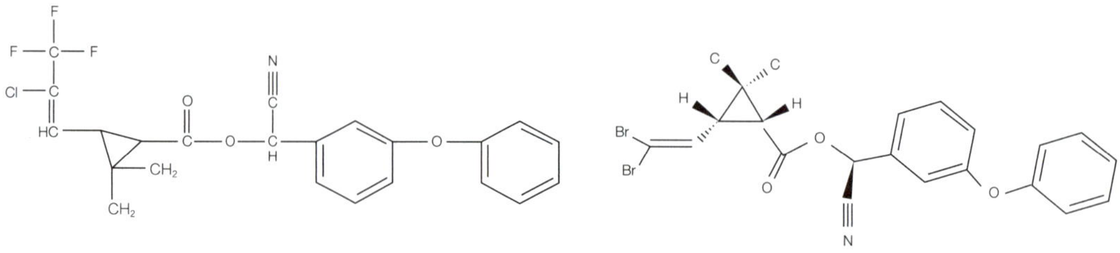

图3-7　氯氰菊酯和溴氰菊酯的结构图

（二）有机氯农药及拟除虫菊酯类农药的危害

1. 有机氯农药及拟除虫菊酯类农药的毒性释放

进入体内的毒物，在肝微粒体混合功能氧化酶（MFO）和拟除虫菊酯酶的作用下，进行氧化和水解等反应而生成酸、醇。主要经肾排出，少数随大便排出。24h内排出50%以上，8d内几乎全部排出，仅有微量残存于脂肪或肝脏中。大量动物试验证明，拟除虫菊酯类农药无致癌、致畸和突变作用。

2. 有机氯农药及拟除虫菊酯类农药的毒性危害

有机氯农药对人体的毒性，主要表现在侵犯神经和实质性器官。重度中毒：呈癫痫样发作，昏迷，甚至呼吸衰竭或心房纤颤而致命，亦可引起肝、肾损害。中度中毒：剧烈呕吐、出汗、流涎、视力模糊、肌肉震颤、抽搐、心悸、昏睡等。

拟除虫菊酯类农药多不溶于水或难溶于水，可溶于多种有机溶剂，对光热和酸稳定，遇碱（pH>8）时易分解。可经消化道、呼吸道和皮肤黏膜进入人体。但因其脂溶性小，所以不易经皮肤吸收，在胃肠道吸收也不完全。毒物进入血液后神经系统及肝肾等脏器浓度较高，但浓度的高低与中毒表现不一定平行。

（三）气相色谱固定相相关知识

1. 气相色谱固定相的作用

色谱分离是基于待测物在流动相和固定相之间的分配平衡而实现的。气相色谱中流动相为气体，气体分子间的相互作用力一般忽略不计。固定相就成了气相色谱分离中的关键，不同固定相对待测物有不同的保留能力，保留能力的差异成为了分离的基础。

2. 气相色谱固定相的分类

气相色谱中的固定相通常分为三类，即固体固定相、液体固定相以及合成固定相。

固体固定相一般采用固体吸附剂，主要有强极性硅胶、中等极性氧化铝、非极性活性炭及特殊作用的分子筛。

液体固定相是由惰性的固体支持物和其表面上涂渍的高沸点有机物液膜所构成的。通常将这种高沸点有机物称为"固定液"。理想的固定液需要满足以下要求：①应是一种高沸点有机化合物，其蒸气压要低，挥发性要小，以免在操作柱温下发生流失而影响柱寿命（一般根据固定液沸点确定其最高使用温度）；②稳定性好，在操作柱温下不分解，并呈液态（一般根据固定液的凝固点决定其最低使用温度），其黏度较低，以保证固定液能均匀地分布在载体上，并减小液相传质阻力；③溶解度大并且具有良好的选择性，这样才能根据各组分溶解度的差异，达到相互分离。

新型的有机合成固定相（如苯乙烯与二乙烯苯共聚），选择性强分离效果好，热稳定性好，无流失现象，粒度均匀，机械强度高，不易破碎。适用于水、气体及低级醇的分析。

随着细管柱技术的发展，色谱柱的柱效显著提高，对选择性的要求有所降低，因此固定相的种类进一步筛选、合并，只保留了主要的聚硅氧烷和聚乙二醇固定相。

3. 气相色谱固定相的选择

根据“相似相溶”原则，选择与样品组分性质相近的固定相。使最难分离的物质对达到要求的分离度，且分析时间适宜。

①分离非极性（或中等极性）组分时，通常选用非极性（或中等极性）固定相。各组分按沸点顺序出峰，低沸点组分先出峰。

②分离极性（或强极性）组分时，一般选用极性（或强极性）固定液，各组分按极性大小顺序流出色谱柱，极性小的先出峰。

③按主要差别选择，若组分的沸点差别大，可选择非极性固定相；若组分的极性差别

大，可选择极性固定相。

④选择具有相同官能团的固定液，可以提高分离的选择性。

⑤易形成氢键的组分（醇、酚、胺）选择极性或氢键型固定液。

⑥对于复杂组分，可选用两种或两种以上的混合液，配合使用，增加分离效果。

（四）有机氯及拟除虫菊酯类农药残留测定原理

试样中有机氯及拟除虫菊酯类农药残留组分经有机溶剂提取、凝胶色谱层析净化后用毛细管柱气相色谱分离，电子捕获检测器检测，以保留时间定性，外标法定量。

三、问题探究

1. 常见的有机氯类农药有哪些?

有机氯农药是用于防治植物病、虫害的组成成分中含有有机氯元素的有机化合物，主要分为以苯为原料和以环戊二烯为原料的两大类。以苯为原料的有机氯农药包括杀虫剂DDT和六六六，杀螨剂三氯杀螨砜、三氯杀螨醇等，以及杀菌剂五氯硝基苯、百菌清、道丰宁等。以环戊二烯为原料的有机氯农药包括作为杀虫剂的氯丹、七氯、艾氏剂等。此外以松节油为原料的莰烯类杀虫剂、毒杀芬和以萜烯为原料的冰片基氯也属于有机氯农药。

2. 电子捕获测器（ECD）的特点有哪些?

电子俘获检测器（ECD）是灵敏度最高的气相色谱检测器，同时又是最早出现的选择性检测器。它仅对那些能俘获电子的化合物，如卤代烃，含N、O和S等杂原子的化合物有响应。由于它灵敏度高、选择性好，也是放射性离子化检测器中应用最广的一种，被广泛应用于生物、医药、农药、环保、金属螯合物及气象追踪等领域。

四、预习与讨论

1. 阅读学习相关资源，了解常见有机氯、拟除虫菊酯农药残留的检测意义，归纳常见有机氯、拟除虫菊酯农药残留测定的相关知识。

2. 绘制操作流程小报并初拟实验方案。

3. 完成老师发布的预习小测验等相关预习任务，手机扫码完成课前测试。

果蔬中常见有机氯、拟除虫菊酯农药残留的检测课前测试

任务实施

> **提示**
> 在整个任务实施过程中遵守实验室用水、用电安全操作指南及实验室各项规章制度和玻璃器皿的安全使用规范。

一、实验准备

1. 仪器和设备

配图	试剂与设备	说明
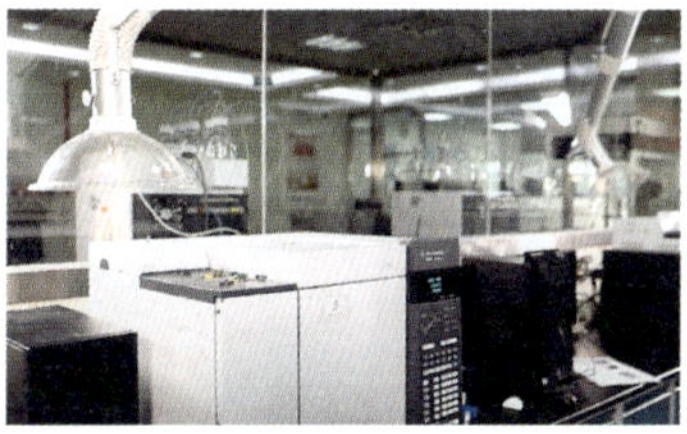	气相色谱仪、烧杯、离心管、移液工具（移液枪、一次性吸管、移液管）、粉碎机、旋转蒸发仪、电子天平、Cleanert Florisil-SPE等	本节实验选用安捷伦7890B气相色谱仪

2. 检测样品

配图	样品	说明
	从农贸市场买回的新鲜果蔬，随机取500g	本实验样品以黄瓜为例

二、实施操作

1. 试剂及配制

本实验所用试剂主要有：丙酮、石油醚、乙酸乙酯、环己烷、正己烷、氯化钠、无水硫酸钠，农药标准品［8种有机氯农药混标（六六六、滴滴涕）、氰戊菊酯、溴氰菊酯、联氰菊酯］，水为一级水，乙腈、丙酮为色谱纯。

注意：本着节约环保的原则，计算实验试剂用量后，进行溶液配制。

试剂名称	配制方法	操作说明
单一农药标准溶液	分别准确称取或量取上述农药标准品适量，用少量苯溶解，再用正乙烷稀释成一定浓度的标准储备液	储存在-18℃以下冰箱中
农药混合标准溶液	量取适量标准储备溶液，用正乙烷稀释为0.02μg/mL，0.04μg/mL，0.06μg/mL，0.08μg/mL，0.10μg/mL系列混合标准溶液	标准物质纯度>99%

2. 试样制备

配图	操作步骤	操作说明
	样品前处理：取新鲜黄瓜不去皮切开，取可食用部分的不同部位将其切段，放入粉碎机，粉碎后装入样品袋，贴上标签；称取20g样品到烧杯中并记录	精确到小数点后四位数字
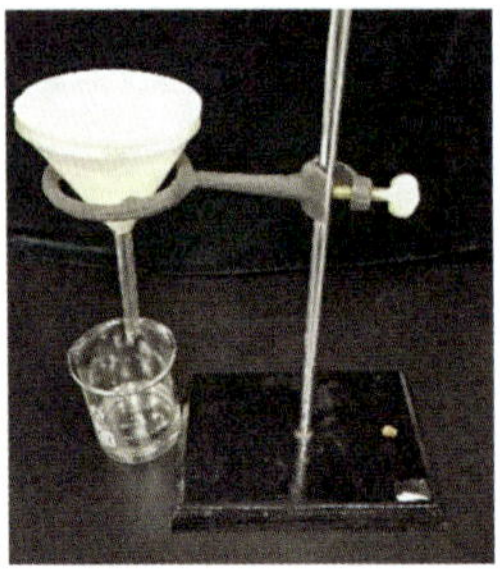	依次加水（总水量约20mL），将样品转移至具塞锥形瓶中，加丙酮40mL，震荡30min，加氯化钠6g，摇匀；加石油醚30mL，振摇30min，静置分层	（1）称取精确到0.001g。 （2）如果样品过于浑浊也可以离心后再测定
	将10g无水硫酸钠放入具塞锥形瓶的滤纸上，将有机相通过全部转移至具塞锥形瓶中	注意转移完全
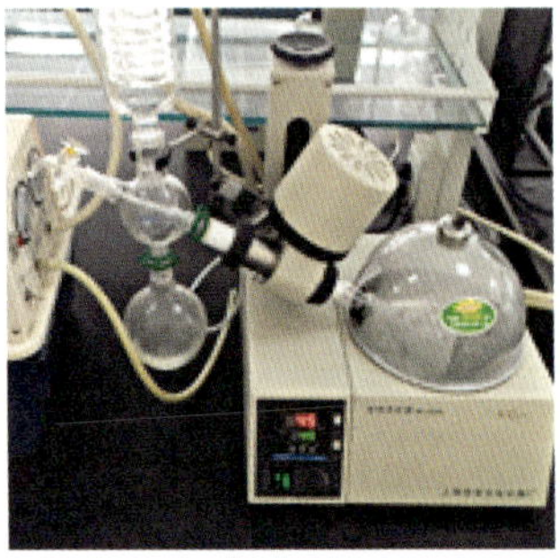	用移液管量取25mL于旋转蒸发瓶中，45℃水浴浓缩至1～2mL，加入2mL乙酸乙酯-环己烷（1+1）再浓缩，如此反复3次，浓缩至约1mL供弗罗里硅土柱净化使用	—

配图	操作步骤	操作说明
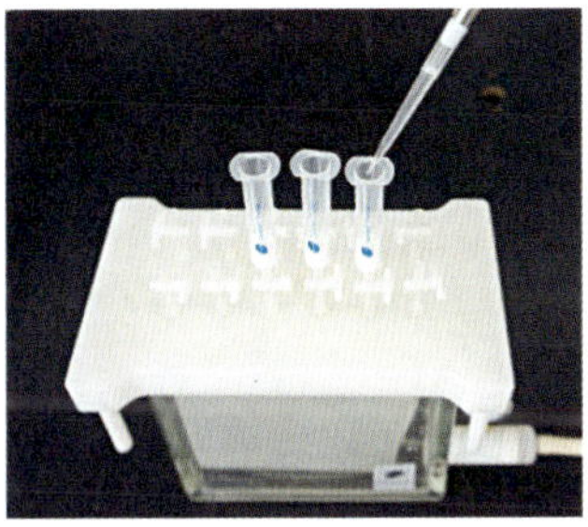	样品浓缩液经弗罗里硅土柱进行抽滤，按以下过程进行：5.0mL丙酮+正己烷（10+90）、5.0mL正己烷活化（流速2～3mL/min），加样（流速1mL/min），用10mL丙酮+正己烷（10+90）淋洗（流速2mL/min），同时收集上样液。（本实验为三个样品，分别为2平行和1空白）	—
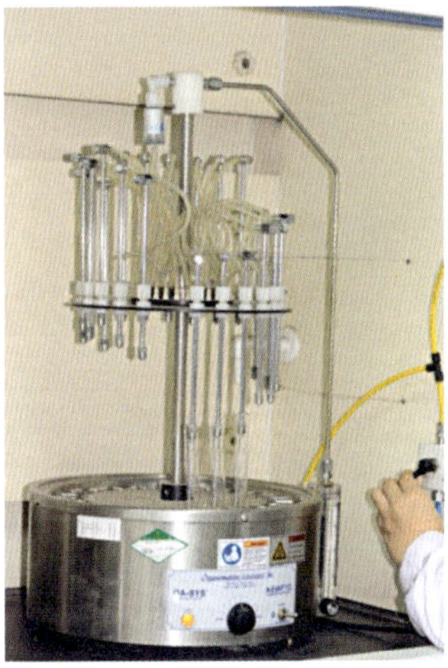	将收集的上样液在氮吹仪55℃，氮吹除去溶剂	氮吹仪55℃
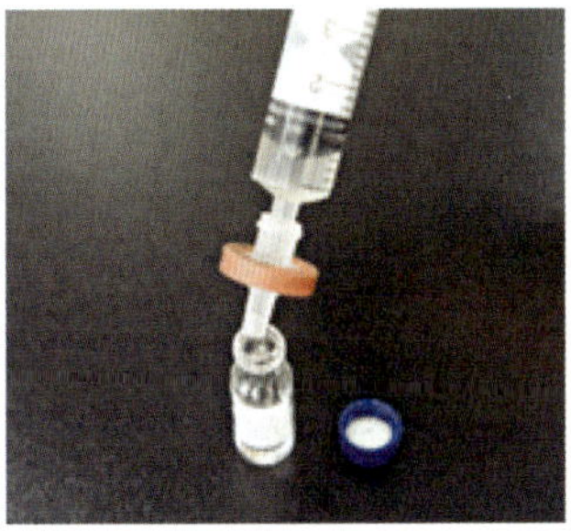	用正己烷定容至1mL容量瓶中，用0.45μm有机滤膜过滤至样品瓶中，待气相色谱分析	应使用有机相滤膜

3. 样品测定

配图	操作步骤	操作说明
	接通电源，开启稳压电源，按下机器开关键，机箱显示屏上出现“开机正常”；开启计算机，进入Windows系统后，双击电脑桌面的工作站软件	仪器开机

配图	操作步骤	操作说明
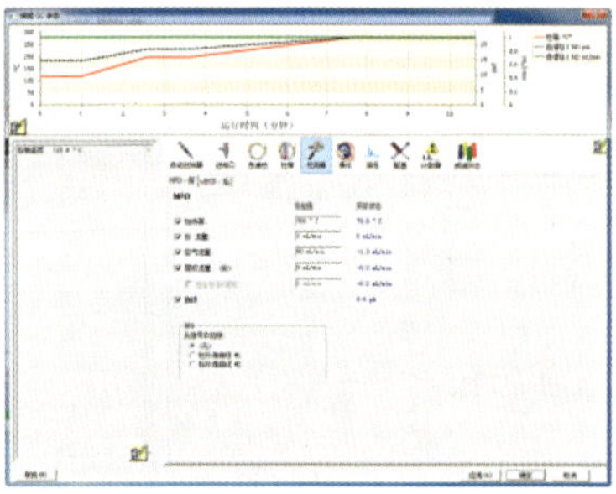	仪器参数的设置：打开工作软件，在工作站软件“分析”窗口中设定相应参数。 色谱柱：HP-5，30m×0.32mm×0.25μm。 温度：进样口280℃；检测器320℃；柱温180℃（保持2min）；6℃/min升温至280℃ 载气：氮气（纯度≥99.999%）。 流速：1.0mL/min。 进样方式：不分流进样。 进样量：1μL	—
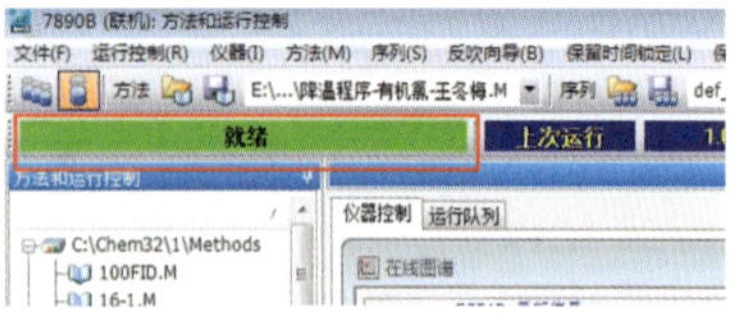	样品分析：等仪器显示就绪后，大约30min左右基线变平稳，即仪器系统稳定，基线调零后即可以进样	—
	标准曲线制作：选取8种有机氯农药标准品，制作梯度浓度分别为0.02μg/mL，0.04μg/mL，0.06μg/mL，0.08μg/mL，0.10μg/mL分别进样，进样体积1μL	—
	样品检测：取样品处理液1μL自动进样（也可手动进样），气相色谱仪进行分离，以其标准溶液峰的保留时间为依据做定性分析，并依据标准曲线求出样品液中被测物质的含量做定量分析	进样方式分为手动和自动进样，根据实际情况进行选择
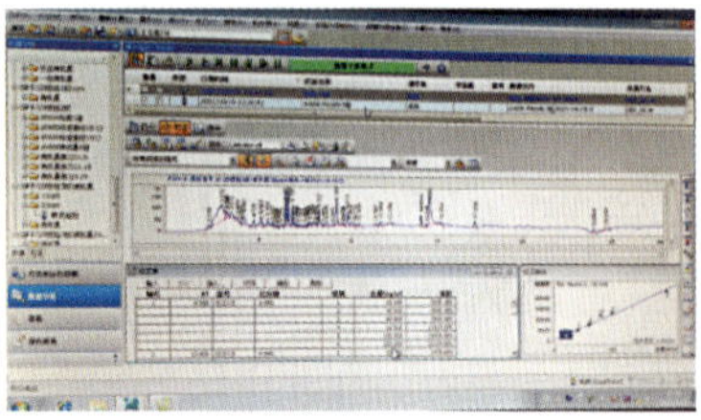	数据处理：在工作站软件“再解析”窗口中绘制标准曲线，并将标准曲线进行方法保存；将标准曲线方法文件拖入样品色谱图得到样品中有机氯农药原始含量；依据计算公式进行计算	—

配图	操作步骤	操作说明
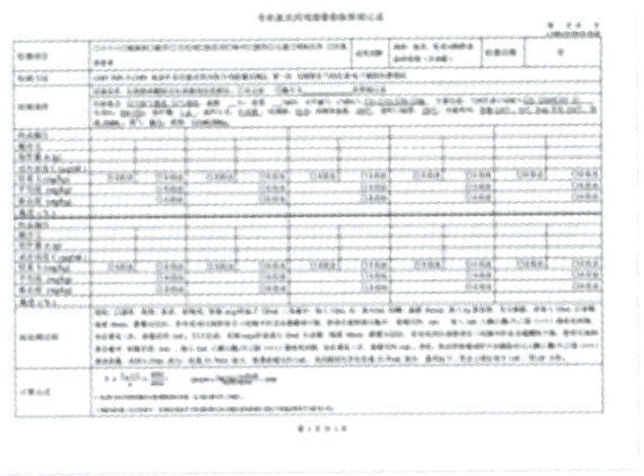	结果判定：将数据处理中的结果与GB 2763—2021《食品安全国家标准　食品中农药最大残留限量》中相对应的有机氯、农药残留标准做对比，判定产品是否合格	—
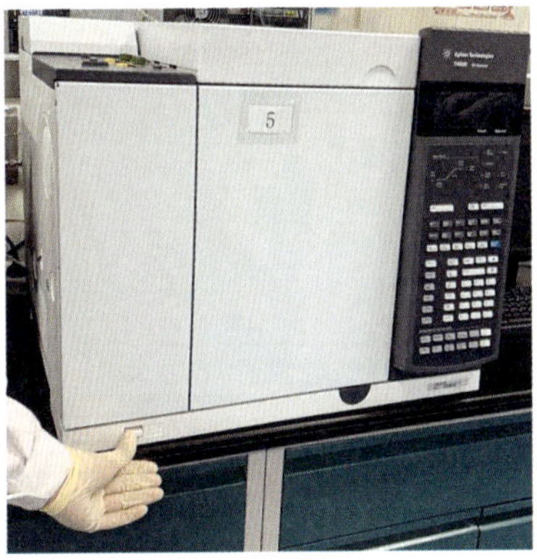	仪器关机：检测结束后，设置关机程序。待进样口，柱温箱温度降为50℃以下，检测器温度降至100℃以下，关闭软件，关闭仪器，最后关闭载气。切断电源，并做好使用记录	按照8S及相关规范，整理现场和处理废弃物

4. 数据记录及处理

“果蔬中常见有机氯、拟除虫菊酯农药残留的检测”检测记录表

检验样品			检测方法			
仪器名称			检测项目			
仪器编号			检测依据			
仪器条件	进样方式					
	进样口温度					
	升温程序					
	检测器温度					
	进样量					
标准溶液浓度/（mg/L）						
峰面积						
标准物质线性回归方程			R^2值			

续表

样品测定			
	样Ⅰ	样Ⅱ	样Ⅲ
试样质量/g			
样液进样体积/μL			
样液最后定容体积/mL			
试样中有机氯及拟除虫菊酯农药含量/（mg/kg）			
试样中有机氯及拟除虫菊酯农药平均含量/（mg/kg）			
空白样品有机氯及拟除虫菊酯农药含量/（mg/kg）			
精密度/%			
检验结果			

样品中有机氯及拟除虫菊酯农药的含量按下式计算：

$$X=\frac{m_1\times V_1\times f\times 1000}{m\times V_2\times 1000}$$

式中 X——试样中有机氯及拟除虫菊酯农药的含量，mg/kg；

m_1——进样体积中有机氯及拟除虫菊酯农药的含量，ng；

V_1——样液进样体积，μL；

f——稀释因子；

m——试样质量，g；

V_2——样液最后定容体积，mL。

说明：检测结果保留两位有效数字。精密度按照GB/T 6379.2—2004《测量方法与结果的准确度（正确度与精密度）第2部分：确定标准测量方法重复性与再现性的基本方法》规定确定，获得重复性和再现性的值以95%的可信度来计算。

检验人员		复核人员	

评价反馈

“果蔬中常见有机氯、拟除虫菊酯农药残留的检测”考核评价表

<table>
<tr><th>评价方式</th><th>考核项目</th><th colspan="2">评价项目</th><th>评价要求</th><th>评价分数</th></tr>
<tr><td rowspan="3">自我评价10%</td><td rowspan="2">实验准备</td><td colspan="2">1. 能正确计算试剂使用量</td><td>正确计算试剂（2分）</td><td></td></tr>
<tr><td colspan="2">2. 能与小组其他成员协作正确配制实验试剂</td><td>正确配制试剂（2分）</td><td></td></tr>
<tr><td>学习成果</td><td colspan="2">课程目标完成情况</td><td>能基本完成课程目标（6分）</td><td></td></tr>
<tr><td rowspan="18">学生互评20%</td><td>检测原理</td><td colspan="2">能用检测原理解释结果</td><td>口述检测原理（3分）</td><td></td></tr>
<tr><td rowspan="17">操作技能</td><td rowspan="13">1. 能按照操作规范进行食品（黄瓜）中有机氯、拟除虫菊酯农药残留的检测</td><td>标准溶液配制</td><td>操作正确（1分）</td><td></td></tr>
<tr><td>样品处理</td><td>操作正确（1分）</td><td></td></tr>
<tr><td rowspan="3">仪器准备开机</td><td>检查色谱柱、检测器（1分）</td><td></td></tr>
<tr><td>正确开启气路系统（1分）</td><td></td></tr>
<tr><td>正确开启气相色谱仪（1分）</td><td></td></tr>
<tr><td rowspan="4">参数设置</td><td>进样口温度、检测器温度设置正确（1分）</td><td></td></tr>
<tr><td>升温程序设置正确（1分）</td><td></td></tr>
<tr><td>载气流量、进样量、分流比设置（1分）</td><td></td></tr>
<tr><td>方法保存、命名、下载正确（1分）</td><td></td></tr>
<tr><td rowspan="3">上机测试</td><td>单次分析信息填写正确（1分）</td><td></td></tr>
<tr><td>进样针润洗三次，无气泡（1分）</td><td></td></tr>
<tr><td>进样操作正确（1分）</td><td></td></tr>
<tr><td>仪器关机</td><td>降温、关机操作正确（1分）</td><td></td></tr>
<tr><td colspan="2" rowspan="4">2. 能对检验结果进行记录和数据处理</td><td>再解析-标准曲线制作（1分）</td><td></td></tr>
<tr><td>再解析-样品测试（1分）</td><td></td></tr>
<tr><td>记录原始数据，书写计算过程，结果保留三位有效数字（1分）</td><td></td></tr>
<tr><td>结果判断（1分）</td><td></td></tr>
</table>

续表

<table>
<tr><th>评价方式</th><th colspan="2">考核项目</th><th>评价项目</th><th>评价要求</th><th>评价分数</th></tr>
<tr><td rowspan="13">教师学业评价70%</td><td>课前</td><td>方法能力</td><td>课前学习（5分）</td><td>课前能独立通过网络学习资源库获取食品中有机氯、拟除虫菊酯农药残留检测标准，并归纳检测要点（5分）</td><td></td></tr>
<tr><td rowspan="12">课中</td><td rowspan="5">知识素质</td><td rowspan="5">相关知识（10分）</td><td>1. 能写出本次实验检测依据及方法（2分）</td><td></td></tr>
<tr><td>2. 能写出食品中有机氯、拟除虫菊酯农药的特点（2分）</td><td></td></tr>
<tr><td>3. 能写出食品中有机氯、拟除虫菊酯农药残留的检测原理（2分）</td><td></td></tr>
<tr><td>4. 能写出食品中有机氯、拟除虫菊酯农药残留的检测意义（2分）</td><td></td></tr>
<tr><td>5. 能写出操作过程中的思考题（2分）</td><td></td></tr>
<tr><td rowspan="7">实操能力</td><td rowspan="7">实验操作（50分）</td><td>1. 能写出工作流程（5分）</td><td></td></tr>
<tr><td>2. 能完成检测流程图（5分）</td><td></td></tr>
<tr><td>3. 能按照操作规范进行食品中有机氯、拟除虫菊酯农药残留的检测，能正确使用气相色谱仪（20分）</td><td></td></tr>
<tr><td>4. 能对检验结果进行记录和数据处理（10分）</td><td></td></tr>
<tr><td>5. 能正确进行气相色谱仪的维护（2分）</td><td></td></tr>
<tr><td>6. 能正确进行再解析（3分）</td><td></td></tr>
<tr><td>7. 结果记录真实，字迹工整，报告规范（5分）</td><td></td></tr>
<tr><td>课后</td><td>方法能力</td><td>任务拓展（5分）</td><td>完成白菜中有机氯、拟除虫菊酯农药残留成分测定的方案设计，或录制检测视频并上交</td><td></td></tr>
<tr><td colspan="5">总分</td><td></td></tr>
</table>

注：每个评分项目里，如一旦出现安全问题皆为0分。

学习心得

拓展任务

拓展任务3：
气相色谱仪的
保养与维护

拓展训练

- 完成白菜中有机氯、拟除虫菊酯农药残留成分测定的方案设计，或录制检测视频。（提示：利用互联网、国家标准、微课等。）

巩固反馈

1. 通过查阅资料简述有机氯农药的特点。

2. 简述有机氯农药对人体的危害。

3. 简述气相色谱法检测有机氯农药残留的原理。

4. 根据GB/T 5009.19—2008《食品中有机氯农药多组分残留量的测定》，检测食品中有机氯农药残留所使用的检测器为（　　）。

   A. TCD　　B. FPD　　C. FID　　D. ECD

5. 六六六和滴滴涕作为高效农药在食品除虫害时可以放心使用。（　　）
6. 未经高温老化处理的色谱柱切不可直接接入ECD检测器中，以免由于污染而影响仪器的正常工作。（　　）
7. 与老师和同学进行交流讨论，总结果蔬中常见有机氯、拟除虫菊酯农药残留检测技术要点。

模块四

食品中兽药残留的检测

任务一　肉与肉制品中氯霉素的检测

学习目标

知识目标

1. 能叙述肉与肉制品中兽药残留的概念和危害。
2. 能说出肉与肉制品中氯霉素的常见检测方法。
3. 能够在观看动画、教师讲解的基础上，复述出高效液相色谱-串联质谱法检测肉与肉制品中氯霉素的原理。
4. 能够在教师的指导下，依据国家标准文件，采用小组合作的方式制订并完善检测方案。

技能目标

1. 能根据检测方案，以小组合作的方式正确配制溶液及处理鸡肉样品。
2. 能通过观看微课和教师演示，以角色分工和角色轮换的方式完成高效液相色谱-串联质谱仪的开机、参数设置、试样分析、数据分析及关机等一系列操作过程。
3. 能准确进行结果计算，并正确评价肉与肉制品中氯霉素含量是否符合标准。

素养目标

1. 通过角色分工和角色轮换的方式，实现多次学习，培养自主学习的习惯，精益求精、严谨细致的职业素养。
2. 能严格遵守实验现场8S管理规范进行实验室的整理和清扫，确保液相色谱仪、质谱仪的清洁，并且实验中注意仪器的标准化操作，强化安全意识及规范操作意识。
3. 实验过程中注重与组员的有效沟通，以及问题的及时反馈，提高沟通能力、协作交往能力、统筹安排能力。
4. 能严格按照实验室危废品回收制度统一回收处理试剂，强化绿色、环保、安全意识，培养责任担当。

任务描述

氯霉素是一种广谱抗生素，过去常用于动物各种传染性疾病的治疗。氯霉素具有严重的毒副作用，在动物组织中的残留不仅对动物和人体有直接危害，而且会诱发致病菌的耐药性，对人类的健康构成巨大的威胁。欧盟、美国等均已规定在可食性动物组织中不得检出氯霉素残留。我国农业农村部于2002年发布的第193号公告《食品动物禁用的兽药及其他化合物清单》中规定禁止生产、经营和使用氯霉素，在可食性动物组织中不得检出氯霉素。因此检测动物性食品中氯霉素残留非常重要。食品检验人员根据GB 31658.20—2022《食品安全国家标准 动物性食品中酰胺醇类药物及其代谢物残留量的测定 液相色谱-串联质谱法》，使用液相色谱-串联质谱法对肉与肉制品中氯霉素含量进行检测。如图4-1和图4-2所示，我们将按照以下环节完成学习任务。

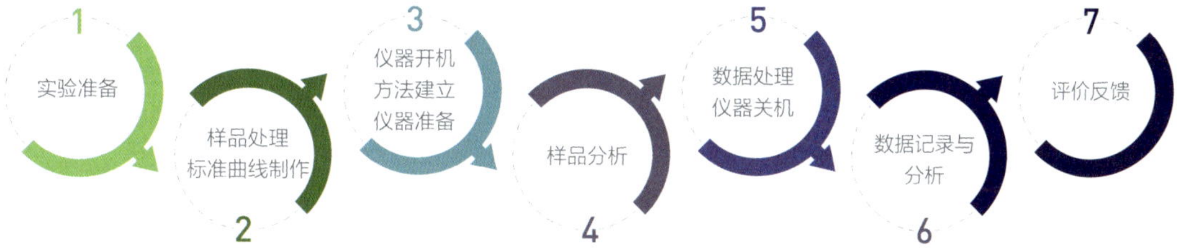

图4-1 “肉与肉制品中氯霉素的检测”实施环节

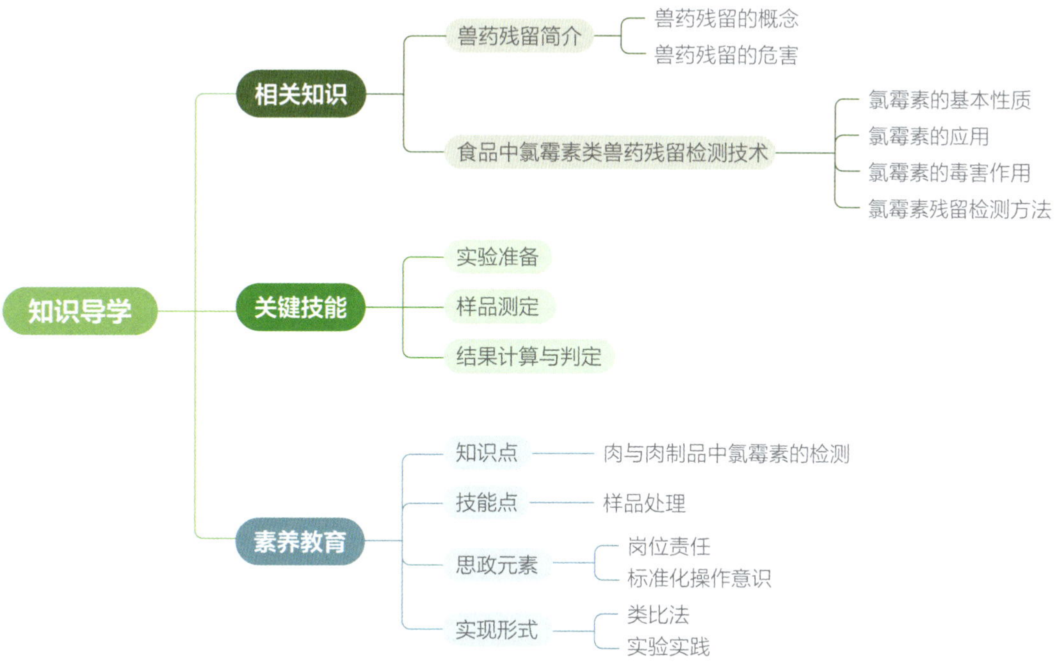

图4-2 “肉与肉制品中氯霉素的检测”知识思维导图

任务要求

1. 独立完成氯霉素含量检测任务。
2. 学会判断肉与肉制品中氯霉素含量是否符合标准。

知识链接

一、资源链接

通过网络资源获取GB 31658.20—2022《食品安全国家标准 动物性食品中酰胺醇类药物及其代谢物残留量的测定 液相色谱-串联质谱法》、GB/T 12810—2021《实验室玻璃仪器 玻璃量器的容量校准和使用方法》、GB/T 602—2002《化学试剂 杂质测定用标准溶液的制备》、GB/T 603—2002《化学试剂 试验方法中所用制剂及制品的制备》、GB/T 8170—2008《数值修约规则与极限数值的表示和判定》等相关资料。

肉与肉制品中氯霉素的检测课件

二、相关知识

（一）兽药残留简介

1. 兽药残留的概念

兽药残留是指对动物用药后，动物产品（肉、乳、蛋）的任何食用部分中或通过动物粪、尿等排泄物进入生态环境中的兽药原形或/和其他代谢产物，包括与兽药有关的杂质的残留。

兽药残留的方式主要有两种，一种是在动物性食品中的残留。动物性食品一般指的是肉、蛋、乳及其产品。动物在使用药物预防或治疗疾病后，药物的原形或其代谢产物可能蓄积、储存在动物的细胞、组织、器官或可食性产品（如蛋、乳）中，称为兽药在动物性食品中的残留，简称兽药残留，一般说的兽药残留是指动物性食品中的药物或化学物的残留。另外一种兽药残留的方式是动物在使用药物以后，药物将以原形或代谢物的形式随粪、尿等排泄物进入生态环境或直接进入环境（如水产用药和外用药物），造成环境土壤、表层水体、植物和动物等的兽药蓄积或残留，即兽药在生态环境中的残留。

2. 兽药残留的危害

兽药残留的危害主要集中在四个方面。

（1）危害人体健康

①急、慢性毒性作用。若一次摄入残留物的量过大，会出现急性中毒反应。动物体的注射部位和一些靶器官（如肝、肺）常含有高浓度的药物残留，人食用后出现急性中毒的机会

将大大增加。

②过敏反应（变态反应）。许多抗菌药物被用作治疗药或药物添加剂，其中有些抗菌药物能使部分人群发生过敏反应，如青霉素类、磺胺类、四环素类和某些氨基糖苷类药物，其中以青霉素及其代谢产物引起的过敏反应最为常见，也最为严重。轻者引起皮肤瘙痒、皮炎和荨麻疹，重者引起急性血管性水肿、休克甚至死亡。当抗菌药残留于动物性食品中进入人体后，能使部分敏感人群致敏，产生抗体。当这些被致敏的个体再接触这些抗菌药或使用这些抗菌药治疗时，这些抗菌药就会与抗体结合生成抗原抗体复合物，发生过敏反应。

③细菌耐药性。随着抗菌药物的不断使用，细菌中的耐药菌株也在不断增加。抗菌药物残留于动物性食品中，使得人不可避免地长期与药物接触，会抑制或杀灭体内对抗菌药敏感的微生物族群，剩下的都是对抗菌药有耐药性的微生物族群，导致人体内耐药菌的增加，破坏平衡。一旦致病性强的细菌具有耐药性，且造成感染，将不易治疗甚至导致抗菌药物失效，出现无药可医的严重后果。由于细菌耐药能力不断加强，使得抗菌药物的使用寿命逐渐变短，然而开发出一种新药并非易事。新抗菌药开发的速度减慢，而细菌的耐药性不断加强，由此形成恶性循环。

关于动物病原耐药菌株的耐药基因能否传递给人类病原的耐药菌问题，一直存在争议，但近年来的研究已证明耐药基因可以互相传递。某些情况下，动物体内的耐药菌株又可通过动物性食品传播给人，而给临床上感染性疾病的治疗造成困难。

④破坏人体内微生物生态平衡。人体内存有有益的微生物，亦有无益的微生物，它们在健康人体内维持生态平衡。长期食用含有残留药物的食物，会杀死体内有益的微生物，同时使有耐药性的微生物数量增加，从而破坏体内微生物的正常平衡，体内有益微生物所具有的功能消失，而有害的微生物或其他病原体就容易侵入体内，进而造成疾病感染。最常见的是在肠胃中的有益微生物受到抑制，发生消化功能障碍。

⑤“三致”作用。所谓“三致”，即指致癌、致畸、致突变作用。当人们长期食用含“三致”作用药物残留的动物性食品时，这些残留物便会对人体产生有害作用，或在人体中蓄积，最终产生致癌、致畸、致突变作用。近年来人群中肿瘤发生率不断升高，人们怀疑与环境污染及动物性食品中药物残留有关。

⑥激素样作用。20世纪70年代开始人们将具有性激素样作用的化合物作为同化剂用于畜牧业生产，以促进动物生长，提高饲料转化率。如己烯雌酚曾用于反刍动物（牛、羊）及鸡的促生长剂，但不久发现用药动物的肿瘤发生率有上升趋势，一些国家包括我国相继禁止应用同化剂。应用同化剂后，动物的肝、肾和注射或埋植部位常有大量同化激素残留存在，一旦被人食用后可产生一系列激素样作用，如潜在致癌性、发育毒性（儿童早熟）及女性男性化或男性女性化现象。虽然有研究表明，在用药动物的组织中，同化剂的浓度处于生理范围

内，随动物性食品摄入人体的极少量激素，其口服活性低，不足以干扰消费者的激素机能，但问题的关键在于必须有效地防止非法用药。

（2）影响出口创汇及国际贸易关系　畜产品是我国重要的出口创汇产品，但近年来世界各国对食品中的安全卫生指标要求越来越严，不符合药物残留标准的畜产品将会严重影响出口及正常国际贸易关系。

（3）影响畜牧业的健康持续发展　药物残留问题在影响出口的同时也可导致国内消费市场疲软，造成畜产品积压，其不良影响将是深远的。最明显的是肉鸡业，1990年以前，我国对日本出口最多时达3万吨/年，占有很多的国际市场，从而刺激了肉鸡业的发展。但随后几年，由于残留问题使肉鸡出口受阻等原因，出现肉鸡库存积压、卖鸡难、卖雏难、肉鸡业连续几年处于低谷的被动局面。

（4）危害生态环境　动物在使用药物后，药物以原形或代谢产物的方式从粪、尿等排泄物进入生态环境，可造成环境土壤、表层水体、植物和动物等的兽药蓄积或残留，对生态环境、生物具有潜在毒性，同时也有可能产生转移和转化或在植物、动物中富集，然后进入食物链，损害人体健康。

（二）食品中氯霉素类兽药残留检测技术

1. 氯霉素的基本性质

氯霉素（Chloramphenicol，CAP），分子式为$C_{11}H_{12}C_{12}N_{2}0_{5}$，相对分子质量为323.13，无臭，味极苦，常态下呈针状或片状的白色或微黄色晶体。在干燥时不易分解，较稳定，熔点为149～153℃，煮沸时也不见分解。在酸性以及中性溶液中极稳定不易分解，微溶于乙醚、氯仿以及水，水溶性为2.5g/L（250℃），易溶于乙醇、丙酮和乙酸乙酯等有机溶剂；不溶于苯和石油醚，遇碱类物质则容易失效。氯霉素是一种有旋光活性的酰胺醇类抗生素，最开始是在链霉菌的发酵液中提取到。酰胺醇类抗生素是一类化学合成的广谱抗生素。

2. 氯霉素的应用

氯霉素对革兰氏阳性菌和革兰氏阴性菌有很强的抑制作用，是常见的用于治疗伤寒杆菌、痢疾杆菌、大肠杆菌、流感杆菌、肺炎球菌等的抗生素。氯霉素具有优良的抗菌性、可大量生产、价格低廉、稳定性较好等优点，被广泛应用于畜禽以及人类疾病的预防治疗方面。

3. 氯霉素的毒害作用

氯霉素固然有较好的抗菌作用，但它对人体有极大的毒副作用，近年来在畜禽产品和畜禽体内发现氯霉素的残留量很大，将其毒副作用总结为以下几个方面。

（1）对骨髓造血机能的毒副作用　对骨髓造血机能产生抑制作用，可引起血小板减少性的紫癜、粒细胞缺乏症、再生障碍性贫血，少数可能进展至粒细胞性白血病等。

（2）对婴幼儿的毒副作用，可能导致灰婴综合征，如果婴儿或是早产儿食用的乳制品或母乳中含有氯霉素，婴儿长期食用则会导致灰婴综合征，会出现皮肤呈灰色、呼吸紊乱、体温下降、腹胀、呕吐等症状，死亡率高达40%。

（3）对神经系统的毒副作用　可引起视神经炎、视力障碍、多发性神经炎和中毒性精神病等。

（4）对胃肠道的毒副作用　胃肠道症状主要有腹胀、腹泻、恶心等。

（5）对口腔的毒副作用　常见的口部症状有口部疼痛、口角炎、口腔黏膜出血等。

4. 氯霉素残留检测方法

（1）微生物测定法　微生物测定法是依据氯霉素是属于抗生素这一特性而设定的实验方法。原理是如果检测的样品中有抗生素的残留则会对实验中培养的细菌产生生长抑制作用而形成抑菌圈，根据有无抑菌圈以及抑菌圈的大小来判定检测结果。微生物测定法可以根据检测的抗生素的种类不同来培养不同的细菌。目前微生物测定法主要有棉签法、杯碟法、纸片法、TTC法、戴尔沃检测法、蓝黄检测法（BY法）、发光细菌法等。

（2）免疫分析法　免疫分析法是以抗原与抗体特异性结合反应为基础的分析技术。免疫分析法包括酶联免疫法（ELISA）、放射免疫分析法（RI-A）、免疫荧光分析法（FIA）、胶体金免疫层析法（GICA）、化学发光酶联免疫分析法（CL-ELISA）、磁分离酶联免疫检测法（MAIA）等多种方法。

（3）仪器分析法　仪器分析法是一种对设备要求较高的检验方法，检测成本相对于微生物测定法和免疫分析法要高，但仪器分析法的准确性以及权威性更大，常见的仪器分析法有气相色谱法、液相色谱法、气相色谱-质谱法、液相色谱-串联质谱法等。色谱技术是国际上公认的氯霉素残留检测方法，应用于欧盟、日本和韩国等标准中，具有高灵敏度、结果准确、重复性好、分离效能好、选择性高等优势。本实验将使用高效液相色谱-串联质谱法。

三、问题探究

食品中氯霉素的检测方法有哪些？

食品中氯霉素的检测方法主要包括微生物测定法、免疫分析法、仪器分析法。

四、预习与讨论

1. 阅读学习相关资源，归纳食品中氯霉素的测定相关知识。
2. 绘制操作流程小报并初拟实验方案。
3. 完成老师发布的预习小测验等相关预习任务，手机扫码完成课前测试。

肉与肉制品中氯霉素的检测课前测试

任务实施

> **提示**
> 在整个任务实施过程中遵守实验室用水、用电安全操作指南及实验室各项规章制度和玻璃器皿的安全使用规范。

一、实验准备

1. 仪器及材料

配图	仪器与设备	说明
	液相色谱-串联质谱仪：配电喷雾离子源	—
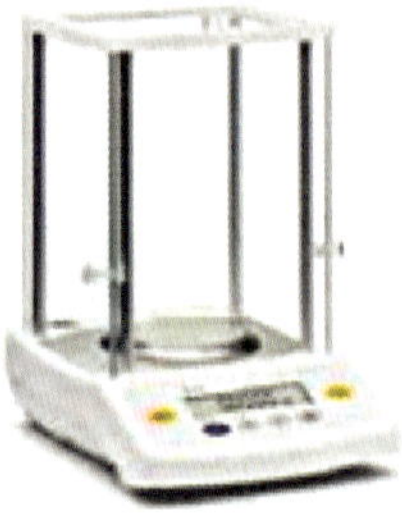	分析天平	可准确称重至0.0001g
	均质机	—
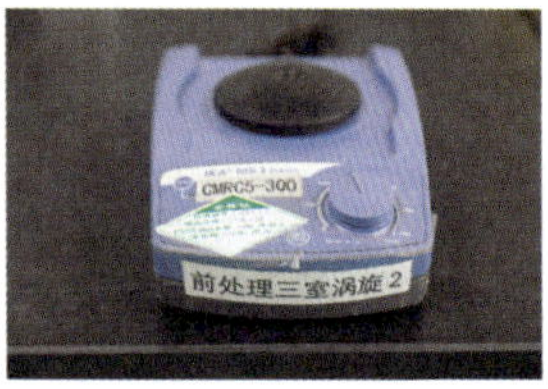	涡旋混合器	—

配图	仪器与设备	说明
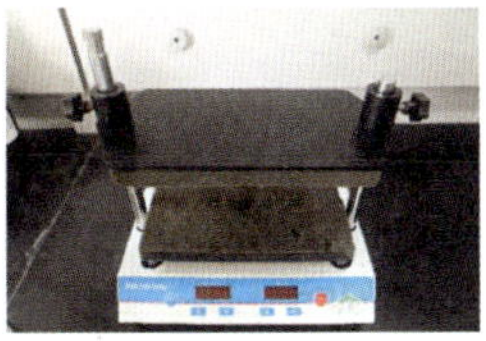	多管涡旋振荡器	—
	高速冷冻离心机	—
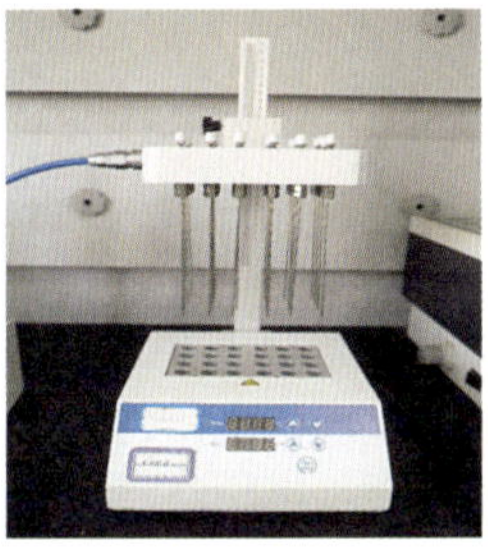	氮吹仪	—

2. 检测样品

配图	样品	说明
	市售鸡肉	-18℃以下保存

二、实施操作

1. 试剂及配制

本实验所用试剂主要有：氯霉素标准品（CAP）（含量≥98%）、间位氯霉素（m-CAP）或氘代氯霉素（CAP-D_5）（内标标准品，含量≥98%）、甲醇、乙酸乙酯、正己烷、氯化钠、乙腈、氨水、无水硫酸钠、甲酸铵，水为一级水，甲醇、乙酸乙酯为色谱纯，正己烷为优级纯，氯化钠为分析纯试剂。

注意：本着节约环保的原则，计算实验试剂用量后，进行溶液配制。

试剂名称	配制方法	说明
2%氨化乙酸乙酯溶液 	取氨水20mL，用乙酸乙酯稀释至1000mL	—
4%氯化钠溶液 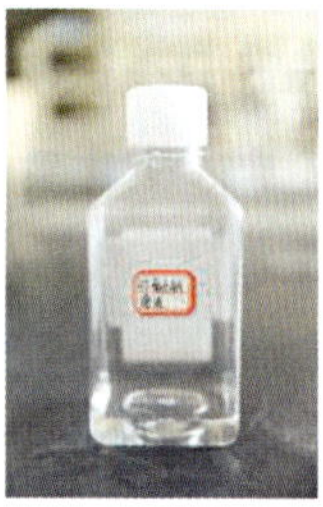	取氯化钠4g，用水溶解并稀释至100mL	—
4%氯化钠饱和的正己烷 	取4%氯化钠溶液适量，加入过量的正己烷，混合，静置分层，取上层	—
20%甲醇溶液 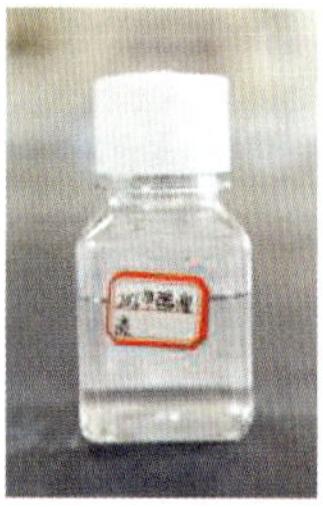	取甲醇20mL，用水稀释至100mL	—
10mmol/L甲酸铵溶液 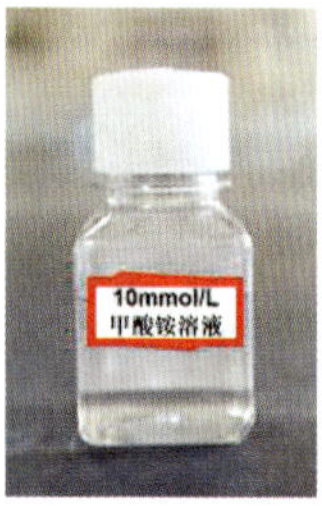	取甲酸铵0.63g，用水溶解并稀释至1000mL	—

试剂名称	配制方法	说明
氯霉素标准储备溶液（浓度为100μg/mL） 	取氯霉素标准品约10mg，精密称定，用甲醇适量超声使溶解并稀释定容至100mL容量瓶，制成浓度为100μg/mL的标准储备液	-18℃保存，有效期1年
氯霉素-D_5内标储备液（浓度为100μg/mL） 	取内标1mg，精密称定，用甲醇适量超声使溶解并稀释至10mL容量瓶	-18℃保存，有效期1年
氯霉素标准中间液（浓度为1μg/mL） 	精密量取氯霉素标准储备溶液0.1mL于10mL容量瓶中，用甲醇稀释至刻度	4℃保存，有效期3个月
氯霉素-D_5内标中间液（浓度为1μg/mL） 	精密量取内标储备液0.1mL于10mL容量瓶中，用甲醇稀释至刻度	4℃保存，有效期3个月

试剂名称	配制方法	说明
氯霉素标准工作液 （浓度为10ng/mL） 	精密量取氯霉素标准中间液适量，用20%甲醇稀释成浓度为10ng/mL的标准工作液	现配现用
氯霉素-D_5内标工作液 （浓度为10ng/mL） 	精密量取内标中间液适量，用20%甲醇稀释成浓度为10ng/mL的标准工作液。	现配现用

2. 试样制备

名称	制备步骤	说明
供试试样  空白试样  空白添加试样 	取适量新鲜或解冻的空白或供试组织，绞碎，并均质	（1）取均质的供试样品，作为供试试样。 （2）取均质的空白样品，作为空白试样。 （3）空白添加试样：取均质后的空白样品，添加适宜浓度的标准工作液，作为空白添加试样，用来测定回收率

3. 样品处理

配图	操作步骤	操作说明
 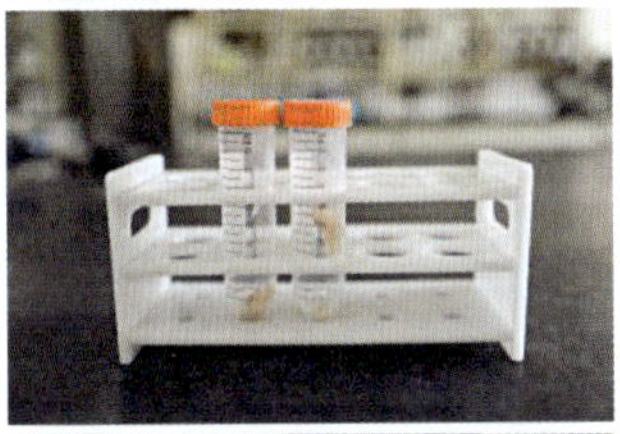 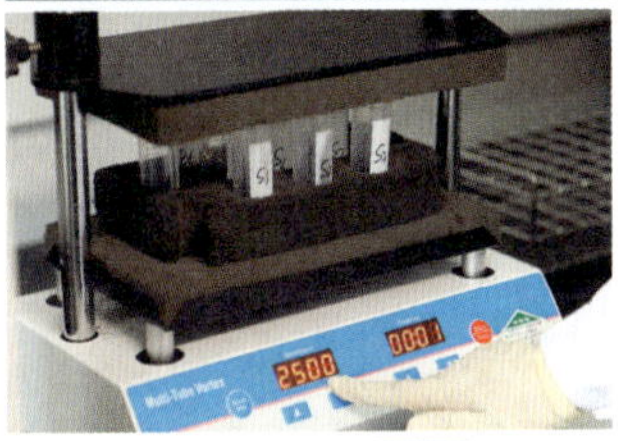 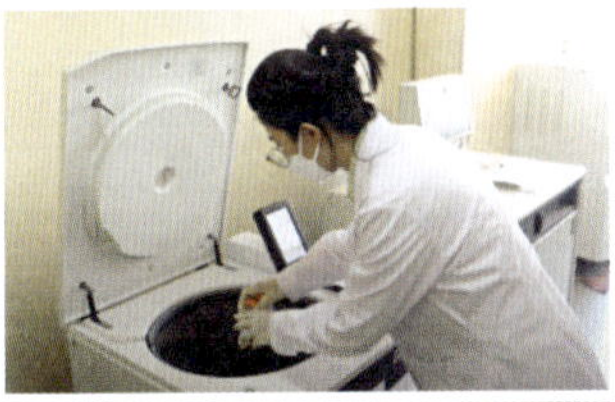 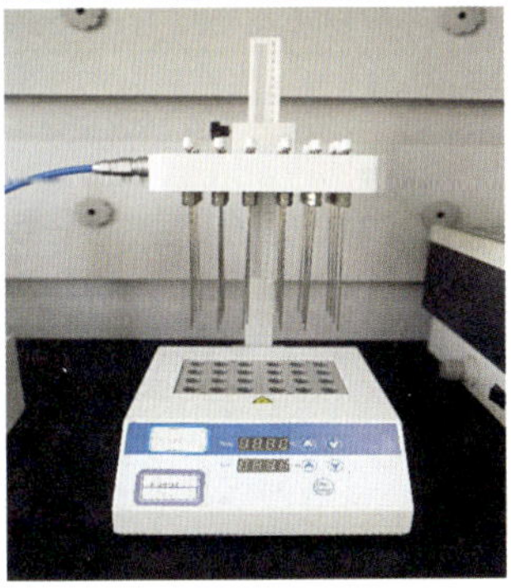	提取： ①取试料2g（准确至±0.05g），置于50mL离心管中，加混合内标工作液100μL，涡旋混匀。 ②再加2%氨化乙酸乙酯溶液10mL，涡旋30s，涡旋振荡10min，8000r/min离心5min。 ③上清液转入另一50mL离心管中，残渣中加2%氨化乙酸乙酯溶液10mL，重复提取一次。 ④合并两次提取液，于50℃氮气吹干，待净化	实验过程中注意标准化操作，强化安全意识及规范操作意识。 离心时要注意对称放置，配平后在离心

配图	操作步骤	操作说明
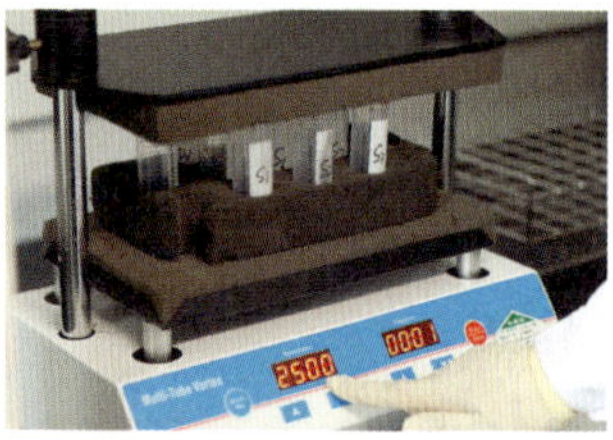 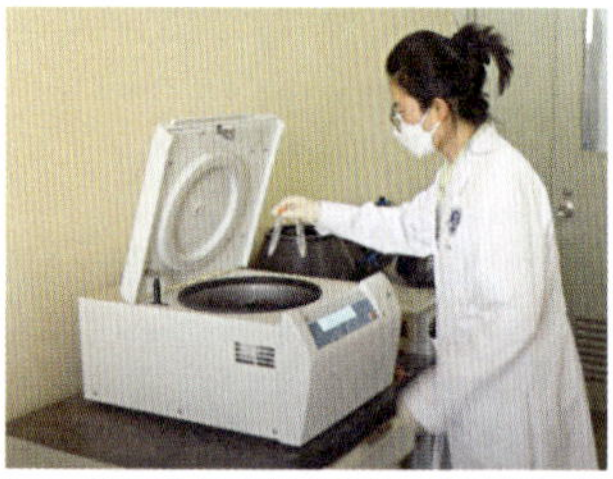 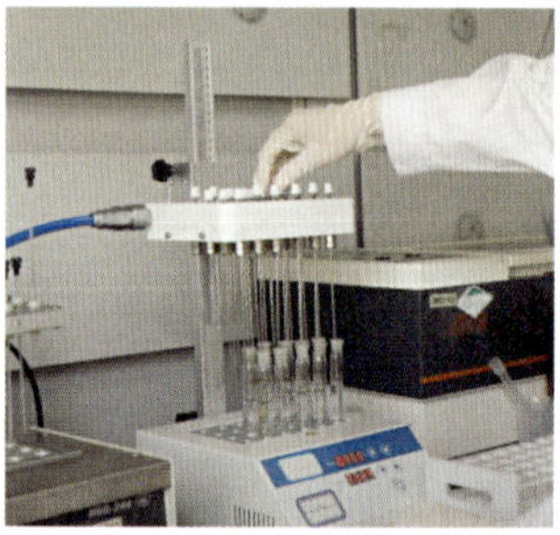 	净化： ①取待净化残渣，加4%氯化钠溶液3mL，涡旋使溶解。 ②再加4%氯化钠饱和的正己烷5mL，涡旋30s，8000r/min离心5min。 ③弃去上层正己烷层，用4%氯化钠饱和的正己烷重复脱脂一次。 ④加2%氨化乙酸乙酯溶液5mL，涡旋振荡5min，8000r/min离心5min，取上层有机相。 ⑤用2%氨化乙酸乙酯溶液5mL 重复萃取一次。 ⑥合并有机相，50℃氮气吹干。 ⑦加20%甲醇溶液1.0mL，涡旋30s，过0.22μm滤膜，供液相色谱-串联质谱仪测定	使用涡旋振荡器时，一定要压紧，防止振摇出去。 实验过程中注意严格按照实验室危废品回收制度统一回收处理试剂，强化绿色、环保、安全意识，培养责任担当。 氮吹操作后注意关闭氮气瓶

4. 标准曲线的制备

配图	操作步骤	操作说明
（见下表）	精密量取氯霉素标准工作液和氯霉素-D_5内标工作液适量，用20%甲醇溶液稀释，配制成氯霉素浓度如下的含内标物的系列标准溶液。 以定量离子峰面积比为纵坐标，浓度为横坐标绘制标准曲线，求回归方程和相关系数	该系列标准溶液现用现配，供液相色谱-质谱仪测定

氯霉素（添加氯霉素-D_5内标）系列标准溶液浓度（如绿色格）

氯霉素标准工作液（20 ng/mL）添加体积(mL)	10 μl	25 μl	50 μl	100 μl	250 μl	500 μl
氯霉素-D_5内标工作液（10 ng/mL）添加体积(mL)	100 μl	100 μl	100 μl	100 μl	100 μl	100 μl
氯霉素浓度(μg/L)	0.2μg/L	0.5μg/L	1.0μg/L	2.0μg/L	5.0μg/L	10.0μg/L
氯霉素-D_5(μg/L)	1.0μg/L	1.0μg/L	1.0μg/L	1.0μg/L	1.0μg/L	1.0μg/L

5. 样品测定

<table>
<tr><th>配图</th><th>操作步骤</th><th>操作说明</th></tr>
<tr><td>

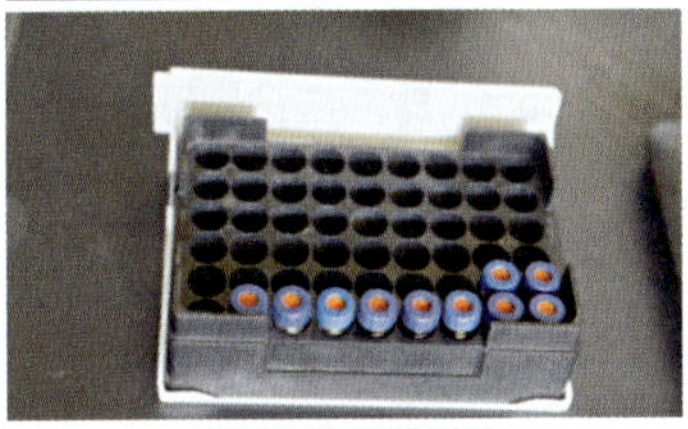
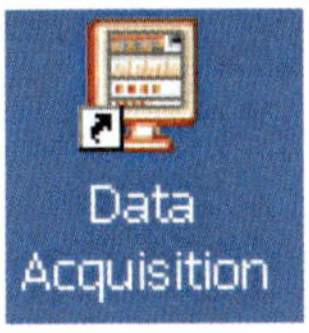

</td><td>仪器开机：
①打开计算机、网络交换机（LAN Switch）电源。
②打开液相色谱仪，打开各个模块电源。
③打开质谱仪，打开质谱前面左下角的电源开关，待仪器自检完成。
④打开自动进样盘，将样品瓶依次放入自动进样盘中，再放回自动进样盘。
⑤在计算机桌面上双击MassHunter采集软件图标，进入MassHunter工作站</td><td>本次实验使用的是1290液相色谱加6400的质谱串联的液相色谱质谱联用仪。左边是液相色谱仪，右边是质谱检测器</td></tr>
<tr><td>
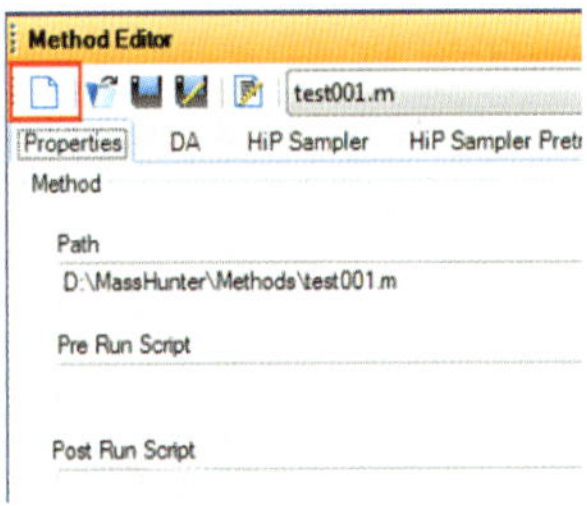

<table>
<tr><td>色谱柱</td><td>C_{18}色谱柱（100mm×2.1mm，1.7μm）或相当者；</td></tr>
<tr><td>柱温</td><td>30℃</td></tr>
<tr><td>进样量</td><td>5μL</td></tr>
<tr><td>流速</td><td>0.3mL/min</td></tr>
<tr><td>流动相</td><td>A为10nmol/L甲酸铵溶液；
B为乙腈；
梯度洗脱程序见表1。</td></tr>
</table>
<table>
<tr><th colspan="3">表1 梯度洗脱程序表</th></tr>
<tr><th>时间 / min</th><th>10 mmol/L甲酸铵溶液 / %</th><th>乙腈 / %</th></tr>
<tr><td>0</td><td>98</td><td>2</td></tr>
<tr><td>0.5</td><td>98</td><td>2</td></tr>
<tr><td>3.5</td><td>40</td><td>60</td></tr>
<tr><td>4</td><td>98</td><td>2</td></tr>
<tr><td>5</td><td>98</td><td>2</td></tr>
</table>
<table>
<tr><td>离子源</td><td>电喷雾离子源</td></tr>
<tr><td>扫描方式</td><td>正离子扫描/负离子扫描</td></tr>
<tr><td>检测方式</td><td>多反应离子监测（MRM）</td></tr>
</table>
<table>
<tr><th colspan="6">表2 待测物离子源、定性离子对、定量离子对、锥孔电压和碰撞能量参考值</th></tr>
<tr><th>药物</th><th>离子源</th><th>定性离子对m/z</th><th>定量离子对m/z</th><th>锥孔电压V</th><th>碰撞能量eV</th></tr>
<tr><td>氯霉素</td><td>ESI-</td><td>321.1＞151.9；
321.1＞257.0</td><td>321.1＞151.9</td><td>48</td><td>18；
10</td></tr>
<tr><td>氯霉素-D_5</td><td>ESI-</td><td>326.1＞136.9</td><td>326.1＞156.9</td><td>46</td><td>18</td></tr>
</table>
</td><td>方法建立
软件中新建方法；
依据国标参数对本次实验的色谱和质谱参考条件进行设置、核对、保存：
①液相色谱参考条件如左图，梯度洗脱如左表1。
②质谱参考条件如左图，定性离子对、定量离子对及锥孔电压和碰撞能量见左表2</td><td>方法中参数填写完，要依据国家标准认真进行参数的核对</td></tr>
</table>

配图	操作步骤	操作说明
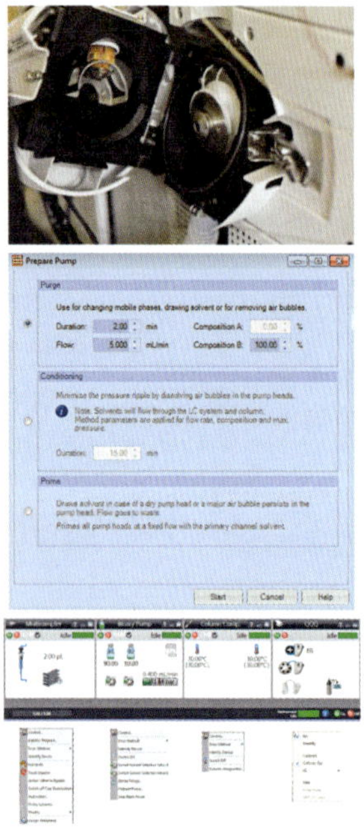	仪器准备 ①离子源维护：打开离子源，对离子源进行维护。 ②液相流动相管路“purge”操作。用本次使用的流动相对流动相管路进行“purge”操作。点击右键，选择Prepare Pump，先选择A相100%，时间5min，流速5mL/min，点击start，进行purge；再选择B相100%，时间5min，流速5mL/min，点击start，进行purge。 ③打开MassHunter采集软件各模块	①离子源维护操作：使用50%异丙醇和50%水的混合溶剂浸润无纺布，对离子源进行擦拭，再使用50%异丙醇和50%水混合溶剂用洗瓶冲洗金属部分。 ②将样品采集软件各个模块点击ON，等待仪器各个模块均稳定后，每个模块均为绿色Ready的状态，再进行数据采集
（1）① 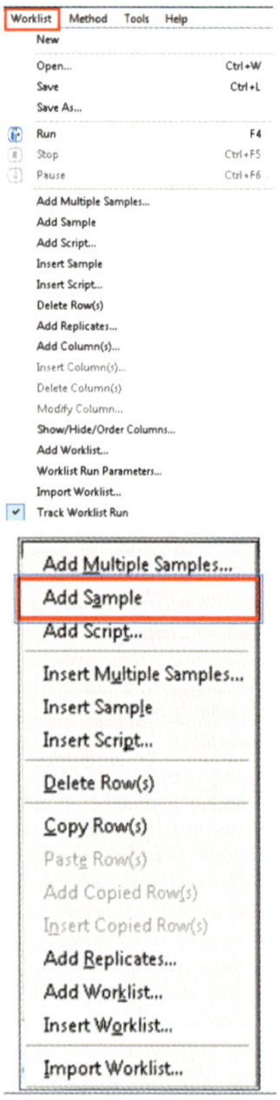 	试样分析 （1）样品信息编辑 ①点击进入Worklist页面，点击新建按钮，新建一个Worklist。从Worklist菜单中选择Add Sample，工作列表表格就添加了一行新的样品	—

配图	操作步骤	操作说明
② 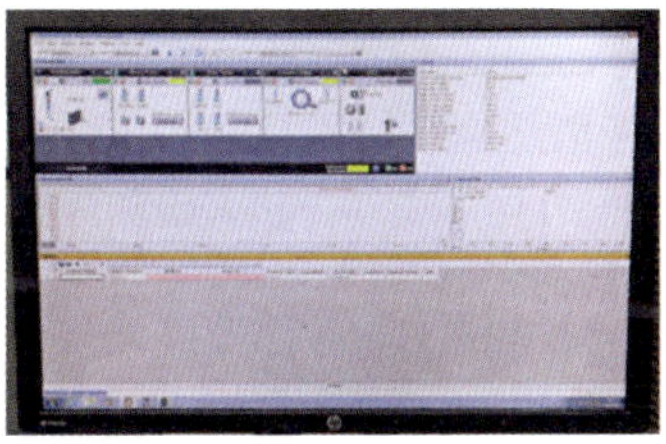 ③ 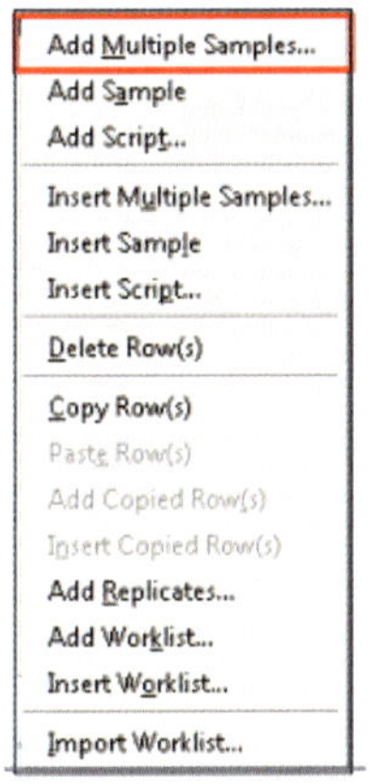 ④ 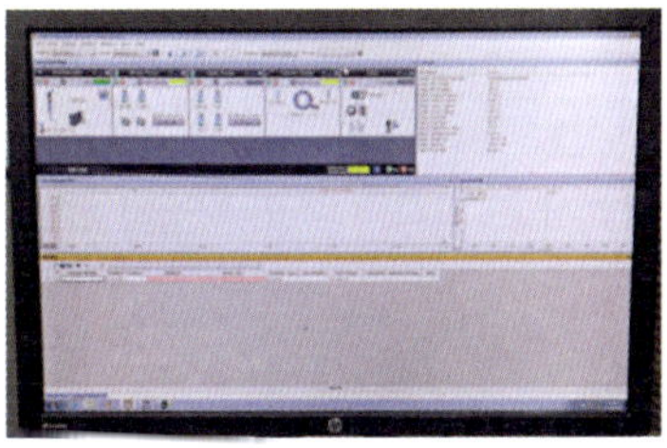 ⑤ 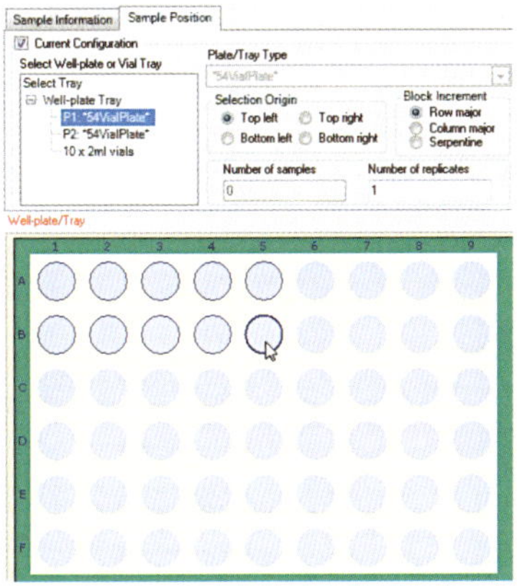	②输入样品信息。 ③在工作面板点右键或从Worklist菜单选择Add Multiple Samples，添加多个样本。 ④在Sample Information选项卡下填写样品名称、数据文件名称、调用方法、方法路径以及数据文件储存路径等。 ⑤点击sample Position 选项卡，选择要添加的空白、标准系列溶液和样品所放置的位置	—

<table>
<tr><th>配图</th><th>操作步骤</th><th>操作说明</th></tr>
<tr><td>⑥
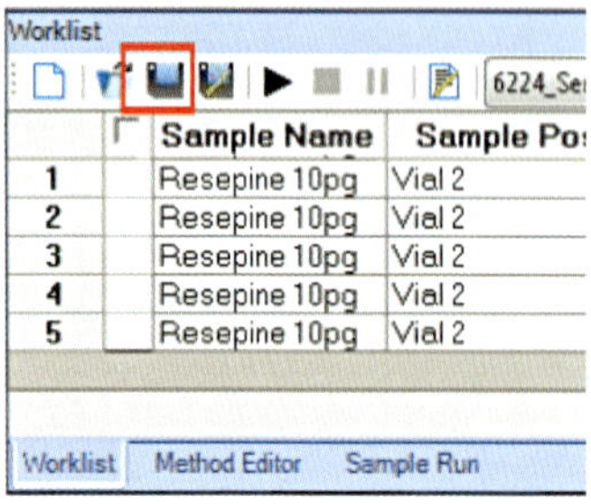

（2）
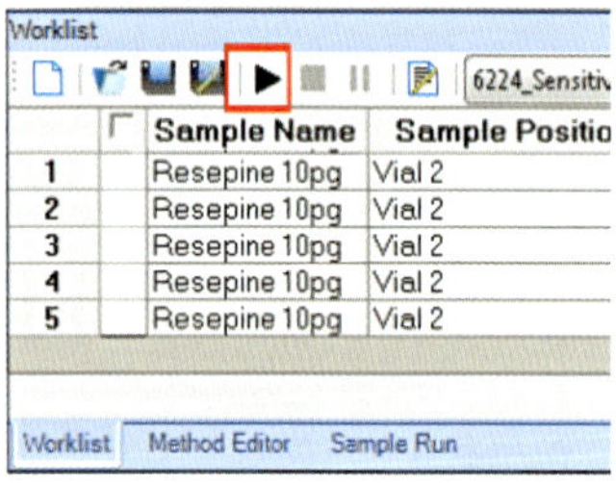
</td><td>⑥在Worklist页面下点击保存图标，保存当前的Worklist。
（2）试样分析
在仪器各个模块都为绿色ready的状态后，在Worklist页面下点击开始按钮，对此数列进行数据采集。7个标准溶液+2个供试试样+1个空白试样依次进行试样分析</td><td>—</td></tr>
<tr><td>①

②
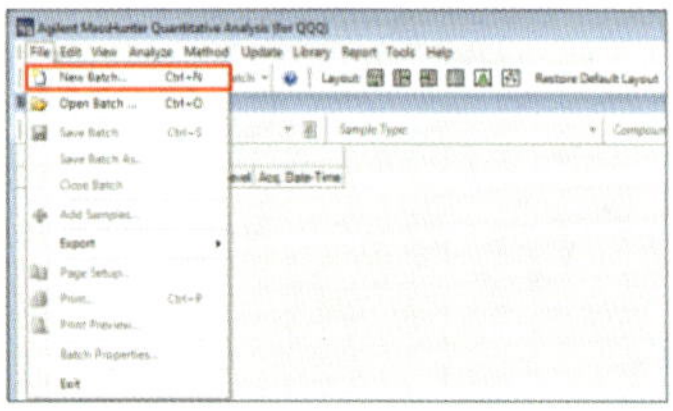
③
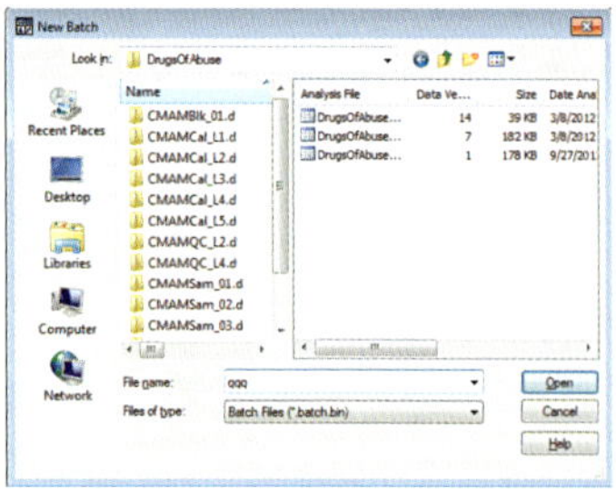
</td><td>数据处理
①数据采集完成后进行数据分析，双击桌面上的三重四极杆定量分析软件图标，运行定量软件。
②本实验采用的是内标法定量。单击菜单项File > New Batch。
③在新的批处理对话框，找到数据文件夹，输入批处理文件名，并点击Open按钮创建一个新的批处理文件</td><td>—</td></tr>
</table>

<table>
<tr><th>配图</th><th>操作步骤</th><th>操作说明</th></tr>
<tr><td>

④

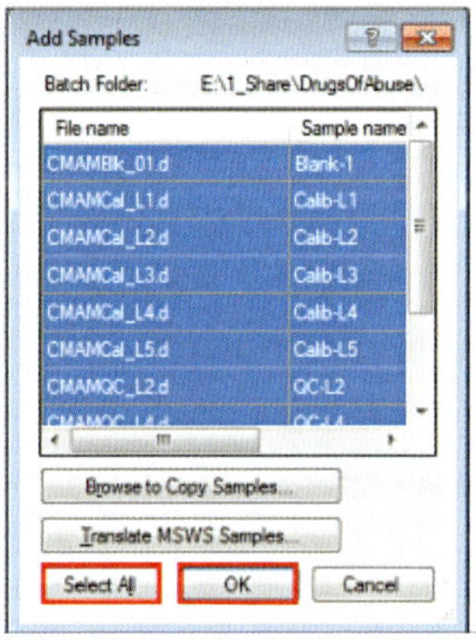

⑤

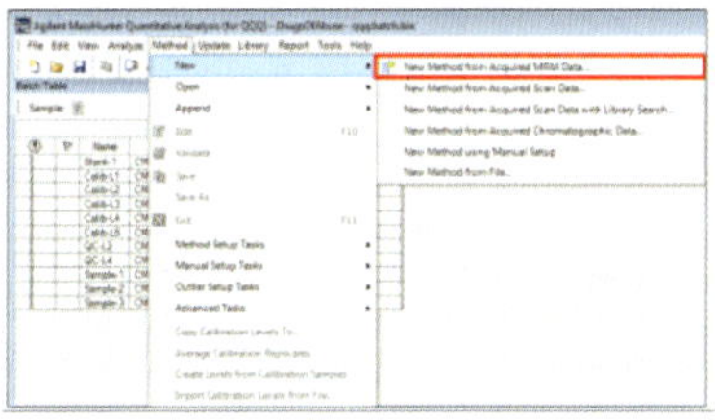

⑥

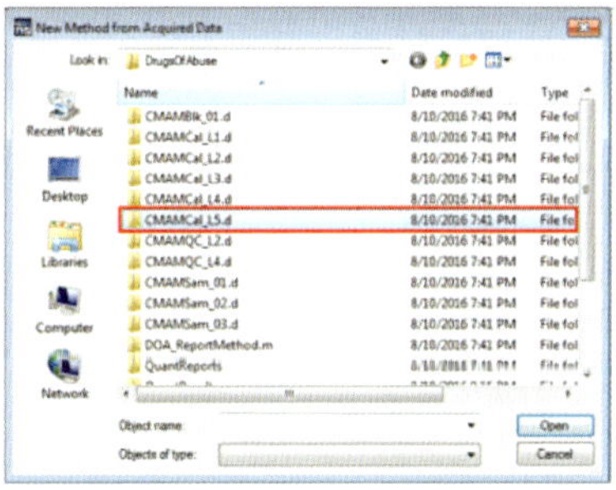

⑦

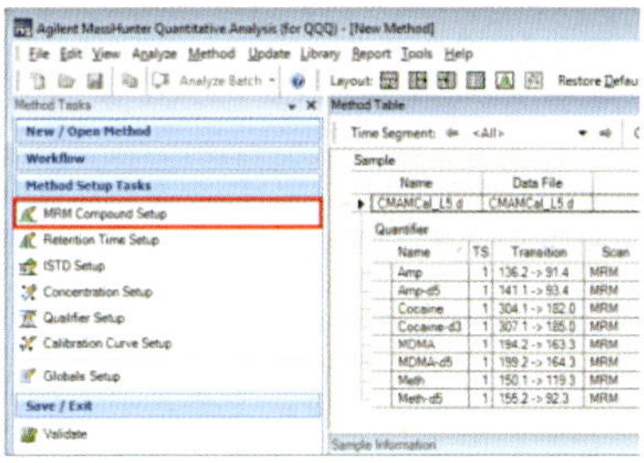

</td><td>

④软件自动弹出Add Sample对话框，单击选择Select All按钮然后单击OK来添加所有样品。
⑤单击菜单Method ＞ New ＞ New Method from Acquired MRM Data。
⑥用鼠标选择较高浓度样品数据，并点击Open按钮导入MRM方法采集信息。
⑦在左侧Method SetupTasks 选项下自上而下进行，首先点击MRM Compound Setup 检查导入的用于MRM 化合物设置的采集参数是否正确

</td><td>—</td></tr>
</table>

配图	操作步骤	操作说明
⑧ 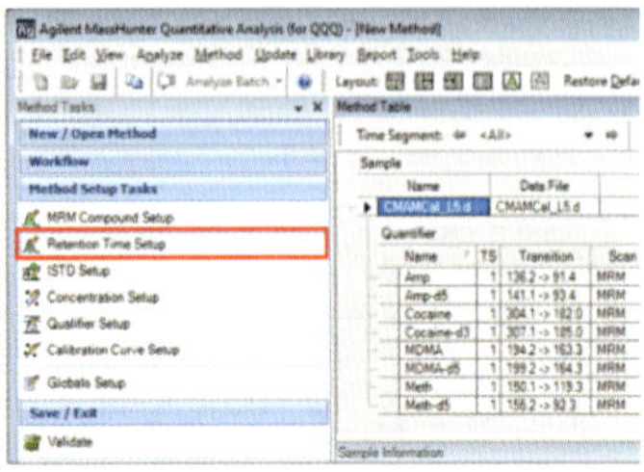 ⑨ 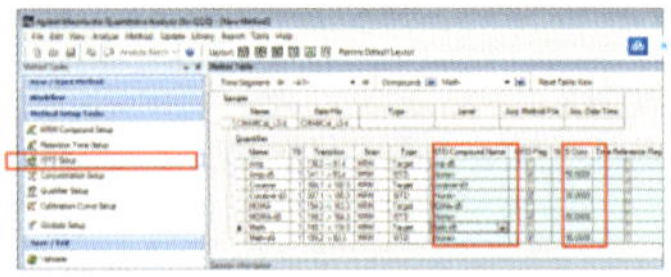 ⑩ 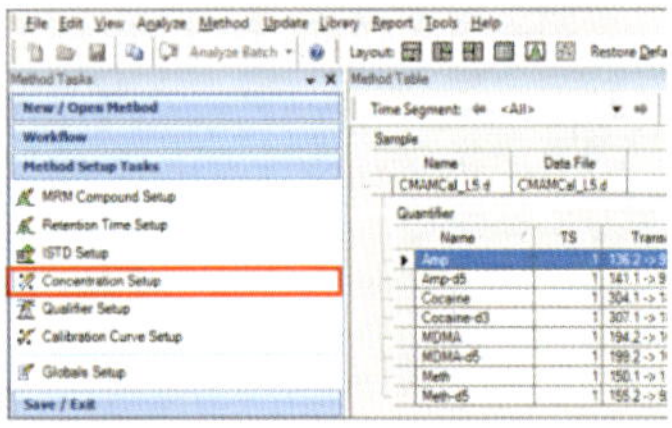 ⑪ 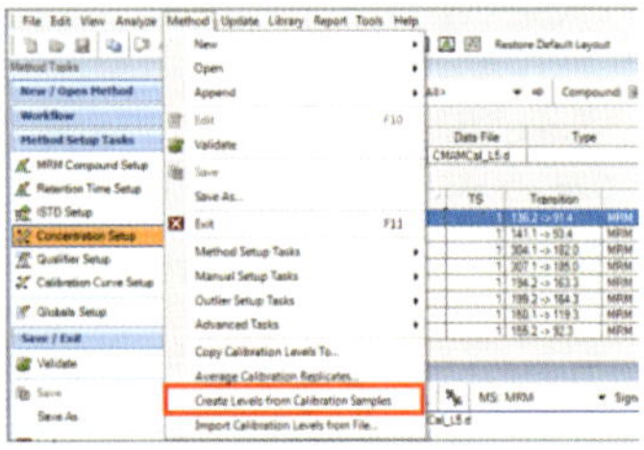 ⑫ 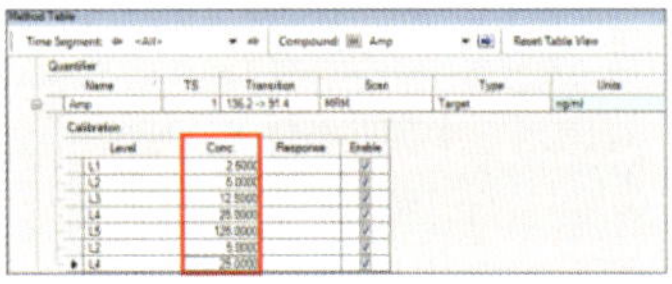 ⑬ 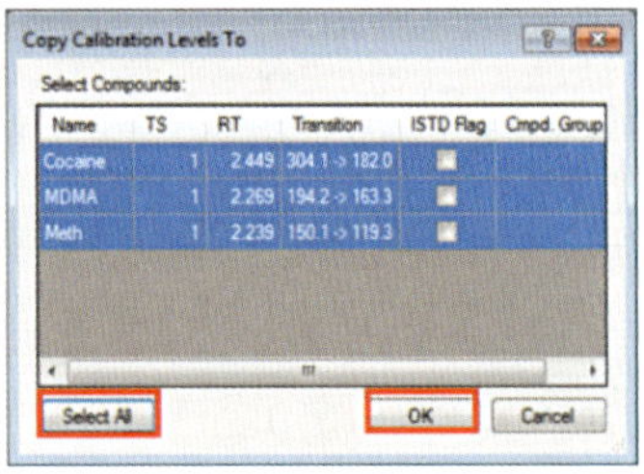 	⑧单击方法设置任务Method Setup Tasks> Retention Time Setup，检查确认导入的参数。 ⑨单击方法设置任务Method Setup Tasks > ISTD Setup， 然后从下拉菜单ISTD Compound Name为目标化合物指定内标化合物（ISTD），ISTD Conc 列输入相应内标化合物的加入浓度。 ⑩单击方法设置任务Method Setup Tasks >Concentration Setup。 ⑪单击Method方法菜单选择“Create Levers from Calibration Samples”。 ⑫填写各级别校正样品的浓度。 ⑬单击Method方法菜单选择Copy Calibration Levels To…在复制校正级别对话框，单击选择所有（Select All）对话框，然后单击OK按钮	—

配图	操作步骤	操作说明
⑭ 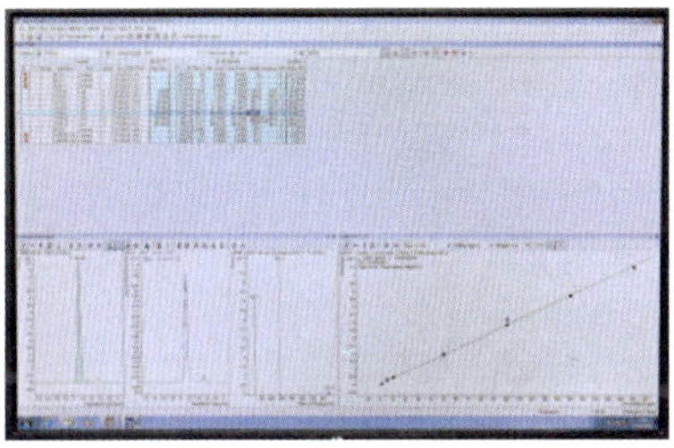	⑭分析批数据，分别得到本次实验的定量离子峰数据图、定性离子峰数据图、质谱图以及线性图	—
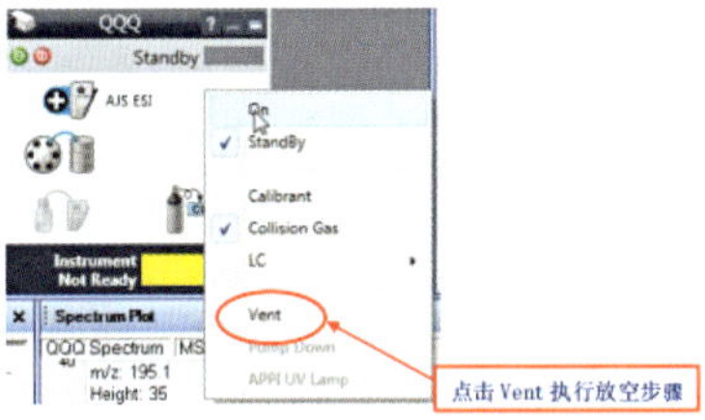 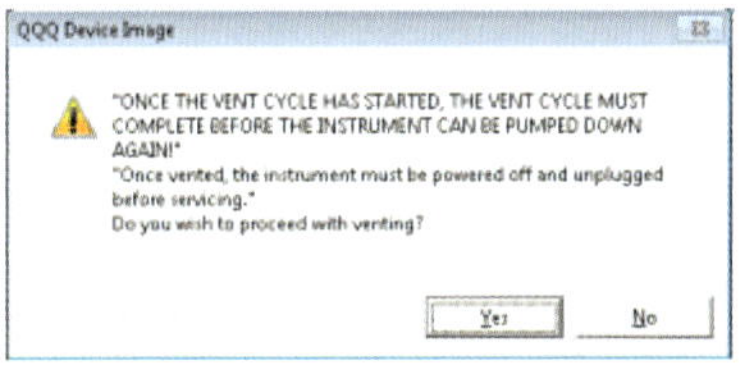	仪器关机 ①冲洗系统：拆下色谱柱，换上双通，首先使用大比例水相将系统中的缓冲盐移除，然后更换成大比例有机相移除有机污染物，最后将整个液相系统保存在有机相（避免使用乙腈）中。 ②维护离子源：质谱切换至Standby，异丙醇水溶液浸润无纺布清洁离子源。 ③在MassHunter采集软件内点击三级四极杆MS的图标，依下图所示选择Vent。 ④出现下述提示，选择Yes，确认放空。 ⑤分子涡轮泵转速和功率基本为0后，等待30min，关闭MassHunter 软件。然后关闭质谱及LC各模块、PC的电源	关机注意事项： ①如果短期不用仪器，建议不要关机，质谱保持Standby即可，需保持气源充足、电压稳定。如果长时间不用，需要执行关机程序：进入MassHunter采集软件，点击Vent放真空。 ②如果长时间关机的话，请拔掉质谱主电源线。 ③如果使用液氮罐，同时关闭自增压阀门。 ④如果使用氮气发生器，关闭氮气发生器

表4-1　标准溶液配制方法

标准溶液名称	标准溶液浓度				
	0.5ng/mL	1.0ng/mL	2.0ng/mL	5.0ng/mL	10.0ng/mL
10ng/mL CAP	50μL	100μL	—	—	—
50ng/mL CAP	—	—	40μL	100μL	200μL
20ng/mL CAP-D_5	250μL	250μL	250μL	250μL	250μL

6. 数据记录及处理

“肉与肉制品中氯霉素的检测”检测数据记录表

<table>
<tr><td>检验样品</td><td colspan="3"></td><td>检测方法</td><td colspan="2"></td></tr>
<tr><td>仪器名称</td><td colspan="3"></td><td>检测项目</td><td colspan="2"></td></tr>
<tr><td>仪器编号</td><td colspan="3"></td><td>检测依据</td><td colspan="2"></td></tr>
<tr><td rowspan="17">仪器条件</td><td rowspan="6">液相色谱条件</td><td colspan="2">色谱柱</td><td colspan="3"></td></tr>
<tr><td colspan="2">流动相</td><td colspan="3"></td></tr>
<tr><td colspan="2">流速</td><td colspan="3"></td></tr>
<tr><td colspan="2">柱温</td><td colspan="3"></td></tr>
<tr><td colspan="2">进样量</td><td colspan="3"></td></tr>
<tr><td colspan="2">运行时间</td><td colspan="3"></td></tr>
<tr><td rowspan="11">质谱条件</td><td colspan="2">离子源</td><td colspan="3"></td></tr>
<tr><td colspan="2">扫描方式</td><td colspan="3"></td></tr>
<tr><td colspan="2">检测方式</td><td colspan="3"></td></tr>
<tr><td colspan="2">电离电压</td><td colspan="3"></td></tr>
<tr><td colspan="2">离子源温度</td><td colspan="3"></td></tr>
<tr><td colspan="2">碰撞气</td><td colspan="3"></td></tr>
<tr><td colspan="2">脱溶剂气速</td><td colspan="3"></td></tr>
<tr><td colspan="2">锥孔气速</td><td colspan="3"></td></tr>
<tr><td colspan="2">数据采集窗口</td><td colspan="3"></td></tr>
<tr><td colspan="2">驻留时间</td><td colspan="3"></td></tr>
<tr><td>标准曲线浓度/（mg/L）</td><td></td><td></td><td></td><td></td><td></td><td></td></tr>
<tr><td>峰面积</td><td></td><td></td><td></td><td></td><td></td><td></td></tr>
<tr><td colspan="2">标准物质线性回归方程</td><td colspan="2"></td><td>R^2值</td><td colspan="2"></td></tr>
</table>

续表

样品测定			
	样Ⅰ	样Ⅱ	样Ⅲ
样品质量/g			
试样中氯霉素含量/（μg/kg）			
试样中氯霉素平均含量/（μg/kg）			
空白样品氯霉素含量/（μg/kg）			
精密度/%			
检验结果			

试料中待测物残留量按标准曲线或下式计算：

$$X=\frac{C_s\times C_{is}\times A_i\times A'_{is}\times V}{C'_{is}\times A_s\times A_{is}\times m}$$

式中　X——试样中氯霉素残留量的数值，μg/kg；

C_{is}——试样溶液中氯霉素内标浓度的数值，μg/L；

C_s——标准溶液中酰胺醇类药物及其代谢物浓度的数值，μg/L；

C'_{is}——标准溶液中酰胺醇类药物及其代谢物内标浓度的数值，μg/L；

A_i——试样溶液中酰胺醇类药物及其代谢物的峰面积；

A_{is}——试样溶液中酰胺醇类药物及其代谢物内标的峰面积；

A_s——标准溶液中酰胺醇类药物及其代谢物的峰面积；

A'_{is}——标准溶液中酰胺醇类药物及其代谢物内标的峰面积；

V——溶解残渣的20%甲醇溶液体积的数值，mL；

m——试样质量的数值，g。

说明：检测结果保留三位有效数字。精密度按照GB/T 6379.2—2004《测量方法与结果的准确度（正确度与精密度）第2部分：确定标准测量方法重复性与再现性的基本方法》规定确定，获得重复性和再现性的值以95%的可信度来计算。

检验人员		复核人员	

评价反馈

"肉与肉制品中氯霉素的检测"考核评价表

评价方式	考核项目	评价项目		评价要求	评价分数
自我评价10%	实验准备	1. 能正确计算试剂使用量		正确计算试剂（2分）	
		2. 能与小组其他成员合作正确配制实验试剂		正确配制试剂（2分）	
		1. 说出兽药残留的概念和危害		说出概念，说出危害（2分）	
		2. 说出氯霉素的常用检测方法		说出三种检测方法（2分）	
		3. 制定氯霉素检测流程图		基本制定出流程图（2分）	
学生互评20%	操作技能	1. 解释磺胺类液质联用检测原理		口述检测原理（3分）	
		2. 能按照操作规范进行肉与肉制品（鸡肉）中磺胺类的检测	溶液配制	操作正确（1分）	
			样品提取	操作正确（1分）	
			样品净化	制作正确（1分）	
			标准曲线配制	操作正确（1分）	
			仪器开机	操作正确（1分）	
			液相参数条件设置	操作正确（1分）	
			质谱参数条件设置	操作正确（1分）	
			流动相purge	操作正确（1分）	
			离子源维护	操作正确（1分）	
			样品信息编辑	操作正确（2分）	
			试样分析	操作正确（1分）	
			仪器关机	降温、关机操作正确（1分）	
		3. 数据分析、结果计算和判定		数据分析-标准曲线制作（1分）	
				数据分析-样品测试（1分）	
				记录原始数据，书写计算过程，结果保留三位有效数字（1分）	
				结果判断（1分）	
教师学业评价70%	课前 方法能力	课前学习（5分）		课前能独立通过网络学习资源库获取肉与肉制品（鸡肉）中氯霉素的检测标准，并归纳检测要点	
	课中 知识素质	相关知识（10分）		1. 能写出本次实验检测依据及方法（2分）	
				2. 能写出兽药残留的概念和危害（2分）	

续表

<table>
<tr><th>评价方式</th><th colspan="2">考核项目</th><th colspan="2">评价项目</th><th>评价要求</th><th>评价分数</th></tr>
<tr><td rowspan="15">教师学业评价70%</td><td rowspan="14">课中</td><td rowspan="3">知识素质</td><td rowspan="3">相关知识（10分）</td><td colspan="2">3. 能写出氯霉素检测的常用方法（2分）</td><td></td></tr>
<tr><td colspan="2">4. 能写出高效液相色谱-串联质谱法检测肉与肉制品中氯霉素的原理（2分）</td><td></td></tr>
<tr><td colspan="2">5. 能写出操作过程中的思考题（2分）</td><td></td></tr>
<tr><td rowspan="11">实操能力</td><td rowspan="11">实验操作（50分）</td><td colspan="2">1. 能完成肉与肉制品（鸡肉）中氯霉素检测流程图（5分）</td><td></td></tr>
<tr><td rowspan="7">2. 能按照操作规范进行肉与肉制品（鸡肉）中氯霉素的检测（32分）</td><td>实验器皿、试剂准备（4分）</td><td></td></tr>
<tr><td>实验溶液配制（4分）</td><td></td></tr>
<tr><td>样品处理（4分）</td><td></td></tr>
<tr><td>标准曲线制备（4分）</td><td></td></tr>
<tr><td>仪器开机关机操作正确（4分）</td><td></td></tr>
<tr><td>仪器参数设置正确（4分）</td><td></td></tr>
<tr><td>仪器准备正确（4分）</td><td></td></tr>
<tr><td>数据处理正确（4分）</td><td></td></tr>
<tr><td colspan="2">3. 记录正确，计算过程完整（4分）</td><td></td></tr>
<tr><td colspan="2">4. 能正确判断试样是否合格（4分）</td><td></td></tr>
<tr><td colspan="2">5. 结果记录真实，字迹工整，报告规范（5分）</td><td></td></tr>
<tr><td>课后</td><td>方法能力</td><td>任务拓展（5分）</td><td colspan="2">完成肉与肉制品（猪肉）中氯霉素检测方案设计或录制检测视频并上交</td><td></td></tr>
</table>

学习心得

拓展训练

- 完成肉与肉制品（猪肉）中氯霉素检测的方案设计，绘制相关操作流程或录制检测视频。（提示：利用互联网、国家标准、微课等。）

巩固反馈

1. 本次检验高效液相色谱需要配置的检测器是（　　）。

   A. 紫外吸收检测器　　B. 光电二极管阵列检测器

   C. 荧光检测器　　D. 质谱检测器

2. 依据GB 31658.20—2022《食品安全国家标准　动物性食品中酰胺醇类药物及其代谢物残留量的测定 液相色谱–串联质谱法》，在肉与肉制品中氯霉素的检测过程中定量方法为（　　）。

   A. 面积归一法　　B. 内标法

   C. 外标法　　D. 校正因子定量

3. 食品中的兽药残留对人体有哪些危害？

4. 与老师和同学进行交流讨论，总结肉与肉制品中氯霉素的检测技术要点。

任务二　肉与肉制品中磺胺类药物的检测

学习目标

知识目标

1. 能说出磺胺类药物的母核结构及其危害。
2. 通过查找资料能分析总结出食品中磺胺类药物常用检测方法。
3. 能解释食品中磺胺类药物应用液相色谱串联质谱法进行检测的原理。
4. 依据国家标准，能小组完成食品中磺胺类药物检测流程图的制定。

技能目标

1. 能够小组合作正确进行样品处理。
2. 能够小组合作完成液质联用参数的设定及数据分析。
3. 能准确进行数据记录与处理，并正确评价肉与肉制品中磺胺类药物含量是否符合标准。
4. 能够在实验中注意仪器的注意事项及仪器维护。

素养目标

1. 实验过程中注意养成标准化操作的素养，强化安全意识及规范操作意识。
2. 能严格遵守实验现场8S管理规范进行实验室的整理和清扫，确保液相色谱仪、质谱仪的清洁，做到爱护仪器设备，或者养成良好的劳动习惯。
3. 实验过程中注重与教师和组员的有效沟通，以及问题的及时反馈，提高沟通能力、协作交往能力、统筹安排能力。
4. 明确溶剂回收在生产和环境保护中的重要意义，增强环保意识。

任务描述

在畜牧业的生产中，经常需要在饲料中添加一些“添加剂”来提高家禽和牲畜的出栏率和商品率。磺胺类药物是一类母核结构为对氨基苯磺酰胺的化学合成抗菌药物总称，在畜牧养殖业中常用于预防和治疗细菌和寄生虫感染类疾病，该药物价格低廉，药效明显，在各类畜禽的养殖过程中大量使用。随着2011年的“瘦肉精事件”的影响，人们对食品安全问题越发重视，意识到要保证人体健康，需要对食品生产的每一环节加以监控，同时对于其在动物体内的残留严格监控，其中磺胺类药物的残留就是国家重点监控的对象之一。GB 31650.1—2022《食品安全国家标准　食品中41种兽药最大残留限量》中明确规定家禽类中磺胺类合成抗菌药最大残留限量为10μg/kg。食品检验人员根据GB 31658.17—2021《食品安全国家标准 动物性食品中四环素类、磺胺类和喹诺酮类药物残留量的测定 液相色谱-串联质谱法》，使用液相色谱-质谱法对肉与肉制品中磺胺类药物含量进行检测。如图4-3和图4-4所示，我们将按照以下环节完成学习任务。

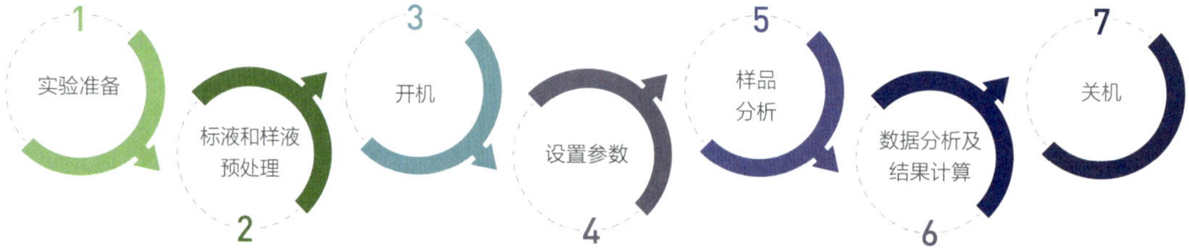

图4-3 “肉与肉制品中磺胺类药物的检测”实施环节

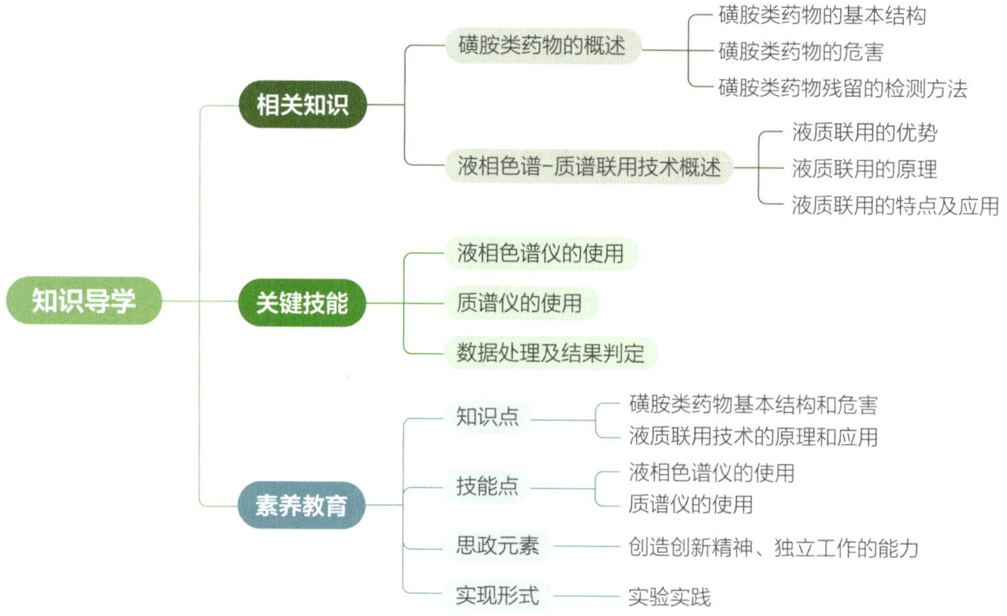

图4-4 “肉与肉制品中磺胺类药物的检测”知识思维导图

任务要求

1. 小组完成市售鸡肉中磺胺类药物的检测任务。
2. 学会判断肉与肉制品中磺胺类药物含量是否符合标准。

知识链接

一、资源链接

通过网络资源获取GB 31658.17—2021《食品安全国家标准 动物性食品中四环素类、磺胺类和喹诺酮类药物残留量的测定 液相色谱-串联质谱法》、GB/T 12810—2021《实验室玻璃仪器 玻璃量器的容量校准和使用方法》、GB/T 602—2002《化学试剂 杂质测定用标准溶液的制备》、GB/T 603—2002《化学试剂 试验方法中所用制剂及制品的制备》、GB 8170—2008《数值修约规则与极限数值的表示和判定》等相关资料。

肉与肉制品中磺胺类药物的检测课件

二、相关知识

（一）磺胺类药物的概述

1. 磺胺类药物的基本结构

磺胺类药物是一类母核结构为对氨基苯磺酰胺的化学合成抗菌药物，现在市场经常使用的磺胺类药物都是对位氨基苯磺酰胺（简称磺胺）为基本母核，衍生而成的化合物。临床主要用于感染性疾病的治疗和预防。磺胺类药物拥有抗菌谱广、性质稳定、方便安全、价格低廉、适合大量生产等优势，现已被广泛应用于临床。常见磺胺类药物的化学结构式见表4-2。

表4-2 常见磺胺类药物的化学结构式

	磺胺类药物名称	英文名称缩写	结构式
磺胺类基本结构	对氨基苯磺酰胺	—	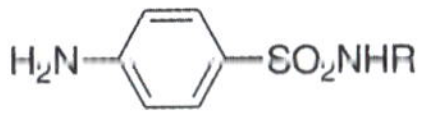
4种常见磺胺类药物	磺胺嘧啶	SD	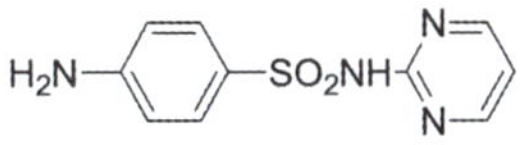
	磺胺甲噁唑	SMZ	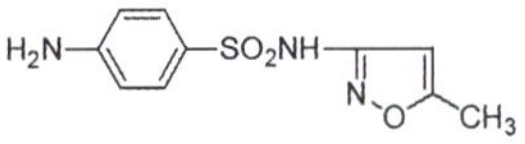
	磺胺异噁唑	SIZ	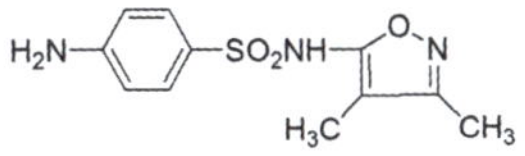
	磺胺醋酰钠水合物	SA-Na	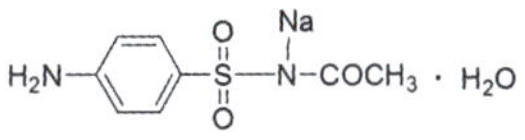

注:《中国药典》2020版收载20余种磺胺类药物。

在水产养殖业和畜牧业中，磺胺类药物被作为饲料添加剂来用。该类药物会在动物组织中富集，继而通过生物链进入人体，危害人体健康。磺胺类药物的毒副作用主要表现在能够抑制骨髓细胞、血小板或红细胞的生成，损害造血系统，会引起过敏反应，有一定的肾毒性等。因此，为了确保食品安全，中国以及欧盟等规定了食品中磺胺类药物的最大残留限量应不超过100μg/kg。现如今，磺胺类药物残留量已成为我国食品的常规检测项目之一。

2. 磺胺类药物的危害

目前磺胺类药物广泛用于预防和治疗食源性动物疾病。然而过量使用磺胺类药物以及该药物在体内残留会引起人类严重的健康问题。

（1）泌尿系统损害　磺胺类药物在人体中主要是以原型或乙酰化形式通过肾代谢引起损害的。虽然乙酰化磺胺类代谢物没有活性，但是却保留了磺胺类药物的毒性，并且被乙酰化形成的代谢物不易溶解，可在尿中沉淀，尤其是酸性尿中更易发生这类情况，会对肾脏造成损害。而析出的沉淀可以导致血尿、腰痛、甚至无尿等病症。

（2）过敏反应　磺胺类药物进入人体，与人体内蛋白结合后可能使机体产生抗体并导致变态反应，轻者可能出现药热、关节病及各种形式的药疹（如荨麻疹、红斑等），严重的可能出现剥脱性皮炎，甚至引起休克危及生命。

（3）“三致”作用　试验发现有些磺胺类药物可能引发癌症、胎儿畸形、基因变异等。如磺胺二甲嘧啶等磺胺类药物连续给药能诱发啮齿动物甲状腺增生，有致肿瘤倾向。

（4）抗药性　家畜多次服用磺胺类药物，其身体中的细菌在长期受到遏制时也容易产生基因突变，从而产生耐药性，使耐药菌株在动物体内大量繁殖。如果人们长期食用含有耐药菌株的肉类产品，这些抗药菌可感染人群，此时就很难治疗。

磺胺类药物的残留会影响食物链，进而影响整个生态环境，同时对整个畜牧业的可持续发展也会造成不利影响。因此动物源性产品中磺胺类药物残留引起了人类广泛重视。为了消费者的健康，《动物性食品中兽药最高残留限量》（农业部2002年第235号公告）中规定动物源性食品中磺胺最大限量为100μg/kg。

3. 磺胺类药物残留的检测方法

目前，检测磺胺类药物残留的主要方法如下。

（1）气相色谱法　在应用气相色谱法进行磺胺类药物检测时，由于磺胺类药物不容易气化，在进行气相色谱分离之前还需要进行衍生化处理，重现性比较差。并且由于电子捕获检测器的灵敏度高，对许多杂质有很好的响应，因此干扰较多，对样品的净化程度要求高，样品前处理复杂，对操作技术要求较高。随着高效液相色谱技术的快速发展，该方法已经逐渐被淘汰。

（2）毛细管电泳法　毛细管电泳在测试样品时效率高和速度快，同时样品需求量小，可根据需要选择多模式分离。但是由于进入仪器的量较小，不适用于制备，同时由于毛细管内径比较小，紫外检测时由于光程较短，响应小而灵敏度不高，同时因为电渗会因样品组成而变化，进而会影响分离的重现性。

（3）酶联免疫分析法　酶联免疫分析又名 ELISA 法。这是一项特殊的免疫检测方法，采用了免疫酶技术的基础理论，结合新型检测手段进而获得的一种新型的免疫检测手段。酶联免疫分析法耗时短（仅75min）、且样本前处理简单快速、仪器设备简单灵活、成本低，适合对大量猪肉样本中磺胺类药物多残留的快速检测及筛查，但目前酶联免疫法筛选的检测限不统一，结果判定较为困难，还可能存在假阳性，因此对于阳性样本，需要用 LC-MS/MS、GC-MS 等仪器方法进一步进行确认。

（4）液相色谱法　在液相色谱的分析中，紫外检测器因为具有灵敏度较高、噪声低、线性范围宽，并且还适用于梯度洗脱，而且不破坏样品，可与其他检测器串联等优点，在磺胺类药物的分离中应用最为广泛。

（5）液质联用法　磺胺类药物具有酸碱两性，通过调节流动相的pH，比较容易调整其在流动相中的离子状态，使其既在液相中有很好的保留，而且在质谱中也有很好的响应，在磺胺类药物的残留检测中的应用越来越广泛。

（二）液相色谱-质谱联用技术概述

1. 液质联用优势

色谱的优势在于分离，是进行混合物的分离最有效的方式；劣势是难以得到物质的结构信息，通常要依靠与标准物对比来鉴别未知物，对没有紫外吸收化合物的检测还要借助于其它检测器（如蒸发光检测器等）进行分析。质谱的优势在于能够提供物质的结构信息，进样量很少；劣势是对样品的纯度要求较高，否则难以得到准确的结构信息，而质谱不具有对混合物的分离能力。因此人们将色谱与质谱联用，既能发挥色谱的高分离能力，也能发挥质谱的高定性能力，同时还可以弥补这两种仪器各自的缺点。

2. 液质联用的原理

液质联用的基本测试原理是样品在液相部分与干扰物分离之后，在接口处和流动相分离，被离子化后，经质量分析器将离子碎片按质量数分开，经检测器得到质谱图。磺胺类药物具有酸碱两性，通过调节流动相的pH，比较容易调整其在流动相中的离子状态，使其既在液相中有很好的保留，而且在质谱中也有很好的响应，在磺胺类药物的残留检测中的应用越来越广泛。

3. 液质联用的特点及应用

液相色谱-质谱联用技术具有快速准确、灵敏度高、高效且专属性强的优势，使得磺胺药物残留的分析效率和分析能力在很大程度上得到了提高。因此液相色谱-质谱联用技术在因此液质联用技术在药物分析、农药残留、食品安全、环境保护等领域都有着广泛的应用。

拓展知识

质谱仪诞生于卡文迪许实验室。当时汤姆森管理下的卡文迪许实验室有一条规矩，学生必须亲手制作实验使用的仪器，不能使用现成的，因为汤姆森要求学生不只是实验的观察者，更应该是实验的创造者。他认为学校应当是培养会思考、有独立工作能力的人才的场所，而不是用现成的模具浇注出没有生命的产品的工厂。本着这样的创新创造的精神，阿斯顿经过长期实践，动手改进初期质谱仪，制造了世界第一台高精密度质谱仪，并获得诺贝尔化学奖。我们也要培养自己创造创新精神以及独立工作的能力。

三、问题探究

1. 食品中磺胺类药物的检测方法有哪些？

食品中磺胺类药物的检测方法主要包括气相色谱法、毛细管电泳法、酶联免疫分析法、液相色谱法、液质联用。

2. 依据GB 31658.17—2021《食品安全国家标准　动物性食品中四环素类、磺胺类和喹诺酮类药物残留量的测定　液相色谱-串联质谱法》，查找食品中磺胺类药物检测的实验原理及适用范围。

试样中残留的磺胺类药物，用Mcllvaine Na_2EDTA缓冲液提取，亲水亲脂平衡型固相萃取柱净化，液相色谱-串联质谱法测定，外标法定量。本方法适用于牛、羊、猪和鸡的肌肉、肝脏和肾脏组织中磺胺类药物残留量的测定。

四、预习与讨论

1. 阅读学习相关资源，归纳食品中磺胺类药物残留的测定相关知识。
2. 绘制操作流程小报并初拟实验方案。
3. 完成老师发布的预习小测验等相关预习任务，手机扫码完成课前测试。

肉与肉制品中磺胺类药物的检测课前测试

任务实施

> **提示**
> 在整个任务实施过程中遵守实验室用水、用电安全操作指南及实验室各项规章制度和玻璃器皿的安全使用规范。

一、实验准备

1. 仪器和设备

配图	仪器与设备	说明
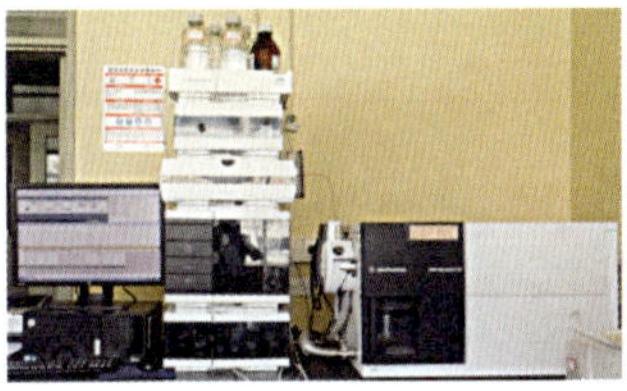	液相色谱-串联质谱仪：左边为Agilent 1290 Infinity液相色谱仪，右边为Agilent 6470三重四极杆液质联用仪	配备电喷雾离子源
	分析天平	感量0.00001g和0.01g
	高速冷冻离心机	温度可达-2℃，转速可达8000r/min
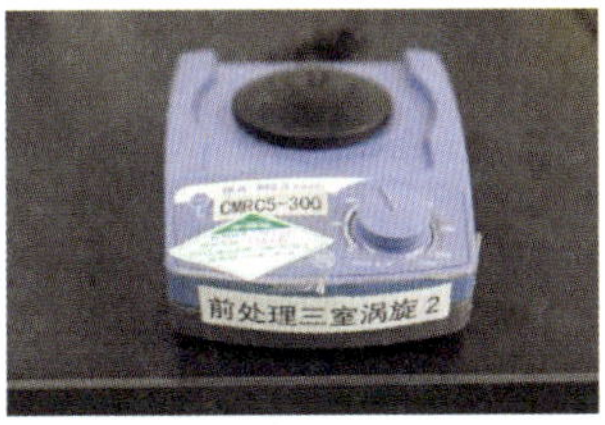	涡旋混合器	—
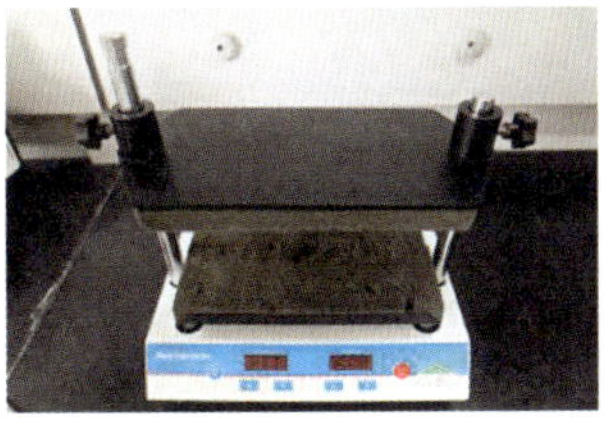	多管涡旋振荡器	—

配图	仪器与设备	说明
	均质机	—
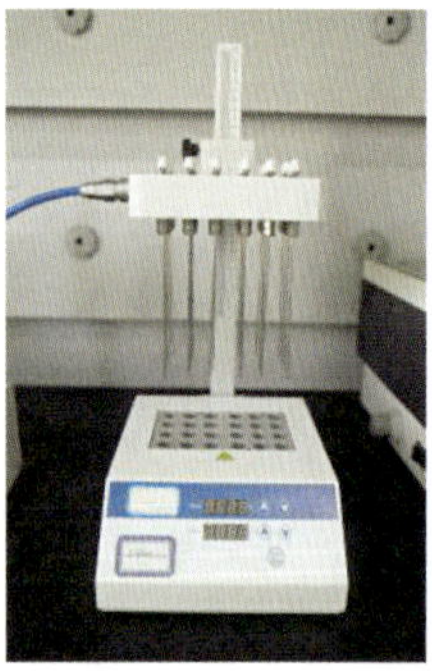	氮吹仪	—
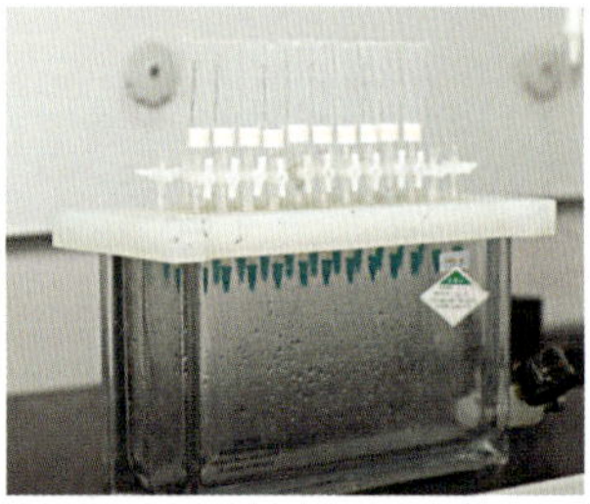	固相萃取装置	—
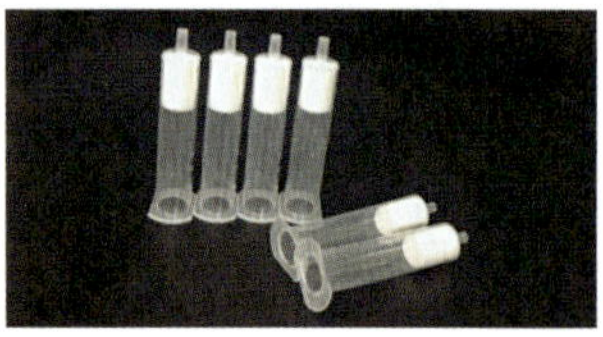	亲水亲脂平衡型固相萃取柱	200mg/6mL，或相当者

2. 检测样品

配图	样品	说明
	市售鸡肉	—

二、实施操作

1. 试剂配制

本实验所用试剂主要有：二水合乙二胺四乙酸二钠、氢氧化钠、一水合柠檬酸、十二水合磷酸氢二钠、二水合磷酸二氢钠、乙腈、甲醇、乙酸乙酯、甲酸，其中水为一级水，乙腈、甲醇、乙酸乙酯、甲酸为色谱纯。

注意：本着节约环保的原则，计算实验试剂用量后，进行溶液配制。

试剂名称	配制方法	说明
磷酸盐缓冲液	0.05mol/L磷酸二氢钠溶液：取二水合磷酸二氢钠7.8g，用水溶解并稀释至1000mL。 0.05mol/L磷酸氢二钠溶液：取十二水合磷酸氢二钠17.9g，用水溶解并稀释至1000mL。 磷酸盐缓冲液：取0.05mol/L磷酸二氢钠溶液190mL，用0.05mol/L磷酸氢二钠溶液稀释至1000mL	—
McIlvaine-Na_2EDTA缓冲液	取一水合柠檬酸12.9g、十二水合磷酸氢二钠10.9g、二水合乙二胺四乙酸二钠39.2g，加水900mL，用1mol/L的氢氧化钠溶液调pH至5.0±0.2，用水稀释至1000mL	—
洗脱液	取甲醇150mL，加乙酸乙酯150mL、浓氨水6mL，混匀	在通风橱中操作，佩戴手套和口罩
复溶液	取水40mL，加甲醇5mL、乙腈5mL、甲酸0.05mL，混匀	在通风橱中操作，佩戴手套和口罩

2. 标准品及标准溶液配制

本实验所用试剂主要有：磺胺类标准品（CAP）[磺胺二甲基嘧啶（SM2）、磺胺甲噁唑（SMZ）、磺胺间甲氧基嘧啶（SMM）]，标准溶液制备如下表。

试剂名称	配制方法	说明
磺胺二甲基嘧啶、磺胺甲噁唑、磺胺间甲氧基嘧啶标准	无须配制	含量均>95.0%
标准储备溶液（1mg/mL）	取标准品各适量，精密称定，于10mL容量瓶，磺胺类药物加甲醇溶解并稀释至刻度	-18℃以下保存，有效期6个月
混合标准工作液（10μg/mL）	分别取1mg/mL的标准储备液各0.1mL，于10mL容量瓶中，用甲醇稀释至刻度	-18℃以下保存，有效期1个月
混合标准工作液（1μg/mL）	分别取10μg/mL的标准储备液各1mL，于10mL容量瓶中，用甲醇稀释至刻度	-18℃以下保存，有效期1个月
混合标准工作液（0.1μg/mL）	精密量取10μg/mL的混合标准工作液0.1 mL，于10 mL容量瓶中，用甲醇稀释至刻度	-18℃以下保存，有效期1个月

3. 试样制备

配图	操作步骤	操作说明
  	取适量新鲜或解冻的空白或供试组织，绞碎，并使均质。 ①供试试样：取均质后的供试样品。 ②空白试样：取均质后的空白样品，空白试样为实验前经测定无磺胺类的试样。 ③空白添加试样：取均质后的空白样品，添加适宜浓度的标准工作液，作为空白添加试样，用来测定回收率	试样-18℃以下保存

4. 样品处理

配图	操作步骤	操作说明
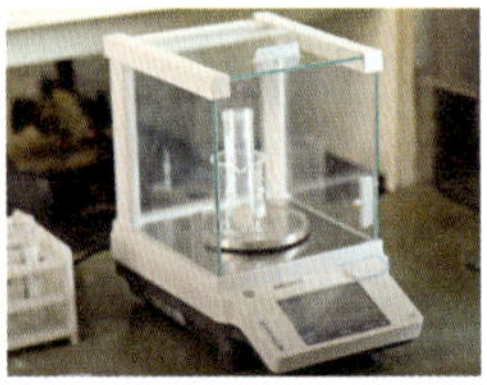 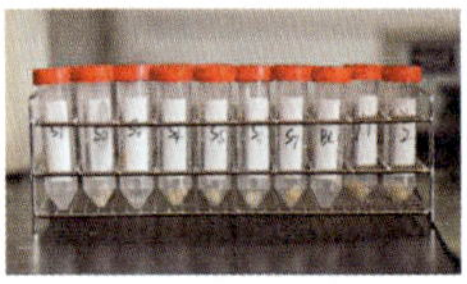 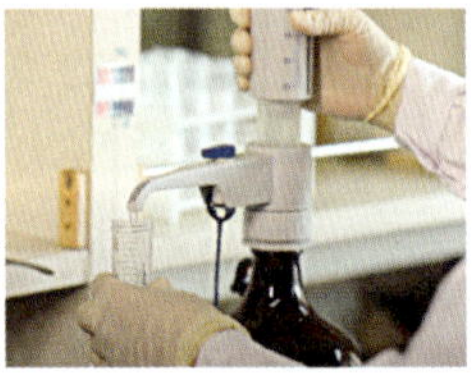  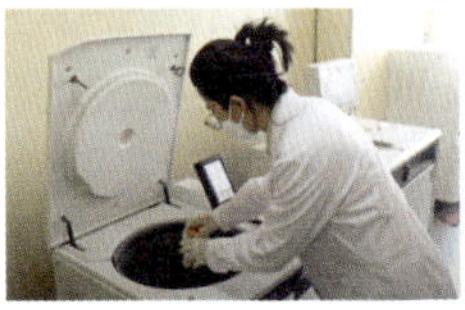	提取 （1）称取供试样品和空白样品均1g（准确至±0.01g）于50mL离心管中。供试样品：2份；空白样品：8份，其中7份用于制备基质匹配标准溶液，1份为空白。 （2）用分液器向每个离心管中加McIlvaine Na2EDTA缓冲液8ml。 注：分液器可以用吸量管或移液器代替。 （3）将离心管放入多管涡旋振荡器中，涡旋1min，然后放入超声波清洗仪中超声20min，最后-2℃、10000r/min离心5min。 （4）收集上清液于50mL离心管中，再向残渣中加磷酸盐缓冲液8mL，重复提取1次，合并2次提取液，混匀，备用	实验过程中注意标准化操作，强化安全意识及规范操作意识。 使用涡旋振荡器时，一定要压紧，防止振摇出去。 离心时要注意对称放置，配平后在离心

配图	操作步骤	操作说明
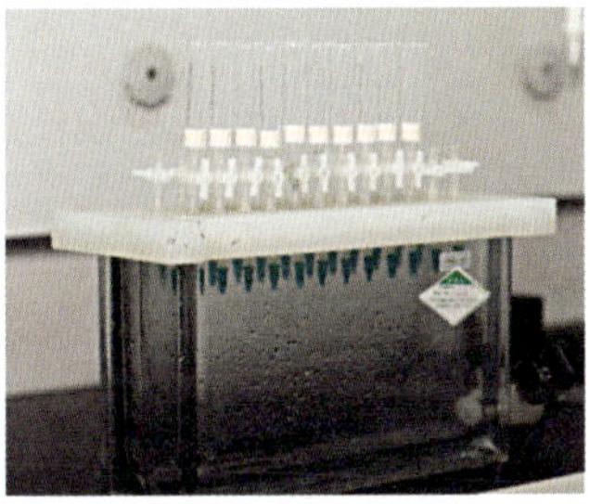 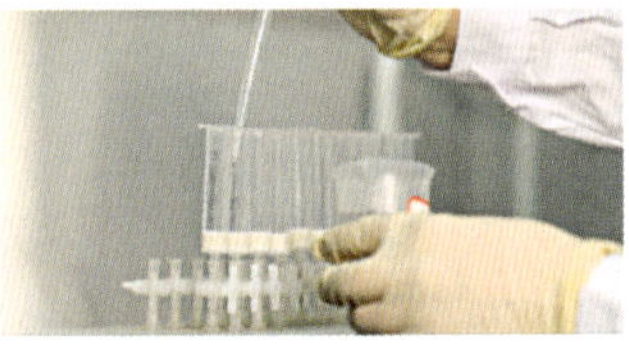 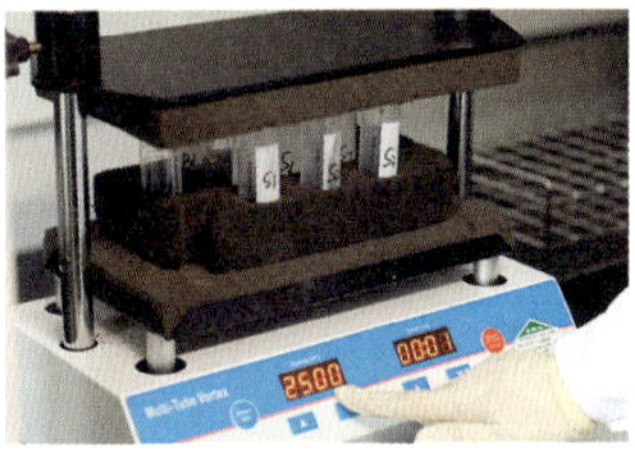 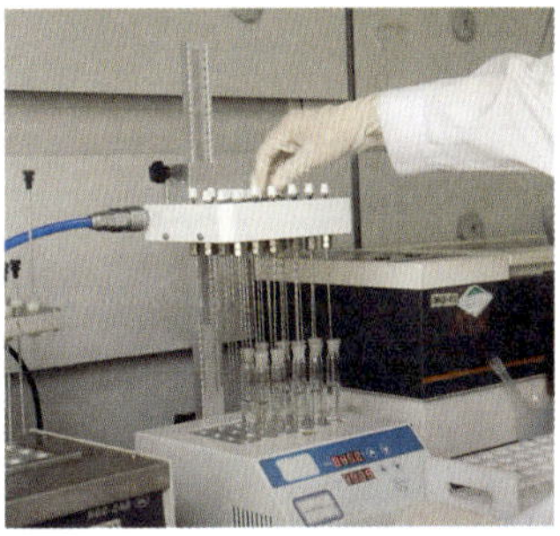 	净化 （1）取固相萃取柱10个，放置于固相萃取装置上，依次加入甲醇5mL和水5mL，进行活化。 （2）取备用液过柱，然后依次用水5mL和20%甲醇水溶液5mL进行淋洗。 （3）将固相萃取装置中的废液倒入废液桶，然后连接真空泵，进行抽干。 （4）加洗脱液10mL于固相萃取柱中进行洗脱，收集洗脱液于试管中。 （5）将洗脱液45℃水浴氮气吹干。 （6）精密量取混合标准工作液，分别加入6份经提取和净化的空白试样中，45℃水浴氮气吹干。其中一份空白试样备用。 （7）向各管中加入复溶液1.0mL，涡旋1min，微孔滤膜过滤，液相色谱串联质谱测定	固相萃取过程中注意流速调节。 固相萃取的一般步骤：活化，淋洗，上样，洗脱。 实验过程中注意添加有机试剂需要在通风橱进行操作，并且废液回收要注意规范操作，妥善放置。 氮吹操作后注意关闭氮气瓶

<table>
<tr><th>配图</th><th>操作步骤</th><th>操作说明</th></tr>
<tr>
<td>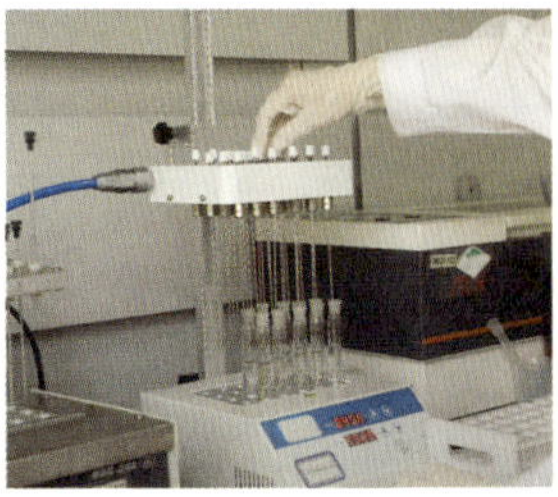
基质匹配标准曲线的制备
<table>
<tr><th>序号</th><th>S1</th><th>S2</th><th>S3</th><th>S4</th><th>S5</th><th>S6</th><th>S7</th></tr>
<tr><td>标液工作液浓度μg/mL</td><td>0.1</td><td colspan="6">1</td></tr>
<tr><td>吸取标液体积μL</td><td>20</td><td>10</td><td>50</td><td>100</td><td>150</td><td>250</td><td>500</td></tr>
<tr><td>基质匹配标准溶液浓度μg/L</td><td>2</td><td>10</td><td>50</td><td>100</td><td>150</td><td>250</td><td>500</td></tr>
</table>
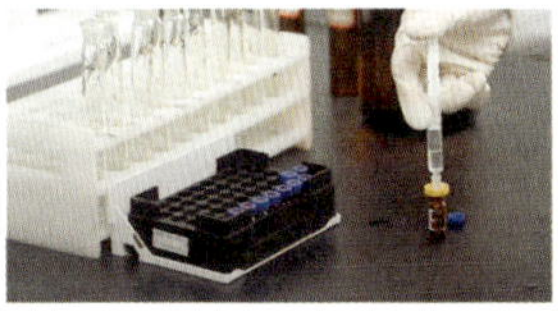</td>
<td>基质匹配标准曲线的制备
精密量取混合标准工作液适量，分别加入6份经提取和净化的空白试样残渣中，45℃水浴氮气吹干，加入复溶液1.0mL涡旋溶解残余物，配制成浓度为2μg/L，10μg/L，50μg/L，100μg/L，250μg/L，500μg/L的基质匹配系列混合标准溶液，微孔滤膜过滤，液相色谱-串联质谱仪测定。以测得特征离子峰面积为纵坐标、对应的标准溶液浓度为横坐标，绘制标准曲线，求回归方程和相关系数。</td>
<td>本实验采用基质匹配标准溶液，需要在空白试样（无药物残留）经过样品处理最终添加标准溶液。
基质匹配标准曲线在定量分析中具有准确性和灵活性的优点，可以提供可靠的测量结果。但是也存在一些局限性，需要仔细考虑实验条件和数据处理方法，以确保分析结果的准确性和可靠性。
添加量需根据国家标准初步计算，添加量如表格</td>
</tr>
</table>

5. 样品测定

<table>
<tr><th>配图</th><th>操作步骤</th><th>操作说明</th></tr>
<tr>
<td>
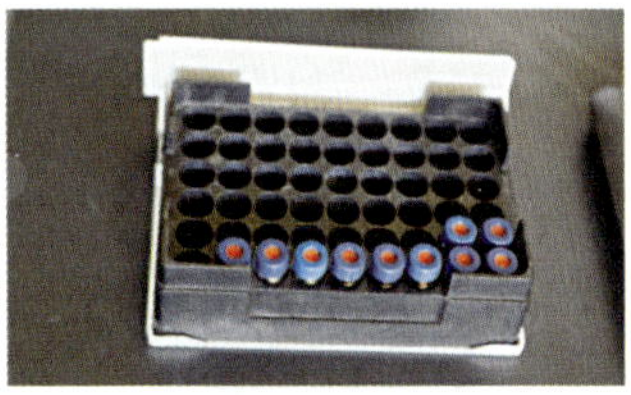
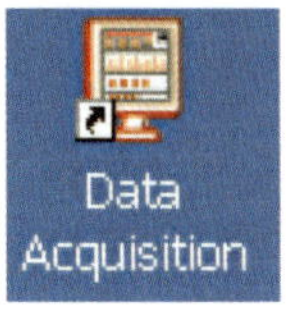
</td>
<td>仪器开机
（1）打开计算机，网络交换机（LAN Switch）电源。
（2）打开液相色谱仪，打开各个模块电源。
（3）打开质谱仪，打开质谱前面左下角的电源开关，这时可以听到质谱里面溶剂切换阀切换的声音。
（4）打开自动进样盘：将样品瓶依次放入自动进样盘中；再放回自动进样盘。
打开软件：在计算机桌面上双击MassHunter采集软件图标，进入MassHunter工作站</td>
<td>同时机械泵开始工作，仪器开始自检。等待大约2min，听到第二声溶剂阀切换的声音（表明质谱自检完成）后，表示仪器自检完成，可以联机。</td>
</tr>
</table>

<table>
<tr><th>配图</th><th>操作步骤</th><th>操作说明</th></tr>
<tr>
<td>
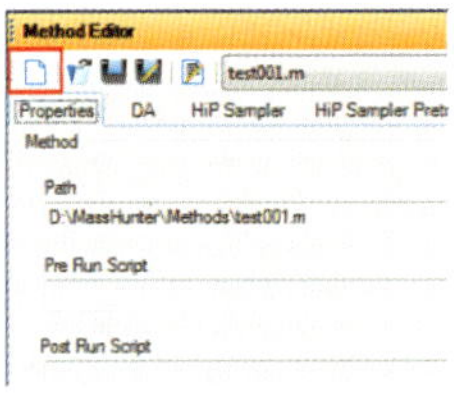

<table>
<tr><th colspan="2">①液相色谱参考条件</th></tr>
<tr><td>色谱柱</td><td>C18（50 mm×2.1 mm，1.7μm）；</td></tr>
<tr><td>柱温</td><td>35℃</td></tr>
<tr><td>进样量</td><td>10μL</td></tr>
<tr><td>流速</td><td>0.3mL/min</td></tr>
<tr><td>流动相</td><td>A为0.1%甲酸水溶液，B为甲醇：乙腈（2：8，含0.1%甲酸，体积比）溶液</td></tr>
</table>
<table>
<tr><th colspan="3">液相色谱梯度洗脱程序表</th></tr>
<tr><td>时间 min</td><td>A相 0.1%甲酸水溶液</td><td>B相 甲醇：乙腈（2：8）</td></tr>
<tr><td>0</td><td>95</td><td>5</td></tr>
<tr><td>2.0</td><td>85</td><td>15</td></tr>
<tr><td>5.0</td><td>60</td><td>40</td></tr>
<tr><td>7.0</td><td>5</td><td>95</td></tr>
<tr><td>7.1</td><td>95</td><td>5</td></tr>
<tr><td>9.0</td><td>95</td><td>5</td></tr>
</table>
<table>
<tr><th colspan="2">②质谱参考条件</th></tr>
<tr><td>离子源</td><td>电喷雾离子源</td></tr>
<tr><td>扫描方式</td><td>正离子扫描</td></tr>
<tr><td>检测方式</td><td>多反应离子监测（MRM）</td></tr>
</table>
</td>
<td>方法建立
（1）软件中新建方法。
（2）依据国家标准进行方法中参数填写：
①液相色谱参考条件和梯度洗脱程序见左表。
②质谱参考条件如左表，定性离子对、定量离子对及锥孔电压和碰撞能量见表4-3。
（3）依据国家标准进行方法中参数核对，方法保存</td>
<td>方法中参数填写完，一定依据国家标准认真进行参数的核对</td>
</tr>
<tr>
<td>
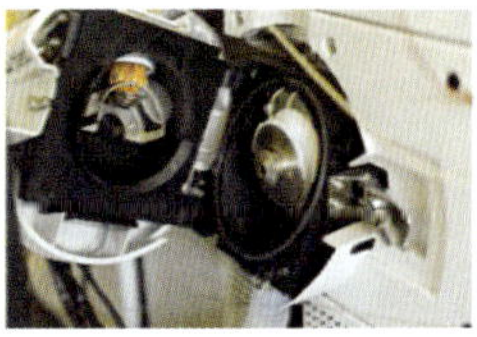
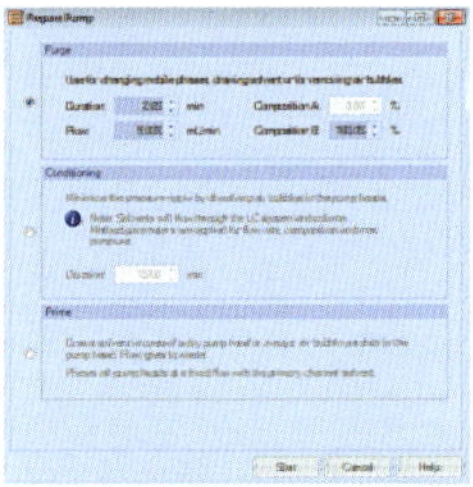
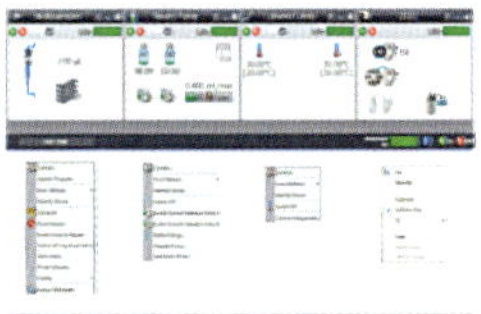
</td>
<td>仪器准备
（1）离子源维护：打开离子源，对离子源进行维护。
（2）液相流动相管路purge：用本次使用的流动相对流动相管路进行purge。点击右键，选择Prepare Pump，先选择A相100%，时间5min，流速5mL/min，点击start，进行purge；再选择B相100%，时间5min，流速5mL/min，点击start，进行purge。
（3）打开MassHunter采集软件各模块</td>
<td>离子源维护操作：使用50%异丙醇和50%水的混合溶剂浸润无纺布，对离子源进行擦拭，再使用50%异丙醇和50%水混合溶剂用洗瓶冲洗金属部分。将样品采集软件各个模块点击ON，等待仪器各个模块均稳定后，每个模块均为绿色Ready的状态，再进行数据采集</td>
</tr>
</table>

配图	操作步骤	操作说明
（1）① 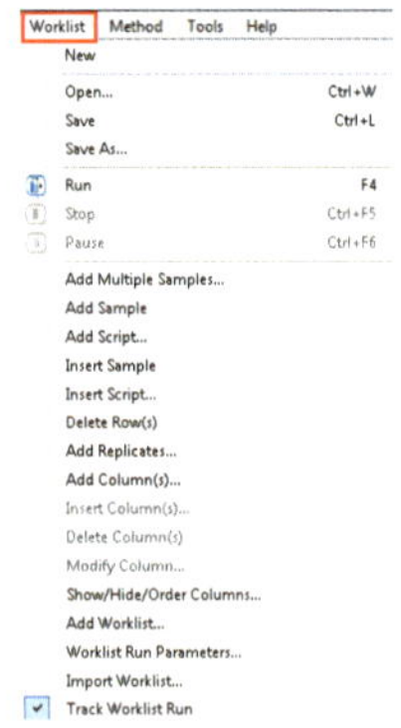 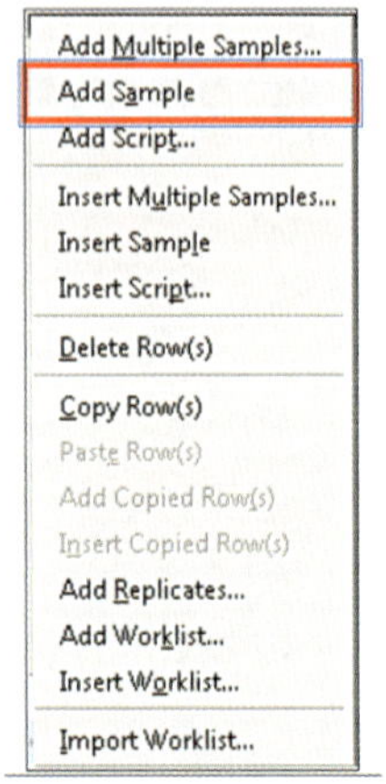 ② 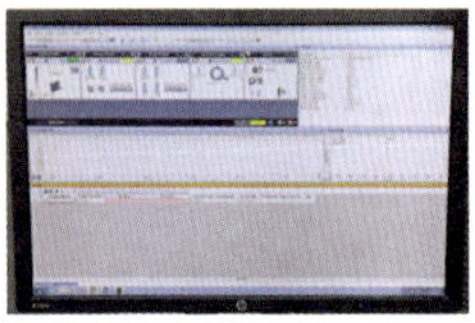 ③ 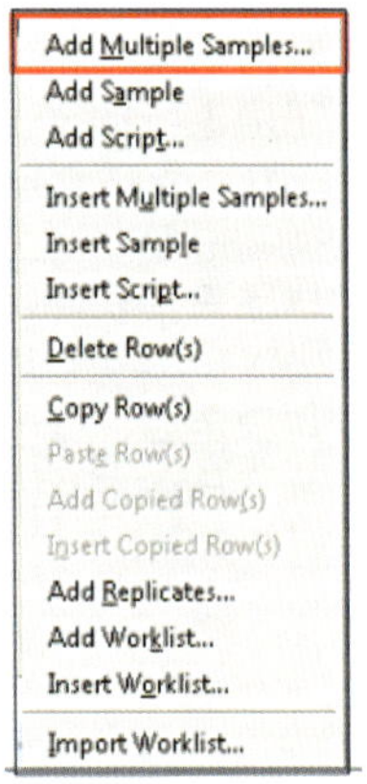 	试样分析 （1）样品信息编辑 ①点击进入Worklist页面，点击新建按钮，新建一个Worklist。从Worklist菜单中选择Add Sample，工作列表表格就添加了一行新的样品。 ②输入以下样品信息。 ③在工作面板点右键或从Worklist菜单选择Add Multiple Samples，添加多个样本	样品信息包括：样品名称，样品位置，采集方法，数据文件名称及存储位置，样品类型，进样体积，备注和级别名称等

配图	操作步骤	操作说明
④ 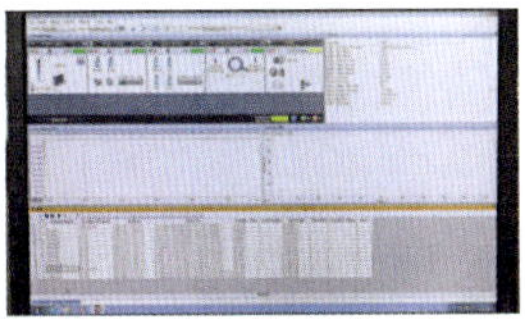 ⑤ 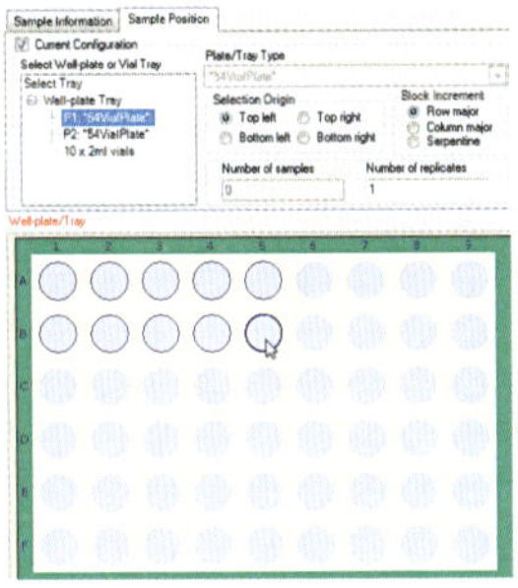 ⑥ 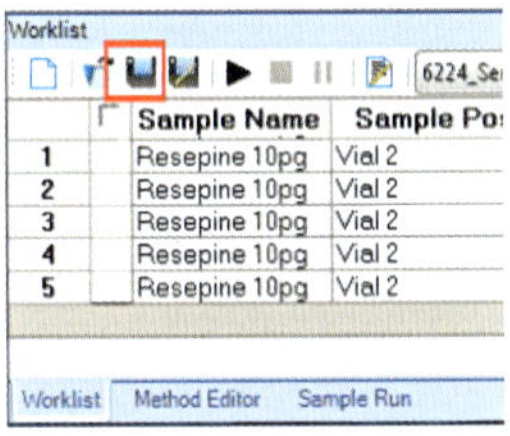 （2） 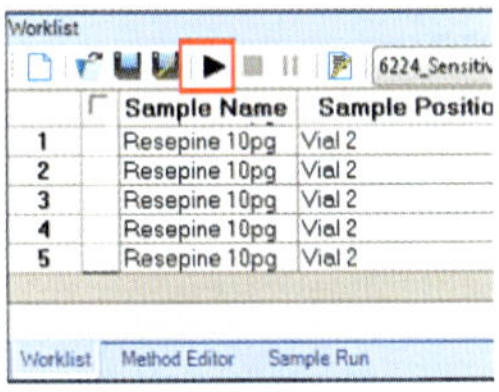 	④在Sample Information选项卡下，填写样品名称，数据文件名称，调用方法，方法路径以及数据文件储存路径等。 ⑤点击sample Position 选项卡，选择要添加的空白、标准系列溶液和样品所放置的位置。 ⑥ 在Worklist页面下点击保存图标，保存当前的Worklist。等待仪器状态都为Ready之后，点击开始进行样品采集。试样分析 （2）试样分析 在仪器各个模块都为绿色ready的状态后，在Worlist页面下点击开始按钮，对此数列进行数据采集。 7个基质匹配标准溶液+2个供试试样+1个空白试样依次进行试样分析	
①  ② 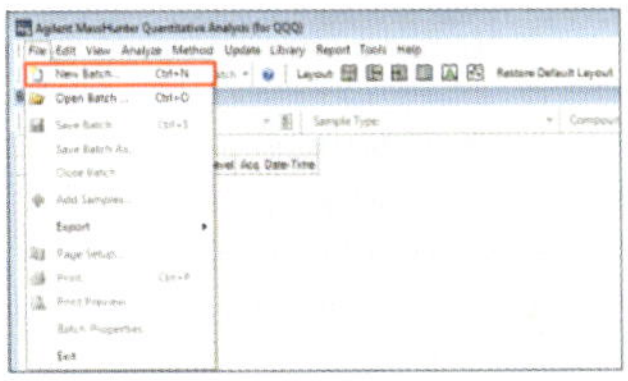 	数据分析 ①双击桌面上的三级四极杆定量分析软件图标，运行定量软件。 ②本实验采用的是外标法定量。单击菜单项File > New Batch	

<table>
<tr><th>配图</th><th>操作步骤</th><th>操作说明</th></tr>
<tr><td>③
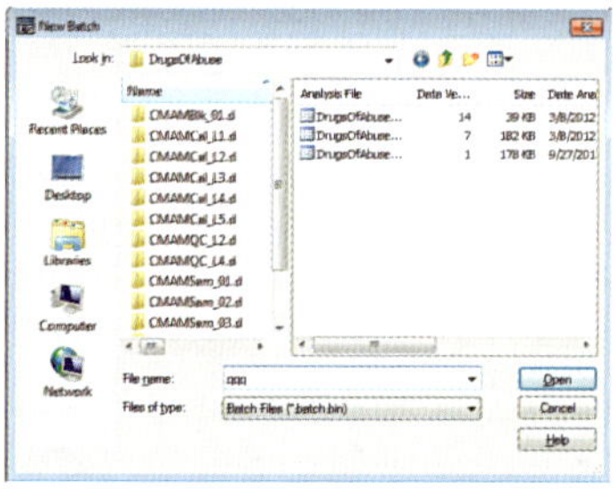

④
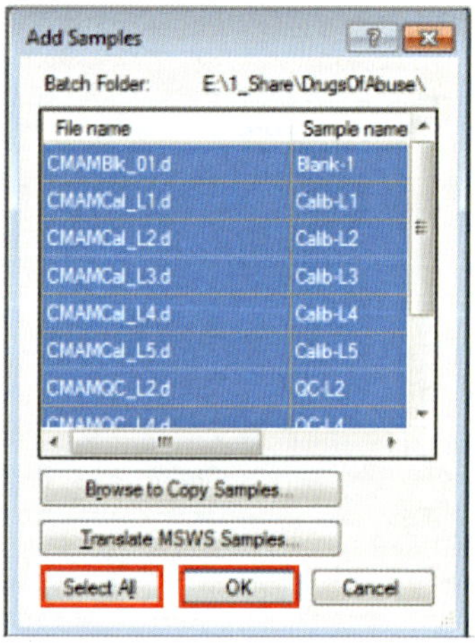

⑤
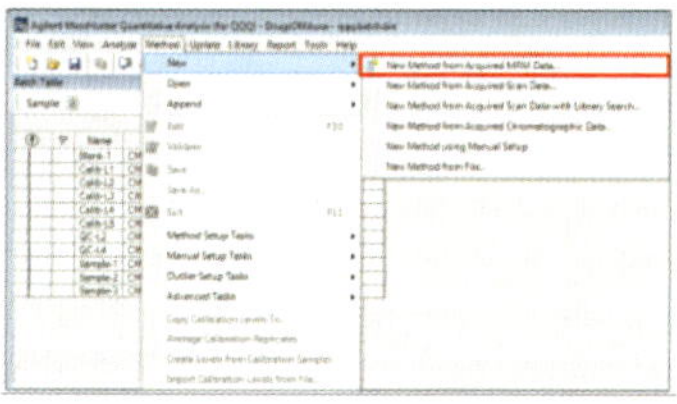
⑥
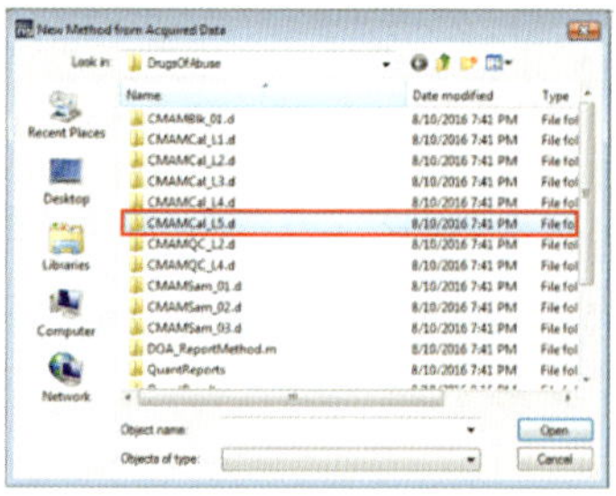
</td>
<td>③在新的批处理对话框，找到数据文件夹，输入批处理文件名，点Open 按钮创建一个新的批处理文件。
④软件自动弹出Add Sample 对话框，单击选择Select All按钮然后单击OK来添加所有样品：
⑤单击菜单Method > New > New Method from Acquired MRM Data
⑥用鼠标选择较高浓度样品数据，并点击Open按钮导入MRM方法采集信息</td>
<td></td></tr>
</table>

配图	操作步骤	操作说明
⑦ 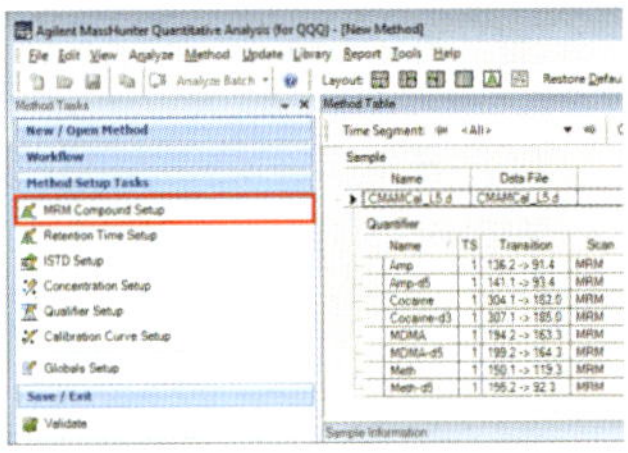 ⑧ 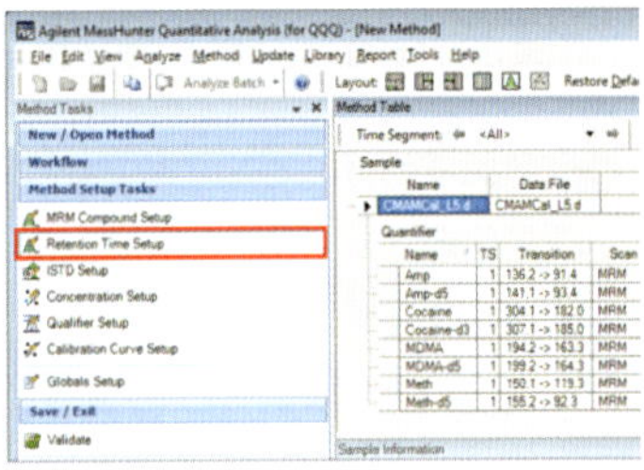 ⑨ 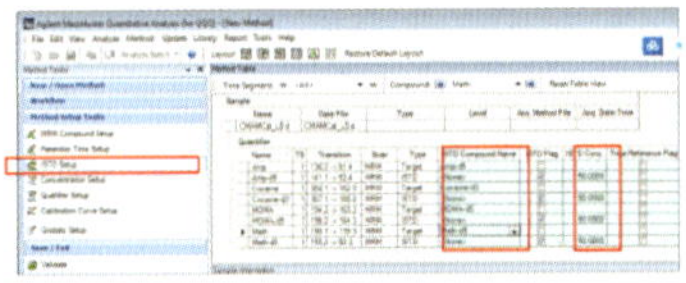 ⑩ 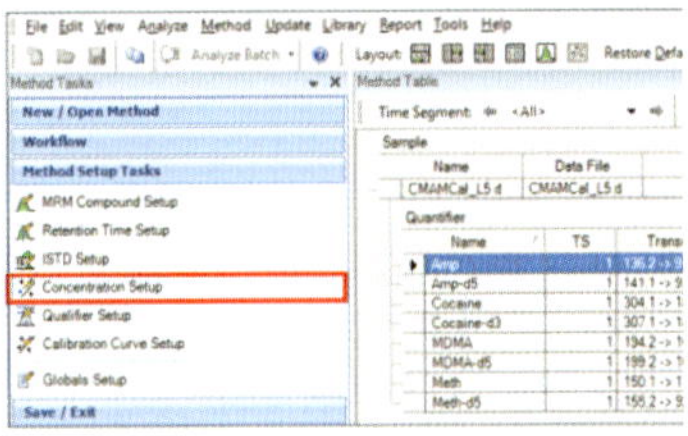 ⑪ 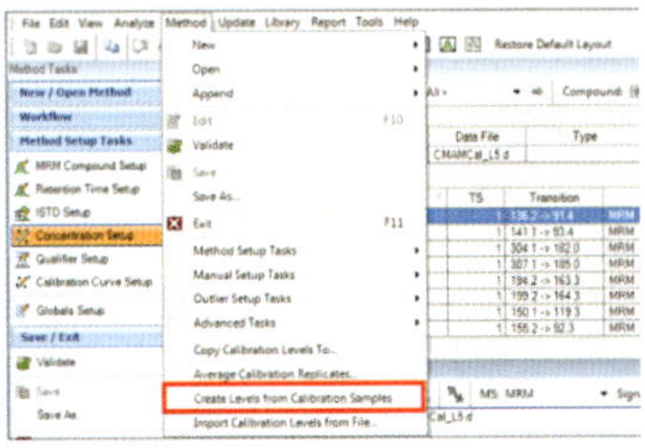 ⑫ 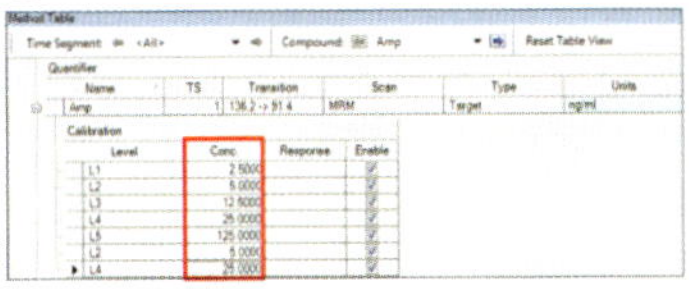	⑦在左侧Method SetupTasks 选项下自上而下进行，首先点击MRM Compound Setup 检查导入的用于MRM 化合物设置的采集参数是否正确。 ⑧单击方法设置任务Method Setup Tasks> Retention Time Setup， 检查确认导入的参数。 ⑨单击方法设置任务Method Setup Tasks >Concentration Setup ⑩单击Method方法菜单选择“Create Levers from Calibration Samples” ⑪填写各级别校正样品的浓度 ⑫单击Method方法菜单选择Copy Calibration Levels To… 在复制校正级别对话框，单击选择所有（Select All）对话框，然后单击OK 按钮	

<table>
<tr><th>配图</th><th>操作步骤</th><th>操作说明</th></tr>
<tr><td>⑬
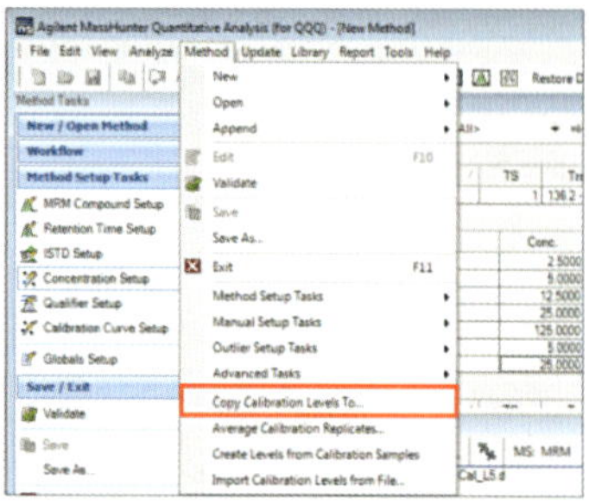
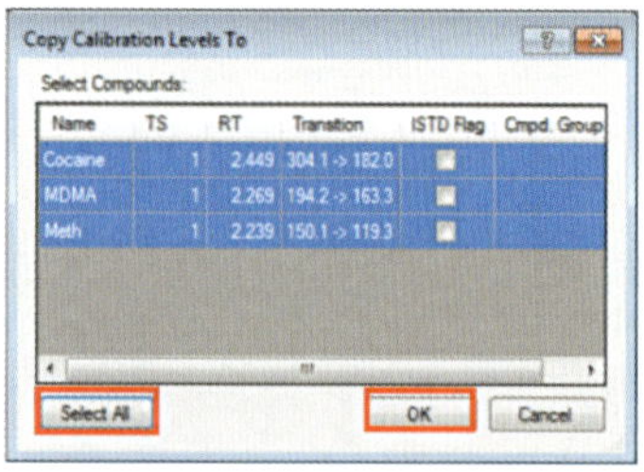
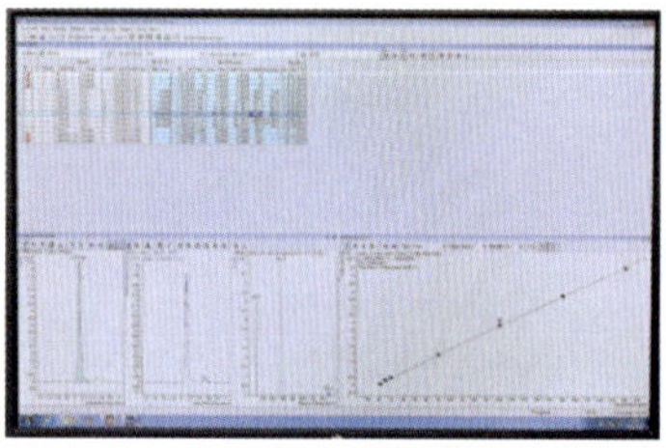</td><td>⑬分析批数据，分别得到本次实验的定量离子峰数据图、定性离子峰数据图、质谱图以及线性图</td><td></td></tr>
<tr><td>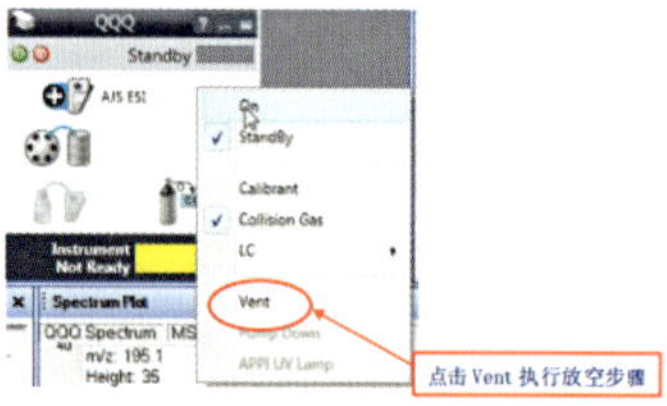
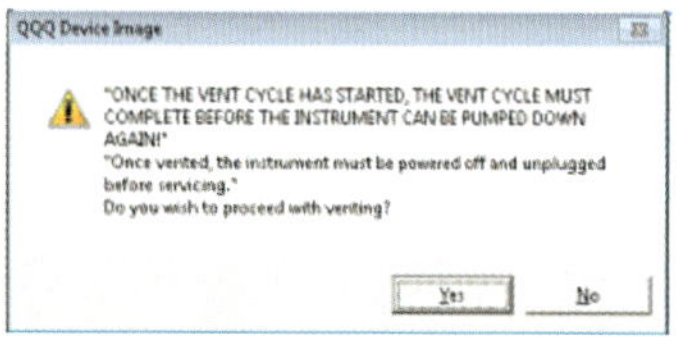</td><td>仪器关机
（1）冲洗系统：拆下色谱柱，换上双通，首先使用大比例水相将系统中的缓冲盐移除，然后更换成大比例有机相移除有机污染物，最后将整个液相系统保存在有机相（避免使用乙腈）中。
（2）维护离子源：质谱切换至Standby，异丙醇水溶液浸润无纺布清洁离子源。
（3）在MassHunter采集软件内点击三级四极杆MS的图标，依下图所示选择Vent。
（4）出现下述提示，选择Yes，确认放空。
（5）分子涡轮泵转速和功率基本为0后，等待30min，关闭Mass Hunter 软件。然后关闭质谱及LC各模块、PC的电源</td><td>关机注意事项：
①如果短期不用仪器，建议不要关机，质谱保持Standby即可，需保持气源充足、电压稳定。如果长时间不用，需要执行关机程序：进入MassHunter采集软件，点击Vent放真空。
②如果长时间关机的话请拔掉质谱主电源线。如果使用液氮罐，同时关闭自增压阀门。如果使用氮气发生器，关闭氮气发生器</td></tr>
</table>

表4-3　定性离子对、定量离子对及对应的锥孔电压和碰撞能量

药物	定性离子对/（*m*/*z*）	定量离子对/（*m*/*z*）	锥孔电压/V	碰撞能量/eV
磺胺间二甲基嘧啶	279.0>92.0	279.0>186.0	30	28
	279.0>186.0			16
磺胺间甲氧嘧啶	281.0>92.0	281.0>156.0	28	31
	281.0>156.0			22
磺胺甲恶唑	254.0>92.0	254.0>92.0	27	26
	254.0>156.0			16

在同样测试条件下，试样溶液中磺胺类药物的保留时间与基质匹配标准溶液中相应磺胺类药物的保留时间，偏差在±2.5%以内，且检测到的相对离子丰度，应当与浓度相当的基质匹配标准溶液相对离子丰度一致。定性确证时相对离子丰度的允许偏差应符合表4-4的要求。

表 4-4　定性确证时相对离子丰度的允许偏差

单位：%

相对离子丰度	>50	20~50	10~20	≤10
允许的最大偏差	±20	±25	±30	±50

6. 数据记录及处理

“肉与肉制品中磺胺类药物的检测”检测记录表

<table>
<tr><td>检验样品</td><td colspan="2"></td><td>检测方法</td><td></td></tr>
<tr><td>仪器名称</td><td colspan="2"></td><td>检测项目</td><td></td></tr>
<tr><td>仪器编号</td><td colspan="2"></td><td>检测依据</td><td></td></tr>
<tr><td rowspan="9">仪器条件</td><td rowspan="5">液相色谱条件</td><td>色谱柱</td><td colspan="2"></td></tr>
<tr><td>流速</td><td colspan="2"></td></tr>
<tr><td>柱温</td><td colspan="2"></td></tr>
<tr><td>进样量</td><td colspan="2"></td></tr>
<tr><td>流动相</td><td colspan="2"></td></tr>
<tr><td rowspan="4">质谱条件</td><td>离子源</td><td colspan="2"></td></tr>
<tr><td>扫描方式</td><td colspan="2"></td></tr>
<tr><td>检测方式</td><td colspan="2"></td></tr>
<tr><td>电离电压</td><td colspan="2"></td></tr>
</table>

续表

<table>
<tr><td rowspan="4">仪器条件</td><td rowspan="4">质谱条件</td><td>离子源温度</td><td colspan="4"></td></tr>
<tr><td>雾化温度</td><td colspan="4"></td></tr>
<tr><td>锥孔气速</td><td colspan="4"></td></tr>
<tr><td>雾化气流速</td><td colspan="4"></td></tr>
<tr><td colspan="7">绘制标准曲线</td></tr>
<tr><td>标准溶液浓度/（μg/L）</td><td></td><td></td><td></td><td></td><td></td><td></td></tr>
<tr><td>峰面积</td><td></td><td></td><td></td><td></td><td></td><td></td></tr>
<tr><td colspan="2">标准物质线性回归方程</td><td colspan="2"></td><td>R^2值</td><td colspan="2"></td></tr>
<tr><td colspan="7">样品测定</td></tr>
<tr><td colspan="2"></td><td colspan="2">样Ⅰ</td><td colspan="2">样Ⅱ</td><td>样Ⅲ</td></tr>
<tr><td colspan="2">样品质量/g</td><td colspan="2"></td><td colspan="2"></td><td></td></tr>
<tr><td colspan="2">试样中磺胺类药物含量/（μg/kg）</td><td colspan="2"></td><td colspan="2"></td><td></td></tr>
<tr><td colspan="2">试样中磺胺类药物平均含量/（μg/kg）</td><td colspan="5"></td></tr>
<tr><td colspan="2">空白样品磺胺类药物含量/（μg/kg）</td><td colspan="5"></td></tr>
<tr><td colspan="2">精密度/%</td><td colspan="5"></td></tr>
<tr><td colspan="2">检验结果</td><td colspan="5"></td></tr>
</table>

试料中磺胺类药物残留量按标准曲线或下式计算：

$$X=\frac{A\times C_s\times V}{A_s\times m}$$

式中 X——试样中磺胺类药物残留量的数值，μg/kg；

C_S——基质匹配标准溶液中磺胺类药物浓度的数值，ng/mL；

A——供试溶液中磺胺类药物色谱峰的峰面积；

A_S——基质匹配标准溶液中磺胺类药物的峰面积；

V——试样最终定容体积的数值，mL；

m——试样质量的数值，g。

说明：①准确度：本方法在10～500μg/kg添加浓度水平上的回收率为60%～110%。

②精密度：本方法批内相对标准偏差≤15%，批间相对标准偏差≤20%。

检验人员		复核人员	

评价反馈

“肉与肉制品中磺胺类药物的检测”考核评价表

<table>
<tr><th>评价方式</th><th>考核项目</th><th colspan="2">评价项目</th><th>评价要求</th><th>评价分数</th></tr>
<tr><td rowspan="3">自我评价 10%</td><td rowspan="2">实验准备</td><td colspan="2">1. 能正确计算试剂使用量</td><td>正确计算试剂（2分）</td><td></td></tr>
<tr><td colspan="2">2. 能与小组其他成员协作正确配制实验试剂</td><td>正确配制试剂（2分）</td><td></td></tr>
<tr><td>学习成果</td><td colspan="2">课程目标完成情况</td><td>能基本完成课程目标（6分）</td><td></td></tr>
<tr><td rowspan="19">学生互评 20%</td><td>检测原理</td><td colspan="2">能用检测原理解释结果</td><td>口述检测原理（4分）</td><td></td></tr>
<tr><td rowspan="18">操作技能</td><td rowspan="14">1. 能按照操作规范进行肉与肉制品（鸡肉）中磺胺类药物的检测</td><td>标准溶液配制</td><td>操作正确（1分）</td><td></td></tr>
<tr><td>样品处理</td><td>操作正确（1分）</td><td></td></tr>
<tr><td rowspan="3">仪器准备开机</td><td>检查色谱柱、检测器（1分）</td><td></td></tr>
<tr><td>正确开启液相色谱仪（1分）</td><td></td></tr>
<tr><td>正确开启质谱仪（1分）</td><td></td></tr>
<tr><td rowspan="3">参数设置</td><td>液相色谱参数设置正确（1分）</td><td></td></tr>
<tr><td>质谱参数设置正确（1分）</td><td></td></tr>
<tr><td>方法保存、命名、下载正确（1分）</td><td></td></tr>
<tr><td rowspan="3">上机测试</td><td>单次分析信息填写正确（1分）</td><td></td></tr>
<tr><td>进样针润洗三次，无气泡（1分）</td><td></td></tr>
<tr><td>进样操作正确（1分）</td><td></td></tr>
<tr><td>仪器关机</td><td>降温、关机操作正确（1分）</td><td></td></tr>
<tr><td colspan="2" rowspan="4">2. 能对检验结果进行记录和数据处理</td><td>再解析-标准曲线制作（1分）</td><td></td></tr>
<tr><td>再解析-样品测试（1分）</td><td></td></tr>
<tr><td>记录原始数据，书写计算过程，结果保留三位有效数字（1分）</td><td></td></tr>
<tr><td>结果判断（1分）</td><td></td></tr>
</table>

续表

评价方式	考核项目		评价项目	评价要求	评价分数
教师学业评价70%	课前	方法能力	课前学习（5分）	课前能独立通过网络学习资源库获取肉与肉制品（鸡肉）中磺胺类药物的检测标准，并归纳检测要点	
	课中	知识素质	相关知识（10分）	1. 能写出本次实验检测依据及方法（2分）	
				2. 能写出磺胺类药物检测的常用方法（2分）	
				3. 能写出肉与肉制品（鸡肉）磺胺类药物的危害（2分）	
				4. 能写出肉与肉制品（鸡肉）磺胺类药物的检测原理（2分）	
				5. 能写出操作过程中的思考题（2分）	
		实操能力	实验操作（50分）	1. 能写出工作流程（5分）	
				2. 能完成高效液相色谱-串联质谱仪结构图（5分）	
				3. 能按照操作规范进行肉与肉制品（鸡肉）中磺胺类药物的检测，能正确使用高效液相色谱-串联质谱仪（20分）	
				4. 能对检验结果进行记录和数据处理（10分）	
				5. 能正确进行高效液相色谱-串联质谱仪的维护（2分）	
				6. 能正确进行再解析（3分）	
				7. 结果记录真实，字迹工整，报告规范（5分）	
	课后	方法能力	任务拓展（5分）	完成猪肉中磺胺类药物检测的方案设计，或录制视频并上交	
总分					

学习心得

拓展训练

- 完成猪肉中磺胺类药物检测的方案设计，绘制相关操作流程或录制检测视频。（提示：利用互联网、国家标准、微课等。）

巩固反馈

1. 磺胺类药物为一类母核结构为（　　）的化学合成抗菌药物。

   A. 对氨基苯磺酰胺　　B. 对氨基苯磺酸

   C. 对氨基苯磺酸钠　　D. 对氨基苯磺酰钠

2. 依据GB 31658.17—2021《食品安全国家标准　动物性食品中四环素类、磺胺类和喹诺酮类药物残留量的测定 液相色谱-串联质谱法》，在肉与肉制品中磺胺类药物的检测过程中定量方法为（　　）。

   A. 面积归一法　B. 内标法　C. 外标法　D. 校正因子定量

3. 本次检验高效液相色谱需要配置的检测器是（　　）。

   A. 紫外吸收检测器　　B. 光电二极管阵列检测器

   C. 荧光检测器　　D. 质谱检测器

4. 请写出液质联用的原理和特点。

5. 与老师和同学进行交流讨论，总结肉与肉制品中磺胺类药物检测的技术要点。

参考文献

[1] 张淑芳，崔婷婷. HPLC法测定含乳饮料中的三聚氰胺[J]. 食品安全导刊，2022(13)：66-68.

[2] 袁园. 高效液相色谱法测定乳制品三聚氰胺的含量研究[J]. 轻工科技，2021，37(9)：15-16.

[3] 赵瑞，杨世杰，杨艳，等. 乳制品中三聚氰胺检测方法研究进展[J]. 中国乳业，2021(5)：69-77.

[4] 黄一石，吴朝华. 仪器分析[M]. 北京：化学工业出版社，2020.

[5] 许国旺，侯晓莉，朱书奎. 气相色谱分析[M]. 北京：化学工业出版社，2016.

[6] 李新华，董海洲. 粮油加工学[M]. 北京：中国农业大学出版社，2022.

[7] 贺连香. 食用植物油中溶剂残留检测的意义及方法优化[J]. 食品安全导刊，2015(9)：72-73.

[8] 曾文锦. 顶空气相色谱毛细管柱法测定浸出食用油溶剂残留量色谱条件的探讨[J]. 化工管理，2015(21)：49-50.

食品安全检测

SHIPIN ANQUAN JIANCE

上架建议：食品工业

了解更多...

轻工教学服务网二维码

ISBN 978-7-5184-4382-6

9 787518 443826 >

定价：56.00元